各界名人聯合推薦

『本書是針對數位年代的企業再造。對於組織要如何規劃、安排、落實與衡量工作，本書注定是這個領域中經典而且權威的參考。《精實企業》說明組織如何贏得市場，同時又能駕馭與發展員工能力。任何企業領導者，只要是關注透過技術創造競爭優勢與建立創新文化的人，都需要閱讀本書。』

—Gene Kim
《*The Phoenix Project: A Novel About IT, DevOps, and Helping Your Business Win*》共同作者
Tripwire Inc. 創辦人與前技術長

『本書對於任何嘗試改變組織的人來說是上帝的恩賜，特別是他們還聽到別人說：「這對小規模組織來說很好，但我們的組織太大／太多規範／太複雜，所以沒辦法這樣運作。」*Humble*、*Molesky* 與 *O'Reilly* 撰寫這本易於閱讀的指南，以大家都能理解與應用的方式，揭開精實組織成功的神祕面紗。《精實企業》提供一套實用的策略與實踐工具，用於建立高績效組織。瞭解現今為科技商業時代的每位管理者，都應該閱讀本書。』

—Stephen Foreshew-Cain
英國政府數位服務營運長

『企業要在數位世界中成長苗壯，轉型並不只是技術驅動而已 —— 必須組織內的每一個人共同攜手合作，適應新的轉變。本書提供所有領導者基本的指引，轉變他們提供價值給顧客的方法。』

—Matt Pancino
Suncorp Business Services 執行長

『這本書一直讓我引頸企盼 —— 企業導入精實方法可能遇到的困難，本書都忠實呈現給各位。即使在低度信任的組織環境中，作者提出的解決方案依然有其應用的價值。』

—Mark A. Schwartz（@schwartz_cio）

『就如何創造大型的軟體密集產品與服務,本書在現今最佳的想法中融入一個引人入勝的故事。本書方法兼具了挑戰性與紀律性,有些組織不會想要走向這條路,但踏上精實旅程的組織,也不可能會想走回頭路——如果這些精實企業恰巧是你的競爭對手,他們會好好定位自己,藉機竊取你的市場和員工。忽略本書,風險自負。』

—Mary Poppendieck
《*The Lean Mindset*》與 Lean Software Development 系列共同作者

『我的工作是幫助人們實踐科學模式,進而在商業、政治、教育以及日常生活上,重建思維與工作習慣。21 世紀的工作方式會逐漸要求人們具有認知複雜性、人際互動性、迭代性,甚至是創業性。*Jez Humble*、*Joanne Molesky* 和 *Barry O'Reilly* 以《精實企業》一書,闡述軟體如何改變並且實際上也正在轉變現有的工作方式,本書不僅改變我們的思考模式,更有助於適應新興世界。』

—Mike Rother
《*Toyota Kata*》作者

『現今幾乎所有的產業和研究機構都因科技的快速進展而打亂原先規劃的步調,由個人與團隊的願景啓發,引導未來發展的方向。本書清楚闡釋如何透過組織適性學習的統一原則,整合精實、敏捷、型(*Kata*)、精實創業與設計思考。』

—Steve Bell
精實研究中心講師
《*Lean IT and Run Grow Transform*》作者

『正確建立軟體這件事,本身就是具有挑戰性的工作。而《精實企業》更超越了技術考量,指引組織在低風險的方式下,如何快速建立正確的軟體,以交付預期的商業成果。任何提供顧客軟體基礎服務的組織,這絕對是一本必讀好書。』

—Gary Gruver
Macys.com 發行兼品管兼營運副總

『企業要在未來的市場中競爭而不被淘汰，需要非常了解他們的顧客，並且盡快地採取市場驗證學習。這需要適應性與學習性的新型態組織——精實企業。精實旅程就從本書開始。』

—John Crosby
lastminute.com 產品兼技術長

『科技的快速進展正在創造一場史無前例的破壞。破壞市場的遊戲規則已經改變，許多組織還在思考如何競爭，新的巨人又帶來不同的科技方法服務他們的顧客。本書提供基本的指引給那些體認到必須改變，卻又不確定要從哪裡開始的組織，讓他們可以重新在市場上取得創新競爭的優勢。』

—Jora Gill
《The Economist》數位長

『我讓自己領導的團隊閱讀《精實企業》，讓團隊的每位成員都有共識，去思考要怎樣才能挑戰現狀、去除障礙，以及持續領先我們的競爭對手。透過不斷發掘來自顧客共創、員工與資料的洞見，我們現在有這麼多新方案可以讓業務成長。』

—Don Meij
Domino Pizza Enterprises Ltd. 執行長

『雖然敏捷與精實已經在軟體交付上帶來很大的衝擊，但唯有對所有規模的企業都有廣泛影響時，其真正的潛力才能發揮。本書的作者 Jez、Joanne 與 Barry 羅列出一些未來的變化像是—— 一個確實的願景，未來的公司如何讓現有公司看起來像以前的卡式錄音機。』

—Martin Fowler
ThoughtWorks 首席科學家

『這是一本很重要的書。本書從專業、務實的角度來看企業的基本面，認為需要轉變成能夠持續學習與改進的組織，才能順利地從技術面跨越到組織面。對於正在追求且確保公司未來成功方法的現有以及新興領導者，《精實企業》絕對是一本必讀好書。』

—Jeff Gothelf

《*Lean UX*》作者

Neo Innovation 負責人

『在本書出版的一年前，我就一直說一定要閱讀這本書。它記錄了那些領先精實企業的發展軌跡，在未來數年內，擁有龐大組織的企業將會陸續被精實企業所淘汰。』

—Adrian Cockcroft（@adrianco）

精實執行
高績效組織如何達成創新規模化

Lean Enterprise

Jez Humble, Joanne Molesky, and Barry O'Reilly 著

黃詩涵 譯

本書獻給所有追求完美的人們，你們尋求原諒，只因沒有授權就做正確的事（借用美國海軍上將 *Grace Hopper* 名言）；獻給所有致力於打造組織文化的領導者們，你們讓組織的每一個人知道，做正確的事不需授權。

目錄

第四部分　轉型

前言

軟體正在吞噬這個世界。

— Marc Andreesen

美國企業家、著名瀏覽器 Mosaic 共同開發者

工業公司若忽視軟體開發是非常危險的心態。奇異公司（*GE*）可能有天會被某家軟體公司取代，所以最好不要固執己見。

— Jeff Immelt

奇異公司董事會主席兼執行長

只照著我說的去做，是傻子；我說了卻不照做，是更傻的傻子。各位應該要自己思考，並且提出比我更好的想法。

— Taiichi Ohno

豐田生產系統之父

本書將說明如何讓組織成長、快速創新，以回應瞬息萬變的市場環境、顧客需求以及日新月異的新興技術。

企業的生死取決於發現新事業以及持續為顧客創造價值的能力。雖然這對企業來說是不變的原則，但在過去幾年來其影響變得更為顯著。技術與社會的快速變遷，更加劇了競爭壓力與日俱增的情況。Deloitte 經濟研究所的變化指數（Shift Index）顯示，《財星》雜誌所公布的全球前五百大企業，其平均預期壽命已經從半世紀前的 75 年左右，下

降到今日已不到 15 年。耶魯大學教授 Richard Foster 估計，「到 2020年，S&P 500 指數中會有超過四分之三的企業是現今我們還不知道的公司[1]。」任何企業要長期生存取決於瞭解與駕馭文化和技術的力量，才能持續加速創新的週期。

首先，網際網路與社群媒體提供消費者強大的工具，告訴消費者他們自己所做的決定。這些工具也讓聰明的組織有新方法，可以發現與經營使用者和顧客。企業策略性地採用設計思維與使用者經驗設計，在顧客與組織互動的每個階段討好顧客，企業也因而蓬勃發展：研究顯示，應用 UX 設計的公司，其成長更快、營收更高[2]。

其次，技術與流程的進步，即使投入少數資金，也能快速地建立、發展破壞性產品與服務，並且達到規模化。許多世界各地的小團隊利用免費或是低成本的服務與基礎設施，就可以在數天或數週內，建立新的基於軟體產品的快速原型，然後再快速發展那些有市場潛力的產品。在不久的將來，內建強大網路功能的設備會更低價且更普及，讓我們能同樣在很短的週期內，以低廉的成本創造產品的快速原型，以及發展種類廣泛的產品。如同隨著 3D 列印（3D printing）變得更便宜、更快速，並且開始處理更多種類的材質，我們將能根據顧客需求，創造與提供種類繁多的客製化商品。

軟體有三種特性，可以實現這種快速創新。首先，利用軟體創造產品的快速原型與發展想法是相對便宜的方式。其次，我們可以在產品開發的初期階段，實際使用這些快速原型。最後，在創造這些快速原型的過程中，發現大量顧客認為有價值的想法，然後再把這些想法納入我們的設計之中 —— 這讓我們可以快速地透過顧客來測試新想法、收集回饋，再把這些資訊用於改善產品與業務。

同時，日新月異的微型技術（請參見摩爾定律）[3]，讓具有超級強大功能的電腦變得非常微小，並且能與各種物品整合，其關注焦點在於軟體。

1　引用自 *http://www.bbc.co.uk/news/business-16611040*。

2　《*Evaluation of the Importance of Design*》，丹麥設計中心，2006 年。

3　Intel 的共同創辦人 Gordon Moore 於 1965 年預測，集成電路的密度大約每兩年會增加一倍。

《富比世》雜誌一篇標題為〈現今每家公司都是軟體公司（Now Every Company Is A Software Company）〉的文章中，FedEx 的資訊技術資深副總 David Zanca，形容自己就像是營運「一家在 FedEx 內部的軟體公司」。福特汽車（Ford）的資深技術主管 Venkatesh Prasad，則形容他的公司是「生產具有輪子的尖端電腦」製造商。英國市場研究機構 CCS Insight 的 Ben Wood 更指出，「Nokia 在過去這個令人難以置信的十年中，雖然走過硬體的創新，然而 Apple 發現使用者所需要的硬體只是一個方形的螢幕，其他剩下的需求都是軟體[4]」。結果，這種對軟體思維的轉變，讓很多公司把軟體開發的工作轉回公司內部，其中也包含曾經將 IT 外包的先驅者 —— 奇異公司（GE）和通用汽車（GM）。如同後續第十五章所討論的，英國政府已經追隨這樣的做法。《The Economist》報導[5]：

> 通用汽車這樣做的理由，可能也能應用在很多其他公司身上。通用汽車的資訊長 Randy Mott 負責轉變外包策略，他表示「在我們的業務中 IT 變得愈來愈普遍，現在我們將其視為競爭優勢的重要來源」。然而，以前當工作是由外包公司完成時，通用汽車投入 IT 的大部分資源就是維持系統正常運作，而非思考新方法來完成這些工作。現在，通用汽車評估要讓大部分的 IT 工作內製以及在公司附近完成，這能帶來更多的彈性與速度，並且鼓勵更多的創新。

商業世界正在變化，從把 IT 作為內部作業流程的改善工具，轉變成利用快速軟體與技術驅動的創新週期作為競爭優勢，這已經產生深遠的影響。傳統的 IT 計畫與專案管理模型，已經不適合快速的創新週期。但這些傳統模式早已深植在我們管理每個工作項目的方法裡，從營運與顧客服務，到預算編制、公司治理和組織策略。適用於規模化並且以產品為中心的典範，其組成元素都已經在過去十年中出現，但卻尚未以系統化的方法整合，並且呈現出來。本書的目的在於填補這個落差，從已經成功採用這些想法的組織裡，尋找靈感並且提供給各位。

4　引用自 *http://www.bbc.co.uk/news/technology-23947212*；就我們的看法，這是微軟（Microsoft）收購 Nokia 背後的主要原因。

5　《*The Economist Special Report: Outsourcing and Offshoring*》，第 406 卷 8819 期，2013 年 1 月 19 日。

更重要的是，我們詳細剖析高績效文化，這是讓創新快速規模化的關鍵因素。

本書出版之緣起

本書的作者都有在大型企業和新創事業兩者工作過的經歷，其利用累積的經驗著手提出務實且具系統性的方法，讓各位能有效地運用於企業環境下的創新與轉型。不只提出高績效組織要如何開發產品，還有想要提高績效的公司要如何以漸進、反覆演進與低風險的方式採用這些技巧。

之所以催生這本書，也是迫於對產業現狀的無奈。本書所提出的技術和實踐方法都不是全新的作法，是大家都已經知道而且可以實作的方法。然而，這些方法尚未成為主流，而且常被零碎地實作，導致企業只能獲得局部性而非系統性的改善。結果，很多公司辛苦投入巨大的成本建立產品、服務以及業務，卻無法提供預期的價值給顧客。

《Continuous Delivery 中文版》（*Continuous Delivery*，Addison-Wesley 出版）與《精實創業》（*The Lean Startup*，Crown Business 出版）這兩本書上市時，我們看到在企業工作的人們出現大量的需求，想要採用這些書裡提出的實踐方法。實際上也已經有大量的公司使用這些實踐方法，達成明顯的效益，讓他們可以更快速地提供更高品質的產品給市場，增加顧客滿意度，以及獲取更高的投資回報。同時，這也帶來減少成本與風險的效益，讓員工更開心，因為工作時間更穩定，更有機會能在工作上發揮創意與熱情。

然而，大家卻發現很難成功地實作這些想法。在大部分的情況下，漸進式改善的做法不可能實現任何目標，因為只有組織的一部分進行變革 —— 進行變革的部門還是需要和組織的其他部門一起合作，但沒有進行改革的部門卻仍然希望以傳統的方式運作。因此，本書要說明那些取得成功的公司從根本上改善績效時，是如何重新思考每件事，從財務管理、治理，到風險、合規，到系統架構，到計畫、投資組合與需求管理。

本書提出一套模式與原則，幫助各位實作這些想法。我們相信每個組織面臨的狀況都不一樣，而且有不同的需求，所以本書不會提供如何進行特定實踐方法的規則。取而代之的是，說明一種啟發式的實作方法，強調實驗的重要性。這是為了瞭解組織如何以最佳的方式採用這些想法，並且進行改善。雖然這個方法需要較長的時間，但它的優勢是可以更快呈現出明顯的效益，與降低組織變革所帶來的風險。還可以讓組織和員工瞭解自己最佳的工作方式。

我們希望各位發現本書的價值。最危險的態度是：「各位認為這些是不錯的想法，但是不能在組織裏執行。」如同豐田生產系統（Toyota Production System，簡稱 TPS）之父 Taiichi Ohno 所說的[6]：

> 不論是公司的管理高層、中階管理層或是實際在第一線執行工作的員工，我們都是人，所以都會有迷思，堅信現在做事的方法才是最好的。或許各位也不認為現有的方式是最好的，但是卻仍舊以熟知的做法繼續工作，並且覺得「我們也沒辦法，事情就是這樣。」

各位採納本書的想法時，可能會面臨一些阻礙。閱讀本書這些案例研究就會瞭解為何組織無法執行這些方法的理由。但是請不要讓面臨的阻礙轉變成反對。要把各位在本書中所得到的觀念，作為本身精進努力的靈感來源，而非照本宣科地執行。請不斷地尋找阻礙，並且把它們當作是實驗和學習的機會。再次引用 Ohno 所說的[7]：

> 改善（Kaizen）的意思是「機會是無窮的」。所以不要認為已經做得比以前更好，就安逸於現狀…這好比一位學生只因擊敗過劍道師傅幾次，就變得志得意滿。一但有改善想法的念頭，重要的是在每日工作中抱持這樣的態度，瞭解在每個改善想法之下，還有另外一個可以改善的地方。

改善的機會無所不在 —— 不只是在我們建立的產品或服務裡，還有我們表現與互動的方式，更重要的是我們的思考方式。

---

6 請見參考書目 [ohno12]。

7 請見參考書目 [ohno12]。

本書的目標讀者

本書主要是針對團隊領導者和管理者。內容著重於原則和模式，可以應用於任何領域、任何型態的組織。

本書預設的讀者包括：

- 對策略、領導力、組織文化與良好治理有興趣的管理階層人員。

- 負責應用程式開發或是基礎設施與營運這兩方面的 IT 主管。

- 任何計畫或是專案的管理者，包含專案管理辦公室的成員。

- 參與交付流程的財務與會計或是治理、監督與合規方面的管理人員。

- 行銷總監、產品經理還有其他參與產品與服務設計（涉及軟體開發）的管理者。

在產品交付團隊工作的人，也可以從本書發現有價值的資訊 —— 但是請不要期望有任何工程實踐的深入討論，例如，如何撰寫維護功能驗收測試、自動化佈署，或是管理設定。在《Continuous Delivery 中文版》（*Continuous Delivery*）一書中，對那些主題有更深入的討論。

本書特別針對在中大型組織中工作的人，他們體認到必須在公司策略、文化、治理與管理產品和服務的方式上，有不同的思維才能成功。這並不是說本書對小型組織沒有幫助 —— 只是某些內容可能會無法應用於小型組織目前的發展階段。

還有本書的目標之一是維持書籍簡短、內容精簡與實用。為了達到這個目的，本書所提出的原則與實踐方法，其背後的理論模型就不在此多做討論。相反地，我們會提出這些領域中的一些基本原則，讓各位瞭解基本的理論基礎，然後再說明這些理論的實際應用。對理論模型有興趣的讀者，本書也有提供進一步學習的參考資料。

關於要使用哪種軟體工具以及如何使用工具，本書在這方面是採取謹慎的作法，不提供各位詳細的說明。原因有二。首先，我們認為工具的選擇並不是非常重要的決定（只要避免使用不好的工具即可）。很多

投入敏捷方法論的組織，花費過多的時間在選擇工具，希望工具能神奇地解決他們的根本問題。對這樣的組織來說，最常見的失敗模式就是沒有能力改變組織文化，並不是沒有使用好的工具。其次是特定工具及流程的資訊，很快就會過時。現在有很多好的工具（包含很多開放原始碼的工具），和說明如何使用這些工具的文章。所以本書的重點會著重於幫助組織成功的策略，不論選擇怎樣的工具。

本書大綱

第一部分在介紹本書的主題：組織文化、策略與創新的生命週期。第二部分會討論如何探索新的想法、收集資料，讓各位可以快速評估哪個想法可以提供價值，或是哪個產品可以快速開發。第三部分涵蓋如何規模化利用經過驗證的想法 —— 這些想法是從探索的結果嚴格篩選出來；還有提出系統化的方法，以改善執行大型工作計畫的方式。最後，第四部分說明企業如何發展組織環境，以鼓勵學習與實驗，讓變革焦點著重於組織文化、治理、財務管理、IT 與策略。

每位讀者都應該先閱讀第一部分。然後再自由選擇有興趣的章節。不過，在閱讀第四部分之前，推薦各位先閱讀第三章、第六章與第七章，這是因為第四部分的內容是架構在這幾章提出的觀念基礎上。

致謝

本書是由許多人貢獻心力而成。特別要深深地感謝各位審校者，為本書仔細審閱初稿或是個別章節（以下按姓氏的字母順序排列）：Adrian Cockcroft、Amy McLeod、Andy Pittaway、Bas Vodde、Ben Williams、Bjarte Bogsnes、Brett Ansley、Carmen Cook、Charles Betz、Chris Cheshire、Courtney Hemphill、Dan North、Darius Kumana、David Tuck、Don Reinertsen、Gary Gruver、Gene Kim、Ian Carroll、James Cook、Jean-Marc Domaingue、Jeff Gothelf、Jeff Patton、Jim Highsmith、Joe Zenevitch、John Allspaw、John Crosby、Jonathan Thoms、Josh Seiden、Kevin Behr、Kief Morris、Kraig Parkinson、Lane Halley、Lee Nicholls、Lindsay Ratcliffe、Luke Barrett、Marc Hofer、Marcin Floryan、Martin Fowler、Matt Pancino、Michael Orzen、Mike

Rother、Pat Kua、Randy Shoup、RanjanSakalley、Salim Virani、Steve Bell、Tom Barker、Tristan Kromer 及 Will Edelmuth。真的非常感謝你們！本書提出的想法來自許多不同的來源，但與世界各地各種類型組織中工作的人們，透過無數場的研討會、演講還有議論，去蕪存菁後才歸納成本書的內容。謝謝所有曾經參與討論的各位，提供你們寶貴的經驗與回饋，讓我們獲益良多。特別感謝 O'Reilly 出版社優秀的編輯與製作團隊：Mary Treseler、Angela Rufino、Allyson MacDonald、Kara Ebrahim 及 Dan Fauxsmith。特別感謝 Peter Staples 為本書創作幾乎所有的精美圖表。還有 Steve Bell、John Kordyback、Scott Buckley 及 Gareth Rushgrove 提供本書很多研究案例：謝謝你們的貢獻與論點。最後，要感謝 Dmitry Kirsanov 與 Alina Kirsanova 為本書進行徹底、詳細且高品質的編輯、校對與索引工作 —— 再次感謝。

Jez 在第二個女兒 Reshmi 出生後，便開始在家創作本書。創作期間 Jez 利用工作空檔和 Reshmi 與她的姐姐 Amrita 一起玩惡作劇以及創作許多新的冒險，這些都為他帶來許多新的見解與歡樂。他漂亮、又有智慧的妻子 Rani，即使在他感到無所適從時，依然完全地支持他的創作，為此他給予妻子永遠的感謝、愛與讚美。他也謝謝媽媽給予他的鼓勵與支持，特別是媽媽來訪時他還是必須寫作。Jez 也要謝謝本書的共同作者 Joanne 與 Barry，減緩他的指揮與控制欲，讓這本書成為真正的共同創作。沒有你們，這本書不會這麼棒 —— 甚至會更糟。他要謝謝在 Chef 的同事，提供很多靈感及支持，讓他的生活揚起快樂的夢想，追尋世界一流的產品與顧客經驗。還要感謝他的前雇主 ThoughtWorks，為創新者與技術人才提供一個特別又用心的家，他們之中的很多想法讓本書的內容更為充實。最後要特別感謝 Chris Murphy、Chad Wathington、David Rice、Cyndi Mitchell、Barry Crist 及 Adam Jacob，謝謝他們對本書的支持。

當初 Jez Humble 和 Martin Fowler 說服 Joanne 一起合著《Continuous Delivery 中文版》（*Continuous Delivery*）的進階版時，她還沒瞭解到她答應的是什麼。隨著時間過去（超過兩年半），本書慢慢發展到現在的內容，這段期間很多人給她支持、鼓勵與完全的信任，讓她能夠完成這項工作。Joanne 因為書籍創作而沒有參與週末和晚上的活動，因而感到內疚時，她的丈夫兼終生伴侶兼最好的朋友 John，給她最大的鼓

勵和無盡的理解。還有 ThoughtWorks 的同事和領導團隊，提供所有研究與撰寫本書所需要的協助，特別是 David Whalley、Chris Murphy 以及聘請她的 ThoughtWorks 澳洲領導團隊 —— 因為他們瞭解這對敏捷與精實交付實踐方法來說有多麼重要，如同命令與控制，如同安全、風險與合規。最後，也同樣重要的是她要感謝共同作者兼好友，Barry 和 Jez，他們教會她毅力、協同合作與真誠互信。

Barry 如果沒有他的人生編輯兼夥伴兼妻子 Qiu Yi，就無法完成這本書的創作。她的熱情、堅持與耐心包容著 Barry。她對 Barry 的關心永無止盡。Barry 的父母，Niall 與 Joan，總是相信他、支持他，並且犧牲自己讓他可以達成目標。父母是 Barry 最好的榜樣，他們的處世原則和價值觀塑造了 Barry，對此他深深感謝。他很想念兄弟姊妹，大家在一起相處的時間總是珍貴又太短暫。他的心和整個家族緊密相連，無時無刻不思念著他們。在他的生命和職涯中，受到很多朋友、同事和交談者的啟發，他們的談話、經驗與知識都被收錄在這裡。感謝你們分享這些給 Barry。在他寫下第一篇部落格文章，並且按下發佈時，從沒想過會就此引導他走到這一步。Jez 與 Joanne 的鼓勵、合作與校對，教給他的不只是如何把想法轉換成文字 —— 更隨著他們的引導而成長。

定位

> 組織的目的是，讓平凡的人做不平凡的事。
>
> —— Peter Drucker
> 現代管理學之父

> 股東價值是世界上最愚蠢的想法，「它是」一個結果，而非策略。企業真正的主要支持者應當是員工、顧客與產品[1]。
>
> —— Jack Welch
> 奇異公司前執行長

本書一開始要先定義什麼是企業：「企業是一個具有複雜性、適應性的系統，由分享共同目的之人們所組成。」因此，本書認為非營利組織、公營事業以及私人公司都應包含在內。針對複雜性、適應性系統，第一章中會有更詳細的說明。不過，對所有員工來說，所謂企業的共同目的，基本上就是指企業的成功。公司的目的又不同於願景宣言（說明組織希望成為的樣子）與任務（說明組織進行的業務）。顧問公司 *Strategic Factors* 的管理總監 Graham Kenny 說明組織的目的，是為其他人做事，「管理者和員工都要從顧客的角度思考」[2]。他舉了兩個例子—— 食品公司家樂氏（Kellogg，其目的在提供營養豐富的食品給家庭，讓人們能健康地生活）與保險公司 IAG（其目的在幫助人們管理

1　引用自 *http://on.ft.com/1zmWBMd*。

2　引用自 *http://bit.ly/1zmWArB*。

風險，以及遇到無預警的重大損失時，能夠重新振作）；這裡還要再加一個本書最喜歡的例子 —— SpaceX，「由 Elon Musk 於 2002 年成立，其為太空運輸帶來革命性的發展，最終目的是希望能讓人們住在其他星球」[3]。

在一家企業裡，管理階層的責任不僅是創造、更新與傳達公司的目的，還包括建立策略，讓公司可以達成目的，以及培養策略成功必要的組織文化。發展公司策略與文化兩者，以回應市場環境的變化；領導者要負責指揮這兩者的發展，以確保公司文化與策略可以相互支援，達成組織的目的。如果領導者能帶領得宜，組織就能適應、發現以及契合不斷改變的顧客需求，並且能有高度的彈性應對突發事件。這就是優良公司治理的本質。

在公司發展的背景之下，本書提出「共同目的」這樣的概念而非「利潤最大化」，聽起來似乎有點古怪。在公司經營上，多年來的傳統觀念便是管理階層應該把焦點放在股東價值最大化，而公司也透過員工分紅入股制度，讓管理高層來強化這個目標[4]。然而，這些策略存在許多缺陷。創造短期業績（例如，每季盈餘）所產生的偏差狀況，犧牲了公司長期發展的優先目標，例如，發展員工能力與顧客關係。往往只重視降低短期成本的戰略行動，而扼殺創意，並且犧牲可能為組織提供更高報酬的高風險策略，例如，研究與開發，或是創造破壞性的新產品與服務。最後，還經常忽略無形資產的價值，例如，員工能力與知識財產，以及許多外力因素，像是整體大環境所帶來的衝擊。

研究顯示偏重利潤最大化所帶來的矛盾影響，就是降低投資報酬率[5]。相反地，組織要獲得長期的成功，就要發展創新能力，與採取前述引言中 Jack Welch 所提到的策略：重視員工、顧客與產品。本書第一部分就在闡述如何實現這個目標。

3　Musk 在經營 SpaceX 之餘，利用很多時間和一群能力很強的矽谷工程師共同創立了美國電動車製造商 Tesla Motors，他們證明電動車真的很棒。

4　這個策略是源自於 Jensen 和 Meckling 的「公司理論（Theory of the Firm）」（《*Financial Economics*》，第 3 卷第 4 期，1976）。

5　John Kay 於《迂迴的力量》（*Obliquity*）一書中，對於他所提出的「利潤取向悖論（profit-seeking paradox）」，有詳細的研究與分析。

第一章

緒論

一個倒行逆施的設計系統，有可能會使好人隨意對陌生人造成很大的傷害，有時他們甚至沒有意識到這一點。

— Ben Goldacre
英國醫師、《Bad Science》作者

2010 年 4 月 1 日，美國加州唯一的汽車工廠 —— 新聯合汽車製造商（New United Motor Manufacturing, Inc.，NUMMI）結束生產並且關閉工廠。NUMMI 設立於 1984 年，為美國通用汽車（GM）和日本豐田汽車（Toyota）共同成立的合資公司。這兩家公司是互利共生的合作夥伴。美國國會為了因應美國汽車製造商急遽下降的市場佔有率，於是對進口汽車做了一些管制措施，Toyota 想在美國設立一家工廠，以掙脫這樣的威脅情況。對通用汽車來說，這是個絕佳的機會，可以學習如何製造可獲利的小型車，以及豐田生產系統（Toyota Production System，簡稱 TPS）。TPS 讓日本汽車製造商能以遠低於美國汽車製造商的生產成本[1]，持續在業界提供最高品質的汽車。

合資公司成立後，通用汽車選擇已經關閉的 Fremont 汽車裝配廠，作為合資公司的生產基地。Fremont 汽車裝配廠是通用汽車所有工廠中最糟的，不僅在於汽車的生產品質，還有管理者和員工之間的關係。當時這家工廠已經在 1982 年關閉，勞資雙方的關係幾乎完全破裂，員

---

1 NUMMI 工廠的故事完全引用自美國廣播節目《This American Life》第 403 集：*http://www.thisamericanlife.org/radio-archives/episode/403/*。

工在上班時間酗酒和賭博。但是令人難以置信的是，Toyota 同意了全美汽車工人聯合會（United Auto Worker，簡稱 UAW）的談判者 Bruce Lee 所提出的要求，重新雇用 Fremont 汽車裝配廠的工會領導者管理 NUMMI。這些員工隨即被送到位於日本的豐田城（Toyota City）學習 TPS。短短三個月內，NUMMI 就生產出近乎完美品質的汽車 —— 其中一些汽車的品質不僅是全美最好的，甚至還達到和日本一樣好的品質 —— Fremont 汽車裝配廠的生產成本還比以前達到的成本更低。事實證明 Lee 說得沒錯，是「系統讓這整個生產出錯，而不是生產汽車的人」。

現今已有太多的文章在討論 TPS，但和那些從 Fremont 汽車裝配廠時期就開始工作直到 NUMMI 關閉為止的人們聊聊，會不斷聽到一個重複出現的主題，就是團隊合作。這在現在聽起來可能是一件很普通的事，但對當時很多 UAW 的員工來說，是令他們感到難以置信的強大體驗。TPS 的最高優先順序是在產品裡建立品質，只要發現一個問題就必須盡快修正，並且改善系統，以防止相同的問題再次發生。唯有員工和管理者一起合作，才有可能實現這一點。當員工發現問題時，可以拉動一條繩子通知管理者（這就是著名的安燈系統（andon cord））。然後管理者會過來幫助員工解決問題。如果當場無法在有限的時間內解決問題，員工可以停止生產線，直到問題被修正。團隊後續還會進行實驗、實作想法，以防止相同的問題再次發生。

TPS 的這些想法，對 UAW 的員工來說是革命性的做法 —— 管理者的主要職責是幫助員工、員工有權可以停止生產線，以及員工參與如何改善系統的決策。John Shook 是第一位到日本豐田城工作的美國人，後來也負責對 NUMMI 的員工進行教育訓練，他說：「員工在學習新的工作方式上產生強烈的情感體驗，這個方式讓人們一起工作、互相合作 —— 就像一個團隊」。

TPS 的工作方式和傳統的美國、歐洲管理實踐方式形成鮮明的對比。傳統的美國、歐洲管理實踐方式是以 Frederick Winslow Taylor 提出的原則為基礎，Taylor 是科學管理（scientific management）的創造者。根據 Taylor 的理論，工作管理就是分析工作，把工作分散成好幾個部分。然後再把這些分散的工作交給專門負責的員工執行，這些員工不需要懂任何事，只要盡可能有效率地執行交付給他們的專業工作。泰勒主義

（Taylorism）基本上是將組織視為機器，把機器切成各個部分的原件，再進行分析與瞭解。

相對地，TPS 的核心觀念是建立高度信任的文化，每個人的目標都一致，就是依照需求建立高品質的產品，以及員工和管理者的跨職能合作，以持續改善系統 —— 有時甚至是從根本上重新設計系統。TPS 的這些觀念 —— 高度信任的文化，重點在於持續改善（*kaizen*，日文的「改善」），由組織所有層級的調整與自主性強力支撐 —— 基本上就是建立一個可以快速適應變化情況的大型組織。

TPS 成功的主要關鍵是對員工產生的影響。泰勒主義把員工當成一台機器的齒輪，公司付錢給員工，只要員工盡可能且盡快地完成預先規劃的工作。然而，TPS 需要員工透過持續改善追求融會貫通，灌輸員工更高的目標 —— 追求更高的品質、價值與顧客服務 —— 提供一定程度的自主性給員工，授權他們對改善的想法進行實驗，並且實作那些想法直到成功為止。

數十年來的研究顯示，這些內在動機可以讓需要創意和試誤法（trial-and-error）的工作，產生最高的績效 —— 不可能只依據一項規則就能達成期望的成果[2]。事實上，外在動機，例如，紅利和績效評估，實際上是會降低非例行性工作的績效[3]。Rick Madrid 曾經在 Fremont 汽車裝配廠與 NUMMI 這兩個時期工作過，他說 TPS 是「從被壓抑、厭煩的生活中改變了我 —— 就像我兒子說的，TPS 改變了我的人生態度，改變了我的一切，讓我整個人變得更好。」讓人們對他們的工作產生驕傲，而非嘗試以獎勵和處罰激勵他們，這才是高績效文化的基本精神[4]。

雖然 TPS 的核心概念似乎相當直覺，但是卻很難採用。事實上，通用汽車採用 NUMMI 的作法，並且企圖複製到其他工廠上，卻完全失敗了。一些最大的障礙是來自於改變組織結構。TPS 摒棄工作年資的觀

2　行為科學通常把工作分成兩種類型：例行性工作是依照規則達成單一且正確的工作結果，稱為「演算型工作」，而那些需要創意和試誤法的工作，則稱為「啟發型工作」。

3　數十年來的研究已經反複證實這些結果。更精闢的內容請見參考書目 [pink]。

4　W. Edwards Deming 提出「十四項管理轉型要點」，其中一項是「管理與工程人員有權利對其工作感到自傲，移除會掠奪這項權利的阻礙。特別是指廢除年度或績效評估，以及目標管理。請見參考書目 [deming]，第 24 頁。

念，但工會員工是根據他們服務多少年來指派工作，所以最好的工作只會給那些資深員工。在 TPS 下，每個人都必須學習團隊需要的所有工作，並且職務輪調。TPS 還移除了可見的管理陷阱和特權。在 NUMMI 工廠裡，沒有人帶領帶 —— 甚至是承包商也不帶 —— 這在強調一個事實，每個人都是團隊的一份子。即使管理者也不會有通用汽車其他工廠裡的特殊待遇，例如，專用的餐廳和停車場。

企圖改善品質終究碰到了組織界線。在 TPS 裡，供應商、工程師與員工相互合作，持續改善工作的各個部分，確保員工能有工作上需要的工具。這在 NUMMI 是可行的，因為工程師在公司內部，而且零件來自於日本供應商，這些供應商和 Toyota 的合作關係非常密切。但美國的供應鏈就完全不同了。如果運送到通用汽車裝配工廠的零件品質很差，或是根本不能用，通用汽車也沒有技術人員可以修正這個問題。

通用汽車的 Van Nuys 工廠也面臨很多和 Fremont 汽車裝配廠一樣的狀況，工廠的管理者 Ernie Schaefer 描述 NUMMI 和其他工廠不一樣的地方：「很多地方都不一樣。但有一件事是看不見的，就是支持 NUMMI 工廠的系統。我不認為當時有任何人瞭解這個系統的強大特性。通用汽車的組織是那種「自掃門前雪」的心態。每一個部門都劃分得非常清楚，設計車子的部門就只會做設計的事，自己份內的工作完成後，把事情丟給製造部門，就不管了。」這就是泰勒主義管理方法的遺毒。TPS 要成功，必須存於有這些因素的生態系統裡，包含組織文化、供應商關係、財務管理、人力資源，與圍繞 TPS 哲學設計的治理方式。

通用汽車嘗試在 Van Nuys 工廠實作 TPS，但是失敗了。儘管有關廠的威脅（最終也真的關廠了），員工和管理者還是反對改變其狀態和行為。NUMMI 的資深員工 Larry Spiegel 曾經到 Van Nuys 去協助實作 TPS，根據他的描述，那家工廠的員工根本不相信工廠會關閉：「多數人相信他們並不需要改變」。

通用汽車採用 TPS 時缺乏危機意識，這變成一種阻礙 —— 或許也是一般組織變革時遇到的最大阻礙[5]。美國通用汽車花了 15 年左右的時間，

5　《領導人的變革法則》(*Leading Change*) 一書的作者 John Kotter 說，「絕大部分的員工、約 75% 的管理人員以及幾乎所有的高層都要相信，相當程度的改變是絕對必要的」。請見參考書目 [kotter]，第 51 頁。

才認清必須優先執行 TPS，又再花了 10 年的時間去實際執行 TPS。但這個時候，他們已經失去原本有的競爭優勢。通用汽車於 2009 年破產，並且由美國政府紓困，同時也退出 NUMMI。隔年 2010 年，Toyota 關閉 NUMMI 工廠。

NUMMI 的故事非常重要，因為它點出本書的重點 —— 培養精實企業，例如，Toyota —— 以及許多共同的阻礙。Toyota 對於他們正在做的事總是抱持非常開放的態度，即便是面對競爭者，也願意提供工廠參觀行程 —— 部分原因可能是因為他們知道，TPS 成功的原因不是因為任何特別的實踐方法，而是文化。很多人把重點放在推廣 TPS 的實踐方法和工具上，例如，安燈系統。一名通用汽車公司的副總，甚至還指示一位管理人員，把 NUMMI 工廠的每一處都拍下來，以便能完全複製 NUMMI 工廠。結果工廠安裝了安燈系統，但是沒有人使用，因為管理者的績效指標還是汽車生產線的效率（依循外在動機的原則）——不論生產的品質如何。

精實企業主要是人的系統

全世界的社會與科技改變的步調加快，使 Toyota 先驅創新的精實方法，顯得更為重要，其提出一組有效的策略，讓組織能擁抱市場變化，在不確定性下蓬勃發展。精實企業的主要關鍵是人的系統（*human system*）。然而，人們常常把重點放在精實與敏捷團隊使用的特定實踐方法與工具上，例如，看板（Kanban board）、站立會議（stand-up meetings）、雙人程式設計（pair programming）等等。這些採用的方法往往被當做儀式或是「最佳實踐方式」，卻沒有被好好檢視實際上是在做什麼 —— 在特定背景下，追尋特定目標的有效方法就是對策（*countermeasures*）。

在具有持續改善文化的組織裡，團隊會自然產生對策，當對策沒有價值時就會捨棄。建立精實企業的關鍵是，讓工作的人以跟廣泛組織策略一致的方式，解決顧客的問題。想實現這樣的成果，要讓策略層面的健全決定，信任員工能對其進行部分的決策 —— 反過來說，依賴的關鍵會是資訊流，包括回饋循環。

社會學家 Ron Westrum 已經對資訊流進行廣泛的研究，其研究背景是針對航空與醫療的意外與人為錯誤。Westrum 瞭解到在這些背景下，能藉由組織文化預測安全性，還發展出「安全文化社群」，將組織分為三種類型[6]：

病態型（*Pathological*）組織，其特徵在於帶有大量的恐懼與威脅。人們經常會因為政治理由而隱匿資訊，或是歪曲資訊讓自己的處境更好。

官僚型（*Bureaucratic*）組織，其特徵在於會保護部門裡的人。那些部門的人為了維護勢力範圍，會堅持自己的規則，通常會照章行事 —— 當然是照他們的「章」。

生產型（*Generative*）組織，其特徵在於重視任務。要如何才能達成目標？讓每件事都符合良好績效，而且做應該做的事。

上述這些文化各自以不同的方式處理資訊。Westrum 觀察到，「提供良好資訊的氛圍，比較能支持與鼓勵其他具有合作性與任務強化的行為，例如，解決問題、創新和跨部門溝通橋樑。當事情出錯時，病態型組織的氛圍會鼓勵尋找替罪羔羊；官僚型組織會討公道；生產型組織則會找出系統的基本問題」。各種文化類型的特徵，如表 1-1 所示。

表 1-1. 各類型組織處理資訊的方式

病態型組織（權力導向）	官僚型組織（規則導向）	生產型組織（績效導向）
低度合作性	中度合作性	高度合作性
否定傳達者	忽略傳達者	訓練傳達者
逃避責任	限縮責任	分擔風險
不鼓勵溝通橋樑	忍受溝通橋梁	鼓勵溝通橋樑
失敗就找替罪羔羊	失敗就討公道	失敗就找出問題
否決新事物	認為新事物會導致問題	實作新事物

6　請見參考書目 [westrum-2014]。

Westrum 提出的類型學（typology）已經被廣為闡述，其發自內心的能量會引領任何已經在病態型（或甚至是官僚型）組織裡工作的人。然而，其一部分的含意已經不只是學術的意義。

新創公司 PuppetLabs、出版社 IT Revolution Press 和 IT 諮詢公司 ThoughtWorks 在 2013 年調查了全世界 9,200 位技術專家，試圖找出高績效組織成功的原因。產生的結果報告《2014 State of DevOps Report》以分析各產業受訪者的回答為基礎，包含財務、電信、零售業、政府、科技、教育和醫療[7]。從研究報告獲知的主題是，強大的 IT 績效為競爭優勢。研究顯示具有高績效 IT 組織的公司，達成的獲利能力、市場占有率和生產力會超過其設定目標的兩倍[8]。

研究報告還檢驗影響組織績效的文化因素。以受訪者對下列敘述的認同程度為基礎，發現在這些因素裡最重要的是，員工是否滿意他們的工作（這會強烈聯想到 NUMMI 員工被導入 TPS 的反應）：

- 我願意推薦這個組織具有好的職場環境。

- 我擁有能完成工作的工具和資源。

- 我滿意自己的工作。

- 我能在工作上充分發揮自身技能和能力。

預測組織績效的最重要因子就是工作滿意度，這也證實內在動機的重要性。研究團隊想瞭解 Westrum 模型是否能用來預測組織績效[9]，所以要求受訪者沿著 Westrum 模型的每一個軸向，評量其工作團隊的文化，如表 1-1 所示。請受訪者針對問題描述評價他們的同意程度，例如，「發生失敗的狀況時，我的團隊成員會調查問題的原因」[10]。研究團隊利用這樣的方法衡量文化。

7　請見參考書目 [forsgren]。

8　這項衡量組織績效的研究，是請受訪者就獲利達成率、市場占有率以及生產力目標，評價其組織的相對績效。在以前的研究中，就已經多次驗證這種標準量表。請見參考書目 [widener]。

9　坦白向各位承認，Jez 曾是《2014 State of DevOps Report》研究團隊的一員。

10　這種定量衡量的方法，稱為「Likert 量表（Likert Scale）」。

滿意度分析的結果顯示，團隊文化不僅和組織績效有強烈的關聯性，也是工作滿意度的強力預測因子。結果很清楚：高度信任、生產型文化不僅對建立安全的工作環境很重要 —— 還是建立高績效組織的基石。

任務式命令：命令與控制的替代方案

高度信任的組織文化，經常是相對於俗稱的「命令與控制（command and control）」：這樣的想法是來自於科學管理，負責的人制定計畫，在現場的人執行計畫 —— 所以一般認為是以軍隊的運作方式為模型。然而，現實是「命令與控制」在軍方已不再蔚為潮流，這是因為在 1806 年，拿破崙（Napoleon）以分散式、高效率的軍力，徹底擊敗普魯士軍隊（Prussian Army），其為典型的計畫驅動組織。拿破崙利用一種稱為機動作戰（maneuver warfare）的戰術，擊敗大型、訓練有素的軍隊。「機動作戰」利用驚嚇和驚訝戰術，行動團結一致，破壞敵軍的能力，目標在於將實際作戰需求最小化。「機動作戰」的關鍵要素是學習、決策和行動得比敵人快 —— 相同的能力也可以讓新創公司擊敗企業[11]。

被拿破崙打敗後，重建普魯士軍隊的三個關鍵人物是：Carl von Clausewitz、David Scharnhorst 和 Helmuth von Moltke。他們的貢獻不僅讓長久以來的軍事準則轉型，其重大含意在於人們領導與管理大型組織。特別是應用在任務導向（Auftragstaktik）或是任務式命令（Mission Command）的想法上，本書後續會探討這部分。任務式命令讓「機動作戰」的運作規模化 —— 這是瞭解企業如何與新創公司競爭的關鍵。

被拿破崙擊敗之後，新成立的普魯士參謀總部任命 David Scharnhorst 將軍為參謀長。他成立改革委員會，分析戰敗的原因，並且開始進行普魯士軍隊的轉型。Scharnhorst 將軍注意到拿破崙的軍官們在戰況改變時，不用等待指揮鏈的核准就有做決策的權力。這使他們能夠迅速適應不斷變化的戰況。

11　如同第三章所討論的，這個觀念是成形於 John Boyd 的 OODA 循環（observe-orient-decide-act，觀察／定位／決策／執行），又反過來激發出 Eric Ries 的開發／評估／學習循環法（build-measure-learn loop）。

Scharnhorst 將軍想以系統化的方法發展類似拿破崙軍隊的能力。但他明白這需要訓練軍官獨立、睿智,還要讓這些軍官能分享類似的價值觀,以及在激烈的戰況中果斷和自主行動。於是他設立了軍事學校訓練軍官並且擇優錄取,這是史上第一次接受所有社會背景的人都有機會成為軍官。

到了 1857 年,Helmuth von Moltke 被指派為普魯士軍隊總參謀長,他最有名的一句話是「任何預定計畫都經不起敵人的攻擊」。在 Scharnhorst 將軍一手創立的軍隊文化之上,他做的主要創新是把軍隊決策視為一連串的選項,在戰役開始之前,軍官們可以廣泛地探討這些方案。1869 年,他還提出一項方針,名為「大型部隊指揮官導引(Guidance for Large Unit Commanders)」,說明如何在不確定性狀況下領導大型組織。

在這份導引文件裡,von Moltke 提到,「在戰爭中,戰況變化非常快速,確實很難完全實現長時間內有很多細節的指示」。因此,他建議「只下絕對必要的命令,不要規劃超出預期之外的情況」。他還有一個建議是:「命令的層級越高,指令就應該要越短而且越一般。不論是否需要進一步的說明,下一層級都要新增這個部分,執行的細節則以口頭指示或是一句命令帶過。這是確保每個人都能在權限範圍內,保有行動和決策的自由度⋯依循的規則是指令應包含所有,但也只限於下面層級的人在實現特定目的時,無法自己做決定的事」。

最重要的是,命令一定要包含描述意圖的說明,以溝通命令的目的。讓下屬在面對機會或是阻礙時,不會嚴格遵守原先的命令,而可以做出好的決策。Von Moltke 指出「在戰場上,有無數的情況是軍官必須自己做判斷。對一個軍官來說,等待沒有人可以給出的命令,是相當荒唐的事。但規則是,只要軍官的行動符合上層的意志,就可以在整個計畫中,發揮他最有效率的作用」。

這些想法是來自於任務導向(Auftragstaktik)的核心準則或是任務式命令。結合這些想法所培養出的專業訓練參謀軍官,能瞭解如何執行與應用這個準則,很多精銳部隊採用了這些軍官,包含美國海軍陸戰隊和(近代的)北大西洋公約組織(NATO)。

普魯士軍隊發展任務導向（*Auftragstaktik*）的歷史，在 Stephen Bungay 的商業策略論文《*The Art of Action*》裡，有更詳盡的描述（前述「大型部隊指揮官導引」的引文，就是取自這篇論文）[12]。Bungay 以 Scharnhorst、von Moltke 和另外一位普魯士將軍 Carl von Clausewitz 的研究為基礎，發展出一套策略導向規模化的理論。Clausewitz 在 26 歲時，就參與了兩場對抗拿破崙的命運性戰役 —— Jena 和 Auerstadt。隨後，他服務於 Scharnhorst 建立的改革委員會，並且留給世人未完成的代表作 ——《*On War*》。在他的著作裡，介紹了「戰爭迷霧（fog of war）」的觀念 —— 我們所面對的根本的不確定性，就是一個龐大而迅速變化的環境行為，整體系統狀況必然伴隨著不完整的知識。他還介紹了一個想法就是磨擦（*friction*），指現實無法以理想的方式呈現。磨擦會以不完整的資訊、意料之外的副作用和人為因素的形式呈現，例如，錯誤與誤會，以及突發事件的累積。

摩擦與複雜適應性系統

Clausewitz 的摩擦觀念是一個很貼切的譬喻，能瞭解複雜適應性系統的行為，例如，一個企業（或任何確實為人的組織）。複雜適應性系統的特徵定義是，無法透過 Taylor 提出的還原主義（reductionist），分析其組成部分，瞭解其整體行為。相反地，很多複雜適應性系統的特性和行為模式，產生自系統內事件與多層級組成間的互動。在開放系統的情況裡（例如，企業），還必須考慮與外部環境的互動，包含顧客和競爭者的行為，以及更廣泛的社會與科技變化[13]。所以摩擦最終的結論是人 —— 組織是由獨立意志的人與有限的資訊所組成。因此摩擦是無法克服的狀況。

Bungay 主張磨擦會創造三個落差。第一、**知識落差**（*knowledge gap*），從事規劃或採取行動時，因為處理的資訊必定是在不完美的狀態下，需要進行假設和闡釋資訊，因而產生的落差。第二、**一致性落差**（*alignment gap*），這是人們無法按照規劃進行事情的結果，或許是因為優先序衝突、誤會、或者只是有人忘記或忽略計畫中的某些元素。最後是**效果落差**（*effects gap*），這是因為環境中不可預測的變化所造成

12　請見參考書目 [bungay]。

13　如果各位對這些不同類型的系統有興趣，並且想要釐清他們，本書推薦研讀 Dave Snowden 的 Cynefin 架構：*http://www.youtube.com/watch? v=N7oz366X0-8*。

的，也許是其他行為者引起，或不預期的副作用，產生與預期不同的成果。如圖 1-1 所示。

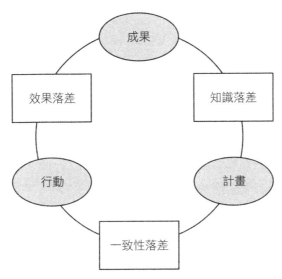

圖 1-1 複雜適應性系統的落差，出自於 Stephen Bungay 的《The Art of Action: How Leaders Close the Gaps between Plans, Actions, and Results》（經 Nicholas Brealey 出版社同意轉載）。

Bungay 還說明企業應用的科學管理補救措施（scientific management remedy）、任務導向（*Auftragstaktik*）準則掫出的替代方案，以及他自己對於任務式命令應用在公司上的闡述，並且命名為「導引式機會主義（directed opportunism）」。如表 1-2 所示。

表 1-2. 三種落差及其管理方式

	效果落差	知識落差	一致性落差
定義	期望行動達成的效果與實際做到的效果，兩者之間的差異	想獲得的知識和實際獲得的知識，兩者之間的差異	想要人們做的事和人們實際做的事，兩者之間的差異
科學管理補救措施	更詳細的控制	更詳細的資訊	更詳細的資訊
任務導向補救措施	「在權限範圍內，保有行動和決策的自由度」	「只下絕對必要的命令，不要規劃超出預期之外的情況」	「和每個單位溝通，盡可能達成更多高層意圖的目的」

	效果落差	知識落差	一致性落差
導引式機會主義	在調整行動以符合意圖上，給予個人自由度	在定義和傳達意圖上，限制方向	允許每個層級定義達成下一次升級的意圖與「反向報告」

當我們在一個摩擦主導的複雜適應性系統下，很重要的是要理解科學管理補救措施是無效的。事實上，還會讓事情更糟。建立更詳細的計劃，將無法即時回饋哪一個假設是無效的。複雜的規則和控制只會逞罰到無辜的員工，放過犯錯的人，同時還毀了士氣、創新和創業精神。面對官僚型或病態型組織，無法進行情報蒐集，因為這些類型的組織會為了保護自己的勢力範圍，而隱藏或扭曲資訊。對於瞭解如何快速規模化的組織來說，無法掙脫科學管理的組織，是可以擊敗的絕佳目標。

依據任務原則建立一致性規模化

在複雜適應性系統裡，領導者和管理者面對最重要關注是：在沒有足夠資訊和背景可以瞭解決策的完整結果，以及事件往往超出計劃的前提下，要如何讓組織裡的人可以做出最好的決策 —— 以組織的最大利益行動？

在《*The Principles of Product Development Flow*》[14] 一書中，Donald Reinertsen 提出任務原則（*Principle of Mission*），以任務式命令準則為基礎，「指定最終狀態、目的，以及最小的可能限制」。根據任務原則，建立一致性不僅是制定達成目標的詳細計畫，還要描述任務意圖，以及溝通為什麼要這麼做的理由。

任務原則的關鍵要素是建立一致性以及擁有自主性，在認可的時間表下 —— 在不確定性更高的情況下，時間表會變小 —— 設定清楚、高層級的目標條件，然後把如何達成條件的細節留給團隊制定。這個方法甚至可以應用在多個層級上，每個層級的範圍還可以再縮小，同時提供更多的背景資訊。在本書中，此原則應用於多種背景：

---

14 請見參考書目 [reinertsen]。

預算與財務管理

傳統的預算流程是以詳細的專案和商業計畫為基礎，規畫和鎖定明年所有的花費，不同於傳統做法，從多個角度來看以設定高層次目標，例如，員工、組織、營運、市場與財務，並且定期檢視。這種訓練可以用在多個層級，因需要而動態分配資源，定期檢討各項指標。

計劃管理

在計畫層級只會指定每一次反覆演進的可衡量目標，不會建立詳細的前期工作計畫，然後又把工作細分為好幾個小部分，再分配給各個團隊。團隊要自己制定如何達成目標，包含與其它團隊合作，還有持續整合與測試工作，以確保能符合計畫層級的目標。

流程改善

持續改善流程是 TPS 的關鍵要素，也是組織轉型的強力工具。本書第六章會提出改善型（Improvement Kata），以反覆演進的方式、指定流程瞄準的目標，以及提供時間和資源給運作作流程的人，執行需要的實驗，以符合下一次反覆演進所瞄準的目標。

關鍵是這些任務基礎的流程必須取代命令和控制流程，不能一起並行。需要員工以不同的方式表現和行動，以及學習新技能。還有在組織內進行文化革新，後續會在第十一章討論。Stephen Bungay 在探討如何於商業上應用任務式命令時，反思能作用在任務式命令的文化 —— 這並非巧合，和 Westrum 描述的生產型組織有相同的特性，請參見表 1-1：

不變的核心是整體的分析方法，會影響招聘人員、訓練、規劃和控制流程，還有組織文化與價值。任務式命令抱持領導力觀念，堅定地把人放在核心。依賴不會出現在組織資產負債表上的重要因素：員工承擔責任的意願；上級願意支持下屬的決定；對善意錯誤的容忍度。任務式命令是專為不可預測和不利的外部環境所設計，建立可預測和支持性的內部環境。其核心是一個信任網路，把跨越層級上、下的人們都整合在一起。達成與維持需要持續不斷的工作 [15]。

員工就是競爭優勢

Fremont 汽車裝配廠的故事並不會隨著 NUMMI 而結束。事實上這是美國汽車製造工業，兩個典範移轉的軌跡。2010 年，美國電動車製造商 Tesla Motors 買下 NUMMI 的廠房，改建成 Tesla 的工廠。Tesla 利用持續方法，比豐田（Toyota）還要快的速度進行創新，捨棄以往偏好頻繁更新汽車年式（model year）的觀念，在很多案例中，讓舊型汽車的車主可以下載韌體，取得新功能。Tesla 倡導資訊透明化，並且宣布不會執行他們所擁有的專利。Tesla 這樣的作法，和一個 Toyota 的故事相互呼應，這是發生在豐田生產自動紡織機時期發生的事。豐田汽車創辦人 Kiichiro Toyoda 聽說有一張自動紡織機的設計圖被偷竊之後，說了以下這段名言：

> 竊賊的確可以按照設計圖製造自動紡織機，但是我們每天都在修改與改進機器，等竊賊能依照偷取的設計圖生產出自動紡織機時，我們已經比那時有更多的進步了。而且因為他們沒有像我們一樣從生產第一台機器的失敗中獲取專門知識，當他們要改良機器時，將會耗費比我們更大量的時間。我們不需要在意發生什麼，只要持續地做我們一直在做的改善[16]。

企業的長期價值不是來自於產品和智慧財產，而是透過創新持續提升給顧客價值的能力 —— 創造新顧客。

本書的關鍵前提是，正確利用軟體，可以加速創新周期，並且帶來彈性，有太多公司的經驗可以支持這一點，例如，Tesla。透過尋找新機會，並且比競爭對手更快執行這些驗證過的機會，軟體可以提供企業競爭優勢。好消息是這些能力都在所有企業內部伸手可及之處，並不是只有科技巨人才有。《2014 State of Devops Report》的資料顯示，有 20% 的組織和超過一萬名員工屬於高績效這個群體 —— 比小型公司所佔的比例還要小，但仍然十分顯著。

15　請見參考書目 [bungay]，第 88 頁。

16　請見參考書目 [rother-2010]，第 40 頁。

很多在企業裡工作的人深信，他們和科技巨人之間有一些基本的差異，例如，Google、Amazon 或是 Netflix，這些公司常被認為科技「做了正確的事」。但我們也常聽到「這在我們這裡行不通」。這或許可能是對的，但人們經常看錯會阻礙改善的問題。懷疑這不可行的人經常會把規模大小、規範、感知複雜性、傳統技術，或是經營領域內的一些其他特性，視為改變的阻礙。這一章的目的就是在說明，雖然這些阻礙確實是挑戰，然而真正的阻礙是組織文化、領導力和策略。

很多組織想要透過設立創新實驗室、收購新創公司、採用方法論，或是組織重整等方法，取得通往高績效的捷徑。但是這樣的努力不僅沒有必要，也不夠充足。唯有整個組織建立生產型文化和策略才能成功，這也包含供應商 —— 如果能達到這一點，就不需要再訴諸上述那些捷徑了。

接下來本書第二章要說明透過平衡產品投資組合，讓組織能長期成功的原則。特別是把產品開發生命週期的活動分成兩種獨立的類型：探討新想法，蒐集資料和捨棄使用者不會快速接受的想法；發展已經由市場驗證過的想法。本書第二部分會討論如何進行探索領域，第三部分則是包含發展領域。最後第四部分會聚焦在文化、財務管理、公司治理、風險和合規上，說明如何進行組織轉型。

企業的動態投資組合管理

．

企業的目的是創造顧客。

— Peter Drucker
現代管理學之父

本章要檢驗業務的生命週期，以及公司要如何在**探索**嶄新的商業模型
與**發展**經過驗證的商業模式兩者間取得平衡。區分這兩者的目的在於
瞭解精實創業的實踐和原則如何應用在企業上下，與作為管理創新投
資組合的基石。

Everett Rogersy 在其著作《創新的擴散》（*Diffusion of Innovations*）一書
中，描述所有成功技術與想法發展的生命週期，如圖 2-1 所示[1]。所有
成功的想法，不論是技術、商品範疇、商業模式或甚至是方法論，都
會隨著時間的進展，從默默無聞到逐漸引起關注，最終演變成商品。
然後，再形成新的、更高層次的、更有價值的創新。當然，在創新的
生命週期裡，各個階段發展所需要的時間，會有很大的差異。

---

1   事實上 Rogers 的研究是來自於美國愛荷華州農民所採用的技術，請詳見參考書目
[rogers]。

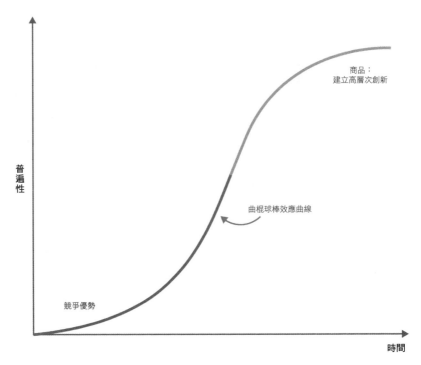

圖 2-1 S 曲線，顯示創新的生命週期

根據人們對創新的反應，Rogers 認為可以分為幾個類型，如圖 2-2 所示。一開始，創新者會實驗與測試新技術和構想，佔總群體最小的一部分。等創新者發掘出能提供競爭優勢的技術後（雖然大部分都不會帶來競爭優勢），早期採用者就會採納這些技術。每個群體裏的成功就會以這樣的方式，進一步擴散到其他群體裏。Geoffrey Moore 推廣 Rogers 的想法，以其想法為基礎導入「鴻溝（chasm）」的觀念，在早期採用者和前期多數者之間，加入一塊邏輯分界區。「鴻溝」這個概念是來自於 Moore 的觀察，出現這個邏輯分界區的原因是，一旦夢想家不再認為創新者的技術有競爭優勢，又不足以讓前期多數者建立安全的賭注或是經過驗證的實踐，此時許多創新者就會陷入慌亂的局面。

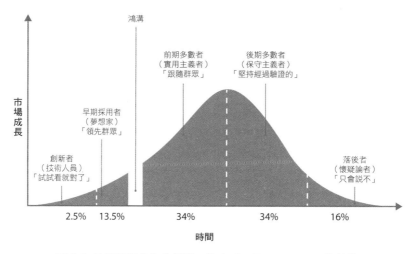

圖 2-2　技術採用的生命週期，取自 Geoffrey A. Moore 的著作
《企業達爾文》（Dealing with Darwin），2006 年。
（經 Penguin Group (USA) LLC 旗下的 Portfolio 授權使用）

一旦破壞性的新技術或是想法被市場接納，各式各樣的產品就會如
雨後春筍般地出現。Moore 對產品類別生命週期（product category
lifecycle）的看法，如圖 2-3 所示。成功的產品類別一開始會迎來高成
長（階段 B），隨後是成熟市場（階段 C），這個階段會發生合併的狀
況。成熟市場下的成長，通常是由收購競爭者與獲取新顧客，還有提
高效率所驅動。最後，產品類別會衰退（階段 D）。在任何一個階段，
產品類別都有可能被一些嶄新的創新所破壞 —— 實際上之所以定義一
項創新為「破壞性」，正是基於它帶給現存產品類別和商業模式的衝擊
效應。即使是面對破壞性產品，還是有可能維持一個利潤豐厚的利基
市場；例如，在很多國家，傳統的功能手機仍然是很重要的產品類別；
IBM 的大型主機業務依然有利可圖。

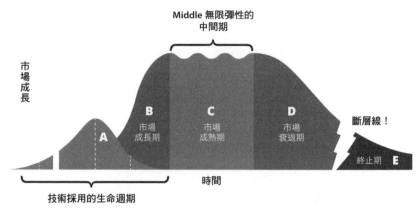

圖 2-3 產品類別成熟度的生命週期，取自 Geoffrey A. Moore 的著作
《企業達爾文》（Dealing with Darwin），2006 年。
（經 Penguin Group (USA) LLC 旗下的 Portfolio 授權使用）

要觀察的第一點是，根據管理、開發、行銷與投資方式，不同階段的
產品成熟度會產生顯著的差異。例如，在成熟市場裡，企業非常瞭解
顧客也知道顧客從產品中獲得的價值；清楚知道如何獲取新顧客或是
賣新產品給現有的顧客，然而在現有的產品類別裡，新產品通常也只
是微幅創新。唯有發掘出新類別，才是真實存在的機會。

在理解生命週期的不同階段時，還有很多細節需要釐清，例如，顧客
是否為其他企業還是消費者，透過大幅簡化問題，以及觀察所有企業
都會參與的兩種關鍵活動，可以得到重要的論述：**探討新的產品類別
與商業模式**以及**發展經過驗證的類別與商業模式**[2]。在顧客開發的研究
背景下，史丹佛商學院教授 Steve Blank 指這些活動為「搜尋」與「執
行」[3]。

新創公司透過商業模式創新，探索新的機會：尋找一種新的商業模式，
其目的與願景和投資者一致，能交付價值給顧客，又可以驅動組織的
獲利與成長。一旦發現新的商業模式，接著就是透過不斷成長與規模
化**發展**商業模式，尋找降低成本的方法，提高工作效率，以及增加市
場佔有率和顧客基數。然而，每種商業模式最終都會消失：每個商業

2　這種區分是由 James March 首次在他的論文《組織型學習的探索與發展》（Exploration
　and Exploitation in Organizational Learning）中提出。請見參考書目 [march]。

3　請見參考書目 [blank]。

模式和產品類別終究會被下一個嶄新的商業模式和產品所破壞 —— 只是時間早晚的問題而已。

探索新機會和發展現有的機會，基本上是完全不同的策略，兩者需要不同的結構、能力、流程與心態。所以不太能過度強調這個關鍵：在「發展」範疇內有效率的實務管理方法，如果應用在「探索」新機會上，反而會導致失敗 —— 反之亦然。這兩種範疇的差異，如表 2-1 所示。

表 2-1. 探索 VS. 發展

	探索	發展
策略	徹底或是破壞性的創新，新商業模式創新	微幅創新，現有商業模式最佳化
結構	跨職能、多技能的小型團隊	多個團隊使用一致的任務原則
文化	對實驗有高容錯度、承擔風險、接受失敗、專注學習	漸進式改善與最佳化，專注於品質與顧客滿意度
風險管理	最大的風險是無法達成產品／市場適性	考慮每一個產品／服務更複雜的權衡組合
目標	建立新市場、在現有市場發現新機會	現有市場的產量最大化，超越競爭對手
衡量進展	達成產品／市場適性	超越預測，達成規劃的里程碑與目標

發掘出成功商業模式的新創公司，在越過鴻溝之後，通常很難轉型到下一個階段：在成長市場中執行新的商業模式並且規模化。與此同時，成功轉型為執行引擎的組織，通常會失去探索新商業模式的機會。Eric Ries 寫給自己一個虛構的備忘錄，捕捉這種心態的轉變：

> 親愛的 *Eric*，謝謝你對公司的付出。很不幸地，你之前工作的職務已經沒了，公司也不存在了。然而，我們很樂意提供給你一個全新的職務，雖然是在一家全新的公司，但很恰巧的是所有的工作同仁都和以前相同。其實這份新工作早在數個月前就已經開始，而你已經發現過往的經驗完全派不上用場。不過幸運的是，從前讓你成功的所有發展策略，都已經完全過時了。祝你好運[4]！

4　引用自 *http://bit.ly/1v6Y8YI*。

成功管理企業投資組合的重要目標是，瞭解如何在探索新商業模式與發展經過驗證的現有商業模式之間取得平衡 —— 如何成功讓企業從一個狀態轉型到另外一個狀態。企業領導者必須瞭解這兩種範疇之間的差異，在治理這兩種範疇上，運用非常不同的心態與策略。

探索新想法

只有不到 50% 的新創事業能存活超過 5 年以上[5]。同樣地，企業浪費巨大的資金嘗試發展新業務，卻幾乎沒有創造出顧客價值[6]。當然，想事先知道一項新業務是否會成功是不可能的事，但 Eric Ries 在他的著作《精實創業》（*The Lean Startup*）一書中，詳細說明一項方法，可以在極度不確定性的情況中有效運用。跟全世界的新創公司一樣，精實創業的方法論也能應用在企業上下，只要能清楚它的目的：*發現與運用嶄新與潛在的破壞性商業模式，以及快速捨棄那些不再有用的模式*。

不論是在新創公司或是大型企業工作的企業家，都會對業務和影響力有一個願景，希望擁有一群感激與崇拜他們的顧客。為了實現這個願景，必須驗證兩個關鍵假設：價值假說和成長假說。價值假說會透過解決實際的問題，確認我們的業務是否為使用者提供實際的價值。如果是，就可以說已經找到問題／解決方案適性（*problem / solution fit*）。成長假說則是在驗證企業能多快獲取新顧客，以及是否具有 Steve Blank 所說的，可重覆和可規模化的銷售流程 —— 換句話說，顧客基數是否可以快速提升圖 2-1 裡的曲棍球棒效應曲線，以及是否有夠低的顧客獲取成本。如果能通過這兩個驗證，就表示有問題／解決方案適性，能繼續 Steve Blank 提出的顧客開發流程的最後兩個階段：*創造顧客*，認真地啟動業務；接著是*建立公司*，嘗試過鴻溝[7]。

在精實創業方法論裡，透過反覆演進的流程，採取系統化的方法。首先，學習建立價值假說。然後，決定驗證假說的衡量指標。接著設計

5　引用自 *http://bit.ly/1v6YfTX*；這些數據會隨產業有所不同，訊息技術企業的五年存活率會大幅低於教育和醫療產業：請參見 *http://bit.ly/1v6YeiN*。

6　很難取得確鑿的統計資料，但隨處可見的間接證據可以說明這個狀況。

7　引用自 *http://bit.ly/1v6Y8YI*。

與建立稱為最小可行產品（*minimum viable product*，簡稱 *MVP*）的實驗，從真實顧客蒐集必要的資料，確認是否具產品／市場適性。

秘訣是投入最小的工作量，經歷完整的週期。既然是在極度不確定性下運作，會預期價值假說可能是不正確的。在這樣的情況下，就要進行軸轉（*pivot*），以所學習到的知識為基礎，提出新的價值假說，再經歷一次這個流程。持續進行流程，直到達成產品／市場適性，決定停止實驗，或是資金枯竭為止。在資金耗盡之前所擁有的時間，稱為跑道（*runway*），目標是在到達跑道終點之前，盡可能頻繁地軸轉，找到產品／市場適性。

精實創業方法的重要特性是，相較於建立一個完整的產品，執行實驗是相對低廉而且快速。一般來說，專注於執行開發／評估／學習循環法（如圖 2-4 所示）的小型、跨部門團隊，不需耗費數個月或是數年的時間，能在數小時、數天或是數週內，建立最小可行產品，並且蒐集資料。預期大多數的實驗都會失敗，只有少部分會成功；然而，只要嚴謹地依循上面的步驟，每個反覆演進都將會產生驗證學習的成果。驗證學習是指測試商業模式背後的主要假設 —— 只以必要但不用過高的精密度測試，瞭解商業模式是否能成功，然後做出決策，以決定要持續進行、軸轉或是停止。

精實創業流程相當便宜，利用可選擇性原則（the Principle of Optionality），就能在企業上下同時追求多個可能的商業模式。

—— 注 意 ————————————————————

什麼是選擇權（Option）？

購買一個「選擇權」是指得到一項權利，而非義務，可以在未來做某件事（一般來說是以固定價格購買或是販售一項資產）。選擇權有價格和到期日。例如，演唱會門票、和某人一起出去吃晚餐的約定，以及投資新產品的決定。

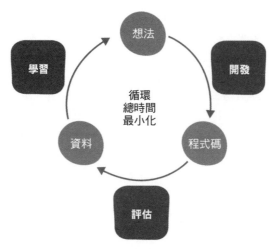

圖 2-4 開發／評估／學習循環法

投資固定的時間與資金，調查一個想法的經濟參數 —— 不論是商業模式、產品或創新，例如，流程變革 —— 這是一個利用可選擇性（Optionality）的例子，用於管理決策的不確定性，以決定是否要進一步投資。

在任何個別想法上，限制最大的投資損失（「停損點」），期望少部分的想法能產生巨大的獲利，因而補償或抵消那些沒有獲利的投資，如圖 2-5 所示 [8]。可選擇性是一個強有力的觀念，同時探索多種可能的方法，延緩做出如何達成期望產出的決策。

8　　Nassim Taleb 在《反脆弱》（Antifragile）一書中，探討這種選擇權式的試誤法或是修補的想法。請見參考書目 [taleb]，第 181ff 頁。以 Dave Snowden 的 Cynefin 架構語言來說，「選擇權」是一種「安全型失敗（safe to fail）」實驗法，透過實驗設計，限制失敗可能帶來的負面結果。「選擇權」在 IT 管理上的應用，請參見 Olav Maassen 等人的著作《Commitment》（Hathaway Te Brake Publications 出版）。

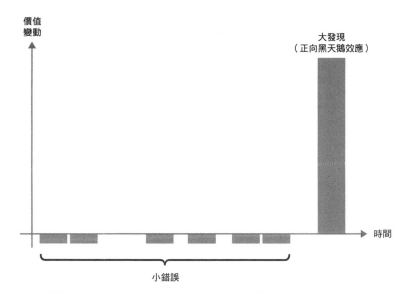

圖 2-5 可選擇性原則，取自 Nassim Nicholas Taleb 著，2012，《反脆弱：脆弱的反義詞不是堅強，是反脆弱》（Antifragile: Things That Gain From Disorder）（經出版社 Random House 授權使用）。

技 巧

創效理論（Effectuation）？

在不確定性情況下，簡單的因果（演算法）推論法並不適合管理風險，所以企業家應用一種技巧，限制停損點並且確認每個決策都能至少創造出一些效益（即使只帶來一些新資訊）。認知科學家 Saras Sarasvathy 博士在她的著作《創效理論：創業家的專業要素》（*Effectuation: Elements of Entrepreneurial Expertise*，Edward Elgar Publishing 出版）中，研究現實生活中創業者的工作方式，提出一種創業架構[9]。

在管理創新風險上，很重要的是要限制初始投資和創造資源稀少性。由於已知大多數的創新想法都不會成功，所以必須提出簡單、快速的實驗，才能以快速又低成本的方式消除沒有用的想法。

接著來看 ARM CPU 的案例，現今幾乎每個行動裝置的核心都使用 ARM CPU。這個處理器的第一個版本是始於 1980 年代，由 Sophie

---

9　創效理論的架構導論，請參見 *http://bit.ly/1v6YjmK*。

Wilson、Steve Furber 在英國劍橋進行設計。短短 18 個月內，就從觀念演進到生產就緒的量產設計 [10]。他們的老闆 Herman Hauser 被問到這是如何做到的，Herman 說，「從事後分析來看，在決定要做微處理器時，我認為當時做了兩個很棒的決定。就是相信團隊，並且告訴他們兩件事，這也是英特爾（Intel）和摩托羅拉（Motorola）不會告訴他們員工的事：一、沒錢，二、沒人。所以，他們必須讓設計簡單 [11]。」

精實創業的核心概念是透過系統化方法確認與驗證假設，快速評估商業模式。因此，這些概念也適用於創造新業務以外的應用。例如，時間與資源有限的原則，會限制停損點以及建立最小可行產品，盡快地和實際顧客一起測試價值假說，*每次*嘗試開始的時候都應該要應用這樣的原則。我們應該使用這個方法探索*所有*未知、不確定又有風險的新想法 —— 不論是提供新產品，置換現有系統，採用新工具、流程或是方法論，亦或者是應用商用軟體（commercial off-the-shelf software solutions，COTS）。每當聽說一個新的 IT 專案啟動，有大預算、數十或甚至是數百人的團隊，產品／服務實際上線前，還有數個月的時程表，就可以預期這個專案會花費許多時間和預算，卻無法提供預期的價值。

警 告

在內部 IT 專案上應用精實創業

精實創業原則對於內部軟體工程專案來說一樣重要，包括服務和平台，例如，私有雲、系統置換等等。這些類型的專案經常會伴隨具有數月甚至是數年的巨大計畫，口頭承諾說會逐步處理實際（內部）顧客的問題。事實上，建立這些系統的團隊通常對其顧客的需求與偏好不屑一顧 ——我們經常會聽到這樣的陳述，例如，「我們比顧客還清楚他們的需求」。專案以這樣的方式執行，不會為了取得回饋而定期提供漸進式價值給顧客，不僅浪費驚人的時間與資源，也很少能達成意圖、成果或是目標。除此之外還有其他嚴重的負面後果：用起來很痛苦的內部系統會讓員工感到挫折，進而衝擊士氣與工作效率。除了績效不佳所造成的成本，企業建立的系統還會讓已經非常複雜的生產環境變得更複雜。其必然結果就是影子 IT（shadow IT）—— 團隊捨棄 IT 部門認可或是維護的服務，使用某些能讓工作更有效率的服務。

10　引用自 *http://bit.ly/1v6Ynmw*。

11　引用自 *http://bit.ly/1v6YoH7*。

組織往往傾向於以大型團隊啟動新專案，其原因有二：一、（錯誤地）假設這有助於專案能更快完成，二、使用的流程會變相鼓勵為偏好的專案掠奪資源，例如，年度預算週期。然而，建立複雜系統時，這些力量必將導致系統膨脹、增加複雜度、依賴管理、無效率和品質低落。在大型團隊內建立與嘗試維持有效率的溝通，會造成大型專案巨大的內耗。與此同時，創建的系統會以不受控制和失去方向的方式快速成長。

在這個環境裏，要建立有效率的回饋循環極度困難，無法判斷已經建立的東西裡，什麼是有價值的，也無法決定要瞄準哪一個產品或是專案版本。對於很多專案來說，甚至經常是無法把元件和工作系統整合在一起 —— 在嘗試整合時，會發現必須解決無數的問題，才能讓系統變成可使用的狀態，更不用說要上線發佈了。請參見表 1-2，其顯示長久以來的經驗，新增過多的前期規畫給流程，往往只會讓最終的結果更糟，不會更好。

在獲得能支持業務與經濟模型的證據之前，不應該對任何一項工作投入完全的資金，必須先以小型、跨部門團隊、有限的跑道來進行探索，這也是接下來第二部分要探討的內容。

在探索新商業模式時，軟體開發投資最小化

一家我們曾經合作過的大型零售組織，想在一個新的市場開設分店 —— 這是他們第一次到海外展店。IT 團隊要在 8 週內讓銷售點終端機系統（point-of-sale system，POS）可以在新國家運作，計算不同的營業稅和幣值。根據我們的評估，要讓現有系統可以在多個幣值和稅制下運作，這個 IT 專案需要花上數個月的龐大時間，還需要顯著的投資。團隊被迫尋求其他選項，驗證解決方案實際上是可行的。然後團隊把新的營業稅寫死在現有的架構系統裡，再用一台簡單的 proxy 伺服器，即時置換新商店系統的幣值符號。雖然這個海外展店計畫最後因為 2008 年的金融危機而取消，但在核准投資一項有完整功能且強大的長期解決方案之前，專案初始的軟體部分已經透過最小投資，驗證提出的解決方案。

在「探索」這部分，最後有一點要注意。本章專注於創新擴散是如何應用在產品上，相同的原則也適用於組織變革。許多企業嘗試要一鼓作氣地在整個企業，推動新的方法論、實踐、流程和工具，卻忽略員

工對這樣的創新會有不同的反應，並沒有通用的方法可以採用。經常看到這種「大爆炸式（big bang）」的方法無法達到預期的結果，或者是為了企圖解決上一次的失敗，而被其他新的行動悄悄地取代掉。

改變根本流程來探索與實驗 —— 在學習術語裡稱作改革（*kaikaku*），用相同的方法探索潛在的嶄新商業模式。也就是說，要以相當小型、組織裡部分跨部門的人來嘗試，一些願意投入「創新者」類別的人。這些人必須對提出的流程實驗有興趣，並且具有執行實驗所需的必要技能。驗證變革是有價值後，這個團隊要幫助其他群體接納這個變革，才能在廣泛的組織內「跨越鴻溝」，直到變革變成標準的工作方式。然而，流程改善不會在這個階段就停止。如同後續第六章要探討的，所有的團隊將會持續、逐步地進行流程改進，稱為改善（*kaizen*），這會成為團隊每日工作的一部分，進而減少浪費與提高產量和品質。第十一章會對組織文化做更詳細的討論。

發展經過驗證的商業模式

企業最佳化是發展已經越過鴻溝的商業模式 —— 這是企業被設計出來的目的。然而，不斷發展現有的產品，以及在發展類別裡導入新產品，通常會造成工程工作的瓶頸。

在企業裡實現工作，傳統典範的基礎是由專案所構成。一般來說，專案要得到預算分配，需要寫商業計畫書，這反過來會導致一大堆前期規劃工作、設計和分析。接著各個部門必須協調工作和執行計畫。專案的成功是衡量專案能否準時且在預算內完成原始計畫。但不幸的是，與是否為顧客和組織創造出實際價值相比，根據這些準則衡量專案的「成功」與否，顯得無關緊要又微不足道。

從持續發展的網站系統蒐集而來的資料，顯示對功能開發來說，計畫基礎方法無法有效為顧客與組織創造價值。Amazon 與微軟（Microsoft）（還有許多新創公司）利用一種稱為 A/B 測試的技巧，在建立完整功能之前，搜集資料確認一項功能實際上是否能提供價值給使用者。Ronny Kohavi 在加入微軟擔任實驗平台總經理之前，是領導 Amazon 資料探勘與個人化群組團隊，透露了「驚人的統計數據」：60%~90% 的想法

無法改善意圖要改進的指標。以微軟的實驗結果為基礎,可以發現 1/3 的想法建立一個統計顯著的積極變化;1/3 沒有產生統計顯著變化;1/3 建立一個統計顯著的負面變化 [12]。所有測試的想法都被認為是好的想法 —— 但不管是直覺或是專家意見,都不能很好地衡量想法對顧客的價值。

典範計畫會會加劇這個問題。一般來說,計畫從啟動到結束,要花很長的時間,所以利害關係人嘗試盡可能把每一個功能都放進去,因為他們謹記在心的是,一旦專案完成了,就很難新增功能。此外,規劃流程發生在專案剛起步的時候,而我們對專案風險卻只有最少的訊息與最低的瞭解。而稱為規劃謬誤(*planning fallacy*)的認知偏差,就會使管理高層往往會「在做決策時以妄想樂觀為基礎,而非以損益、機率作為合理權重。高估利潤,又低估成本。想像成功的情境,同時忽視潛在的失誤和誤算。結果是,追求的行動不太可能獲得預算,或時間,或是實現預期的投資報酬率 —— 或者甚至是完成 [13]」。

執行專案時,會發現新資訊 —— 但由於沒有人希望功能被砍掉,所以新資訊通常會導致更多的工作,稱為「範圍蔓延(scope creep)」。當執行專案和發現更多資訊時,就會增加更多的範圍,Donald Reinertsen 描述這樣的惡性循環為「大量批量的死亡螺旋(large batch death spiral)」 —— 此與規劃謬誤結合,意指專案會超出預算和期限,其影響程度與專案大小成比例。這是支持小批量運作的重要理論依據 [14]。

這些所有的功能和新增的範圍意味著,專案通常會使生產環境增加大量的複雜性 —— 如同後續第十四章探討的 —— 複雜性通常不列入專案流程規畫。這些複雜性會導致更高的成本,和營運部門計劃外的工作,而且明顯提高未來專案執行時需要的成本和工作量。

---

12 請見參考書目 [kohavi]。

13 請見參考書目 [kahneman],第 252 頁。很多服務供應商依賴規劃謬誤(planning fallacy)來賺取利潤,他們先對最初預先定義合約的服務投出最低標價(特別是當合約會簽給最低價的投標者時),等得標後再透過變更需求,讓客户付額外的費用。

14 Reinertsen 投入一整章的篇幅,介紹減少批量大小的情況。(請見參考書目 [reinertsen],第五章)。

最後，專案方法是根據工作是否在預算內如期完成，來評斷員工，而不是以提供給顧客的價值；生產力的衡量是基於產量而非成果。這會發生一些有害的行為。以產品人員建立全面的規格文件，和精心打造商業案例的能力，作為評斷產品人員的依據，而非創造的產品和功能是否有提供價值給顧客。開發人員是因為在開發工作站完成程式碼而獲得獎勵，而非把程式碼整合到一個運作中且經過測試的系統，讓這個系統可以在現實世界的大規模使用中存活下來。創造出不可持續的「英雄文化」，獎勵過度工作和高利用率（確保每個員工都很忙），而非以最小的工作量達成期望的成果。

高利用率意味著，包含協作在內的工作要花更長的時間才能完成，因為需要一起工作的人們，總是忙於其他優先順序的工作。為了追趕逐漸落後的最後期限，人們沒有心力實現維護與流程改進工作（例如，自動化），也就無法提高品質和產量。反之，這提高了未來工作的成本，增加組織「要更努力工作」的壓力，以及加劇過度工作的惡性循環。

《*Freedom from Command & Control*》（Productivity Press 出版）一書的作者 John Seddon 敘述，「失常的運作行為隨處可見，並且具有系統性，這不是因為工作的人們故意使壞，而是因為服務組織層次的需求和服務顧客的需求相互牴觸…人們絞盡腦汁只為了生存，而不是改善工作」。

要如何從這種惡性循環中解脫？本書的第二部分，會說明如何利用以下原則，在「發展」範疇下執行大型工作計劃：

1. **定義、評估以及管理成果而非產量。** 應用任務原則，為工作計畫指定「正確的方向」—— 理想的利害關係人成果。然後在計畫層級反覆演進地工作，為每次的反覆演進指定可衡量的計畫層級成果，評估是否達成。如何達成這些成果則全權委託給計劃內的團隊制定。每次反覆演進後，以實際顧客的回饋為基礎，改善需求的品質、提升速度，和改進成果的品質。

2. 管理產量而非產能或是利用率。應用看板原則讓所有的工作視覺化，並且限制進行中的工作。然後，停止開始另一個新工作，盡快開始完成手上的工作。持續進行流程改善工作，以縮短整個系統的交付時間 —— 交付工作所需要的時間。使用持續交付和微幅增量工作，低成本且低風險地交付小批量工作，帶來更容易的回饋循環。

3. 員工受到獎勵是因為有長遠的眼光、系統層面的遠景，而不是因為追求短期、功能層次的目標。員工獲得獎勵的原因應該是，持續和有效率（雙贏）的協作，讓達到成果需要的工作量最小化，同時降低因此目的而建立之系統的複雜度。員工不應該因為失敗而被處罰，相反地，要建立實驗和協作的文化，設計安全型失敗（safe to fail）的系統，落實流程才能從錯誤中學習，並且使用這些資訊讓系統富有彈性。

平衡企業的投資組合

不論是管理企業的商業投資組合，還是任何財務投資，其關鍵在於使用經濟模型。然而，這樣的作法在實務上並不普遍。一項研究調查了全球 161 位企業決策者，如圖 2-6 所示，只有 24% 的受訪者在產品與服務的投資決策上會利用經濟模型。令人驚訝的是，有 13% 的受訪者坦承最高薪資者的意見（highest paid person's opinion，稱為 HiPPO 方法）才是主要的決定因素 [15]。47% 的受訪者表示會使用略為不尷尬的方法，由委員會作決策。

---

15 Ronny Kohavi 在微軟擔任合夥人架構師時，創造出這個名詞。

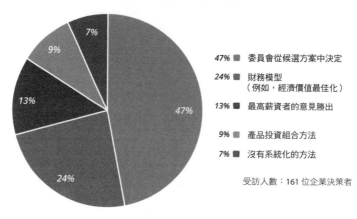

大多數公司開發軟體服務是由委員會決策來決定

**「你的公司以怎樣的方式來決定建構哪種產品，
請選擇一個最符合的敘述」**

47% ■ 委員會從候選方案中決定

24% ■ 財務模型
（例如，經濟價值最佳化）

13% ■ 最高薪資者的意見勝出

9% ■ 產品投資組合方法

7% ■ 沒有系統化的方法

受訪人數：161 位企業決策者

資料來源：2012 年 9 月，ThoughtWorks 委託 Forrester 顧問公司
進行的一項調查研究

圖 2-6 企業如何做投資決策？

《換軌策略：再創高成長的新五力分析》（*Escape Velocity: Free Your
Company's Future from the Pull of the Past*）[16] 一書中，Geoffrey Moore 提
出「成長力／重要性矩陣」，將現有的投資決策視覺化，如圖 2-7 所示，
描述這個矩陣如何區分哪些公司才具有有效的投資組合策略。圖 2-7 中
的 y 軸是衡量特定業務相較於其他業務的重要性，其中「重要」是指
佔總收入或總獲利的 5~10% 或以上的業務。x 軸是衡量業務的成長率，
以投資報酬率表示。

16　請見參考書目 [moore]。

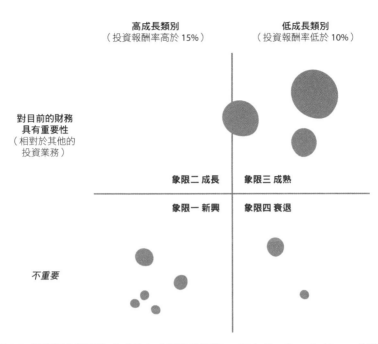

圖 2-7 投資組合管理的「成長力 / 重要性矩陣」，取自 Geoffrey A. Moore 的著作
《換軌策略：再創高成長的新五力分析》（Escape Velocity: Free Your
Company's Future from the Pull of the Past），2011 年。
（經 HarperCollins Publishers LLC 授權使用）

在象限三裡，很多公司具有領先市場的經營權，例如，2014 年認為是
微軟、IBM 和惠普（HP），相當於圖 2-3 的階段 C（成熟市場）。但如
圖 2-7 所示，儘管這些公司對象限一的新業務投入大量的研發，還是沒
有企業能一直開發出（而非收購）可以成為階段 B（相當於象限二）的
重要業務。相反地，Google、Apple 在過去十年裡各自創立的業務，都
已經快速成長為重要的獲利來源。

為了找出這麼多公司無法創建出象限二業務的原因，必須瞭解企業的
動態投資組合。《The Alchemy of Growth》一書中提出三條地平線模型
（three horizon model）來描述這樣的狀況，請見參考書目 [baghai]，如圖
2-8 所示。地平線一是由核心產品類別和業務所組成（相當於圖 2-7 的
象限三）。

管理投資組合
三條地平線模型

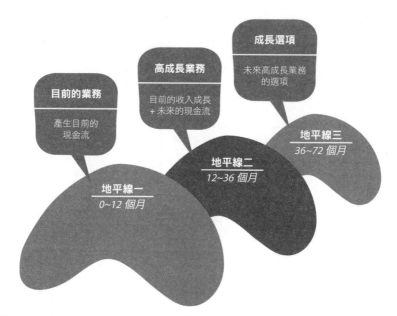

圖 2-8　三條地平線，取自 Geoffrey A. Moore 的著作《換軌策略：再創高成長的新五力分析》（Escape Velocity: Free Your Company's Future from the Pull of the Past），2011 年。（經 HarperCollins Publishers LLC 授權使用）

投資地平線一，企業在投資的同一年就可以交付結果，通常是開發現有產品，以及在現有類別裡發佈新產品。地平線二是新興業務，未來將形成企業的核心業務。這些業務要成功，需要顯著的投資以及銷售與行銷部門的關注，比起投資地平線一，地平線二無法在投資的當年產生等量的投資回報。

地平線三是精實創業的範疇，對新業務模型進行實驗，以及企圖為新業務建立產品／市場適性。目標是投入足夠的時間與資金，創造跑道，在進一步投資前，發現產品／市場適性。接著，想法不是進入地平線二就是被擱置，也可能等到市場狀況或技術進步時再嘗試。

有三個顯著的問題會默默砍掉有機會成為地平線二的業務。第一、地平線二的業務需要投入大量的研究、銷售和行銷資源，卻無法產生相

對應的營收報酬率 —— 經常會以這個指標衡量這些部門。第二、這三個地平線要成功，各自需要不同的管理與支援實踐，如圖 2-2 所示。盲目地在每個地平線應用相同的方法，終究會導致失敗。最後，如同 Clayton Christiensen 在《創新的兩難》（*The Innovator's Dilemma*，Harper Business 出版）一書中所說的，獲利的企業通常不太願意發佈破壞性的新產品，蠶食目前擁有的利潤和市場佔有率 —— 這可能會威脅到現有的底線和市場評價。

表 2-2. 三條地平線

	地平線一（0-12 個月）	地平線二（12-36 個月）	地平線三（36-72 個月）
目標	經濟報酬最大化	越過鴻溝，開始貢獻顯著的營收	建立新業務
關鍵指標	營收 V.S. 規劃、市場占有率、獲利率	銷售率、目標客戶	輿論／口碑人氣（顧客）、知名品牌顧客（企業）

即使是在探索和發展商業模式方面都已經做得非常好的企業，還是經常會看到這些勢力合力阻止業務進入地平線二。最終通常是其他公司把這些業務帶進市場，變成破壞性的新產品。全錄公司（Xerox）的 PARC 研究中心發明了現代 GUI（還有很多其他現代計算的元素），但是全錄公司總部的「碳粉匣們，當時還不知道電腦或電腦能做什麼」，最終反而是 Apple 和微軟將電腦帶進人們的家裡[17]。

2012 年，攝影巨擘柯達公司（Kodak）申請破產，但實際上是柯達發明了數位相機。Steve Sasson 和柯達設備事業部研究實驗室的團隊在 1975 年創造出突破性的創新[18]。然而，團隊遇到茫然無知的管理者，無法體會為何顧客會想要在螢幕上看照片。最後他們把沖洗照片的業務最佳化 —— 製造相紙、底片和其他周邊用品 —— 而不是捕捉顧客的回憶。

17　引用自 Steve Jobs 專訪影片《遺失的訪問》（*The Lost Interview*）。

18　引用自 *http://bit.ly/1v6YwGv*。

—— 警 告 ——

為何不能僅靠聘僱或收購來達成創新？

很多企業一直都用收購新創公司的方式，企圖快速擁有當前的趨勢，進而加速創新 —— 或者是分散與平衡投資組合，讓企業轉變為「創新實驗室」，或者完成階段 A、象限一或是地平線三。我們一直不斷在身邊看到這樣的方式造成不良的後果，這些收購無法產生預期的回報，資深員工只要能行使選擇權就會盡快離開。問題出在被收購的新創公司擁有地平線三或二的產品，而收購這些新創公司的企業卻是用地平線一的治理、財務目標以及管理結構，這會完全摧毀新創公司的創新能力。有時也會透過創新實驗室的方式，扭轉母公司人們的想法，希望能神奇地教會他們如何在不同的地平線創新，而非只是帶給他們文化上的衝擊。收購／聘僱經常失敗在相同的原因：把優秀的人才放到病態型或是官僚型組織，並不能改變文化，只會讓員工分裂。解決方案是努力轉型組織的文化，和培養適合每個地平線的有效領導力和管理 —— 順便不小心把聘僱或收購創新者的需求給刪了吧！

我們的假說是在持續探索潛在的新商業模式，與有效發展現有模式這兩者間取得平衡，組織才能繼續在中、長期階段存活與成長。確實，真正擁有適應性與富有彈性的組織特色之一，就是在尋求未來的機會、新市場與顧客的過程中，不斷破壞自己現有的商業模式。

例如，Amazon 追求電子書和生產電子書閱讀器 Kindle，都是在破壞其販售實體書籍的主要商業模式。Amazon 市集讓其他廠商利用 Amazon 的基礎設施，也潛在地削弱 Amazon 自己販售的產品。3M 定義其策略是不斷有新產品創新，對於過去五年導入的新產品，設定其營收目標的百分比是 30%，這已經在 2008 年超過了[19]。3M 的總裁兼執行長 Inge G. Thulin，預期這個百分比可以在 2017 年達到 40%[20]。

軟體公司 Intuit 利用一個簡單的模式來平衡地平線一、二和三，如表 2-3 所示。Google 依循類似的模式，但是分配的比重不同：地平線一 70%、地平線二 20%、地平線三 10%[21]。

19　引用自 *http://for.tn/1IixTko*。

20　引用自 *http://www.cnbc.com/id/100801531*。

21　引用自 *http://cnnmon.ie/1v6YHBA*。

表 2-3. 軟體公司 Intuit 的創新地平線和指標 [a]

	現有的業務	尚未成熟的業務	想法
投資	60%	30%	佔營運費用的 10%，以驗證學習為基礎，每季投入資金
指標	持續成長的類別、市場占有率、顧客忠誠度、營收	成長力、持續提升效率（會導致獲利能力）	喜愛指標（Love metrics），以提供顧客利益、主動使用產品，和積極口碑效應為基礎
示範產品	TurboTax、Mint	QuickBooks Online Accounting	SnapTax

[a] *http://bit.ly/1v6YI8Q*

平衡各個地平線時要牢記一個重點，除非領導高層能在投資管理中擔任積極的角色，包括為不同的地平線建立適當的管理實踐，以及重視管理的激勵方式，否則核心業務總是能利用其對企業的影響力，排擠並且最終擠掉其他地平線。

如果文化和管理障礙實在太強大，面對這種「兩手策略」，替代方案是把一個最大的獨立業務單位拆掉。

安泰建立了破壞核心業務的新公司

美國保險公司安泰（Aetna）跟美國所有其他的醫療保健市場業者一樣，知道美國總統歐巴馬（Obama）提出的可負擔照護法案（Affordable Care Act），同時代表著嚴重的風險與明顯的機會。這個法案立法時，安泰已經成立 160 年，於是安泰決定要建立另一家新公司 Healthagen，「一家組織獨立、資金獨立、薪酬獨立以及管理獨立的公司，其不適用與安泰相同的管理流程」，目的在於利用新科技和商業模式，破壞醫療保健供應商市場。Healthagen 的初始目標是驅動每年 15~20 億美金的營收 [22]。

安泰還沿著類似的概念路線，建立另外一家子公司，創造一個消費者市集，驅動私人交換模型。安泰的董事長兼總裁兼執行長 Mark Bertolini 陳述他的目標，是建立科技基礎的競爭性商業生態系統，破壞安泰自己的核心業務。

22　引用自 *http://bit.ly/1v6YM8m*。

結論

每一個想法都有其生命週期，成功的想法為早期採用者帶來競爭優勢，最終成為高層級創新的建立基礎。企業必須確保具有管道可以產生新想法，以提供未來數年的成長基石。有效的企業投資組合管理需要建立與應用經濟模式，平衡三條地平線的整體投資。若想進一步瞭解投資組合管理，推薦閱讀 Geoffrey Moore 的著作《換軌策略：再創高成長的新五力分析》（*Escape Velocity: Free Your Company's Future from the Pull of the Past*）。

企業期待地平線三能出現幾個嶄新的商業想法。由於無法預測哪個想法會成功，所以應用可選擇性原則，假設很多想法都會失敗，只有少數會成功。應用精實創業方法論，透過商業模式讓這些業務快速軸轉，直到團隊在探索上耗盡資源，或是發現產品／市場適性與引起關注為止。大部分的想法永遠都不會進展到地平線二，但確實需要完全不同的管理辦法。在地平線三，主要的關注是找到產品／市場適性，但在地平線二，則需要針對特定業務，識別與管理更廣泛的風險。取代商業模式創新，切換到漸進式創新需要一套不同的技能。

太多企業利用地平線一的策略，嘗試管理地平線二和三的投資，卻因此扼殺創意。本書後續內容主要會忽略地平線一（雖然第三部分中說明的很多原則和技巧，對這個範疇很有用）。本書第二部分說明在地平線三的投資裡，運用「探索」範疇。第三部分討論如何利用應用於製造業數十年的精實原則，在「發展」範疇裡快速規模化，以持續驅動更高的品質和更低的成本。第四部分則是討論如何讓企業轉型，開始培養創新文化。

讀者思考問題：

- 在探索嶄新商業模式的投資管理組合、發展經過驗證的模式，與開發核心業務之間，你的組織使用哪種架構取得平衡？

- 你可以在任何地方看到這個投資組合的狀態嗎？

- 想要衡量這些範疇裡每個活動的健康程度，可以用什麼績效指標？

- 在你的組織裡，地平線一、二及三的投資百分比各是多少？是有意還是無意造成這樣的狀況？你認為怎樣的比例應該會比較適合？

- 資深領導階層要如何確保已扶植地平線一、二及三的投資？以及如何確保不同地平線之間的轉換，其管理方式為最大化每個投資的相關績效指標？

探索

最好的缺乏說服力，最差的則充滿激情的張力。

— W. B. Yeats
愛爾蘭詩人、1923 年諾貝爾獎得主

人類面對新的機會或是要解決的問題時，本能就是直接跳到解決方案，而不會先充分地探索問題空間，針對所提出的解決方案測試假設，或是挑戰自己，以及和實際使用者一起驗證解法。

不管是設計新產品、在現有產品中新增功能、提出流程與組織問題、啟動專案，或是置換現有系統，這些工作上都會出現這樣的本能。這股力量驅使我們購買昂貴的工具，而這些工具聲稱會解決公司所有的狀況，於是在整個公司裡推出一種全新的方法或是組織革新，或者是投資在「把整個公司賭下去」的工作計畫上。

糟糕的是，人們經常會愛上自己的解決方案，墮入沉沒成本的謬誤之中，忽略質疑這些解決方案的證據。當這股力量與職務權力結合時，會帶來災難性的後果 —— 我們的一位同事差點被客戶開除，就是因為貿然詢問特定專案背後的商業案例。

如果我們有超能力，就可以在任何問題或是新機會被討論時，奇蹟般地出現。任務當然是要阻止任何人在做到以下幾點之前，不要啟動解決問題或是追求機會的主要計畫：

- 定義想要達到的業務成果，要為可衡量的指標。

- 建立最小可能的快速原型，能夠證實朝向業務成果發展，要為可衡量的指標。

- 證實所提出的解決方案實際提供給目標使用者的價值。

但既然我們只是凡人，相信你會把這本書好好放在手邊，在適當的時機應用。

第二部分會討論如何探索機會及問題空間，採取科學化且系統化的方法解決問題。透過實驗性的方法，有效管理風險，讓團隊在創新固有的不確定性下，做更好的決策與判斷。

第三章

投資風險衡量模型

「懷疑」不是件令人愉悅的事，但「深信不疑」則是荒謬的心態。

—— Voltaire
法蘭西思想之父

對企業來說，實驗全新的商業模式和產品，例如，新創事業，最大的風險是無法創造一些能為使用者提供價值的成果。精實創業架構允許我們快速丟棄一些不能產生價值，或是短時間內無法採用的想法，就不用浪費資源在這些想法上。精實創業背後的原則，還可以應用在企業內所有種類的活動上，例如，建立內控工具、流程改善、組織變革、系統置換，以及 GRC 計畫（治理、風險與合規）。

本章會提出一些原則和觀念，透過蒐集資訊來降低不確定性，採取系統化的方法，管理規劃工作的風險。對於探索嶄新的機會，這個架構形成其實踐方法的基礎，接下來會在整個第二部分的後續內容中提出說明。

投資風險模型

在企業裡，通常一個想法要獲得核准並且繼續進行之前，必須提出商業計畫書來支持這個想法。一般而言要包含一個團隊，創造一份詳細的文件，預估提出的行動能創造多少價值。商業計劃書的內容不僅會描述需要的資源、相依性，最後還要打造一組漂亮的數字，詳細說明

規劃工作的成本、關鍵指標、資源計劃以及工作時程。完成這個流程會需要數週或是數個月的時間，取決於投資計畫的細節與評估程度。

規劃流程的重要目標是支持投資決策。為了進行決策，就需要對投資風險有良好的理解。如同 Douglas Hubbard 所說的，風險的定義是「不確定性的狀態，其中一些機會隱含著損失、災難或是其他預期之外的結果。」衡量風險是指「一組機會，每個機會都帶有量化的機率和損失[1]」。例如，「我們相信有 50% 的機率會取消專案，造成的開發工作的損失是 2 百萬美金」。

在《如何衡量萬事萬物》（*How to Measure Anything*）一書中，Hubbard 就其分析 IT 投資商業案例的工作進行討論[2]：

> 在這些商業案例裡，每個都有 *40~80* 個變數，例如，初始開發成本、採用率、提高生產率，營收成長率等等。對每個案例，我都會執行 *Excel* 巨集，計算每個變數的資訊價值。利用這個價值，指出評估力道應該聚焦在哪個變數上。執行巨集計算每個變數的資訊價值時，會看到這樣的模式：*1)* 絕大部分的變數，其資訊價值為零…*2)* 具有高資訊價值的變數經常是客戶從未評估過的。*3)* 客戶習慣花最多時間評估的變數，通常是資訊價值低的變數。

舉個例子，建立商業案例以取得專案核准時，會估計開發成本。通常會包括分析未來數個月工作的價值、把工作拆解為小塊，並且估計每小塊工作需要的時間與成本。然而，如 Hubbard 所說的，「即使專案的開發成本非常不確定，也尚未發現那些成本能帶給投資決策顯著的資訊價值…最重要的未知因素反而是專案是否會被取消…次重要的變數是系統利用率，包含系統多快能推出，和人們究竟會不會使用這個系統」[3]。

因此，一份商業計畫書要是以無法理解或可能不存在的小宇宙為基礎，基本上會變成一部科幻小說！不僅在細部規劃、分析和評估上，

---

1 定義取自於參考書目 [hubbard]，第 50 頁。

2 請見參考書目 [hubbard]，第 111 頁。

3 引用自 *http://www.cio.com/article/119059/The_IT_Measurement_Inversion*。

浪費了大量的時間，還提供了大量幾乎沒有價值的資訊。根據《*The Principles of Product Development Flow: Second Generation Lean Product Development*》[4] 一書的作者 Donald Reinertsen 的研究，在整個產品開發的時間裡，通常有 50% 是花在「模糊前端（fuzzy front end）」的活動上。自然就會導致無用的投資決策，和不必要的漫長產品開發週期。進而帶來多個負面的結果：

- 新產品成功可能帶來的投資報酬，會因為漫長的產品開發週期而大幅降低。

- 最致命的是，漫長的開發週期會延遲取得顧客回饋的時間，無法盡快瞭解是否正在建立對顧客有價值的事。

- 典型的市場研究活動無法預測產品／市場適性，特別是對於全新的產品類別。根據以往的市場研究，小型貨車和 iPod 是無法取得成功的產品。

- 在缺乏良好資料的情況下，人們往往會把資金投入喜歡的專案。特別是在 IT 企業，經常看到令人乍舌的巨大資金，傾盆而下地撒在系統置換專案 —— 甚至（或者特別？）是在高度管制產業的組織裡。

商業計畫裡有兩點需要關注。第一、商業計畫書中，關鍵指標對各個變數的敏感度；第二、對關鍵指標敏感的變數，其不確定性的程度高低。已知關鍵變數的分佈與範圍時，一種簡單卻強大的方法是執行 Monte Carlo 模擬，來計算可能的結果。能讓我們找出需要關注的變數，以便於做出好的投資決策。

執行 Monte Carlo 模擬時，以輸入變數的分佈曲線和範圍為基礎，使用電腦建立數千個隨機情境，然後計算每個有興趣情境的指標數值。Monte Carlo 模擬的結果為直方圖，y 軸是每個範圍的情境數量，x 軸是分佈範圍。可以利用 Excel 執行 Monte Carlo 模擬，或使用許多現有的客製工具[5]。商業案例的 Monte Carlo 模擬結果會類似圖 3-1。如 Hubbard

---

[4] 請見參考書目 [reinertsen]。

[5] 範例請參見 *http://www.howtomeasureanything.com*。Monte Carlo 模擬在商業模式上的應用簡介，請參見 *http://bit.ly/1vKoXBE*。

所說的,IT 計畫投資報酬率的不確定性往往非常高,而且會隨著計劃的開發時間增加。

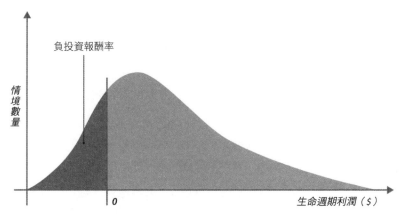

図 3-1 Monte Carlo 模擬的輸出結果

各位可以用 Monte Carlo 模擬驗證自己的商業案例,會發現 IT 計畫的投資報酬率對成本並不敏感,反而是對計畫是否會被取消以及系統的利用率非常敏感。這些敏感變數主要是取決於我們是否有建立正確的事。然而,標準企業規劃流程卻幾乎沒有做這項驗證。

絕對要清楚明白一件事。在大部分的企業裡,30~50% 左右的市場總時間是花在對降低投資風險幾乎沒有價值的活動上。這些價值趨近於零的活動,絕大部分是由財務管理和流程規劃所驅動。就以往的經驗來看,這種模糊前端正代表企業在徹底流程改善(改革)上,還有很大的進步機會。對風險管理採取系統化的方式,能大幅降低需要的時間和做出更好的決策。本章會討論如何解決新業務和產品的模糊前端問題。後續在第七章,還會說明如何改變計畫層級功能裡待辦清單的管理方式。

在產品開發上應用科學方法

世界告訴我們，會帶來金錢的就是有價值的事。

—— Donald Reinertsen

Reinertsen & Associates 顧問公司總裁

當我們在乎的關鍵指標有大量的不確定性時，就從確認具有最高資訊價值的變數開始 —— 最大風險的假設。這些也是對成果指標最敏感的變數。在商業模式創新與產品開發上，Donald Reinertsen 的意見是「魔鬼藏在銷量裡」。

在測試商業模式或產品構想上，最沒效率的方法是規劃與建立一個完整的產品，然後看看這個產品的預測市場是否存在。一旦一個商業案例被核准，這正是我們會做的事。一部分的問題出在於用來描述產品開發流程的語言。例如，請思考「需求」這個詞彙。是誰的需求？是使用者的需求嗎？Steve Bell 和 Mike Orzen 在《*Lean IT*》一書中評論說，「使用者經常無法說出他們的實際需求，可是一旦他們看到產品，又似乎經常會堅持什麼才是他們不想要的」[6]。

所以應該要停止在產品開發裡使用「需求」這個詞彙，至少在開發非常有價值的功能時不要再用。相反地，應該說我們擁有的是**假說**。雖然我們相信特定商業模式、產品或功能會帶給顧客價值。但我們的假設還是必須經過測試。採用科學方法進行實驗，驗證這些假設。在商業模式和產品創新中，精實創業運動提供一種能在極度不確定性狀況下運作的架構。Ash Maurya 在《精實執行：精實創業指南》（*Running Lean*，O'Reilly 出版）一書中，說明如何執行精實創業模型：

- 不要花大量的時間建立一個複雜的商業模式。反而是設計一個簡化的商業模式圖（*business model canvas*），捕捉與溝通商業模式運作的關鍵假設。

6　請見參考書目 [bell]，第 48 頁。

- 蒐集資訊確認是否存在值得解決的問題 —— 意指這問題可以解決，而且人們也願意花錢解決。如果符合這兩項條件，就是達到問題／解決方案適性。

- 接著，設計最小可行產品（*minimum viable product*，簡稱 *MVP*）—— 這個實驗設計的目的是，以最少的工作量，讓潛在早期採用者的學習最大化。最小可行產品的實驗結果，有可能會證實產品假設是無效的，這時請重新軸轉（*pivot*）並且再次進行實驗。持續這個流程直到決定捨棄這個初始問題、資源耗盡，或是發現產品／市場適性為止。如果是後者，就離開探索階段，繼續發展經過驗證的商業模式。

- 經由這個過程，以顧客對話與測試最小可行產品所獲得的學習為基礎，更新商業模式圖。

第四章會更詳細說明這個方法。

在這個模式裡有兩個關鍵創新。首先，不再利用細部規畫作為管理風險的方法。取而代之的是尋找顧客，並且執行低成本的實驗，確認提出的商業模式或是產品，實際上是否對顧客有價值。其次，既然預期在不確定性情況下，第一個想法不太可能有效，所以為了找到產品／市場適性，會循環執行一系列的實驗，而非只建立一個計畫。

針對這些原則，經常會出現一個反對的意見，就是像這樣的實驗不能代表一項完整的產品。會出現這樣的反對意見，是基於對衡量方式有錯誤的理解。衡量的目的並不是為了獲得確定性，也不是要降低不確定性。實驗工作的目的在於蒐集能定量降低不確定性的觀察資料[7]。要牢記在心的原則是：當某些變數的不確定性程度很高時，只要很少的資訊，就能明顯降低不確定性。

---

7 請見參考書目 [hubbard]，第 23 頁。

───── 注 意 ─────────────────────────

衡量的定義

衡量（Measurement）：基於一個或多個觀察資料，以定量的方式表示不確定性的下降程度[8]。

除非有執行過科學實驗的經驗，不然會覺得這個定義似乎違反直覺。在實驗科學裡，衡量的結果從來就不會只有單一數值。相反地，會是一個機率分佈，表示可能數值的範圍，如圖 3-2 所示。任何不具有精密度的衡量結果，實際上都會被認為是毫無意義的。例如，一個衡量位置的結果，精密度一公尺的價值遠超過五百英哩。在科學背景下，衡量的調查重點是對某些數量的實際數值，降低其不確定性。特別是，如果用一個精密的數字（與範圍相反）來表示估計值，那麼我們正讓自己走向失敗：要讓未來六個月後的會議日期精密到某一天，這個機率幾乎是零。

────────────────────────────────────

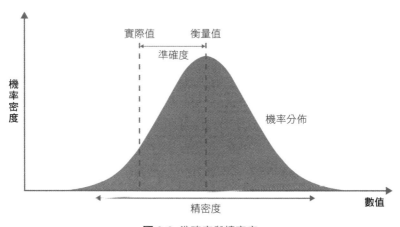

圖 3-2 準確度與精密度

就進行衡量方面，想要降低關鍵指標的不確定性，最小可行產品被認為是相當便宜的一種方式。這使得 MVP 成為一項好的投資。一般來說，企業會為一個顯著的行動建立商業計畫和需求，需要數週或是數個月的時間。依循精實創業模式，花同樣的時間卻可以執行更多的實驗，並且從真實的顧客獲得學習，以及產生以證據為基礎、優越和具有實戰經驗的計畫。投資決策時使用的兩種方法，其差異如表 3-1 所示。

───────────

8　同註解 7。

表 3-1. 傳統產品生命週期 V.S. 精實創業生命週期

	傳統專案規劃流程	精實創業發現流程
做投資決策時，必須有什麼資料？	商業計畫書，其以一套未經驗證的假說與假設為基礎，由案例研究和市場研究支持	實際資料，讓實際使用者測試正在運作的產品或服務，所得到的證據
下一步會發生什麼？	如果還沒準備好，就必須建立詳細的需求，然後啟動一個專案，建立、整合、測試，最後是發佈系統	有一個已經驗證過的 MVP，可立即在 MVP 之上，建立以顧客回饋為基礎的新功能和升級系統
何時能知道，這個想法是好還是不好（也就是說，會得到好的投資報酬嗎）？	一旦專案完成，以及產品或服務發佈時	從蒐集到的資料獲得證據時

如同第二章所討論的，精實創業方法成功的重要因子是，限制探索團隊的大小和團隊所能獲得的資源（包括時間）。這會鼓勵人們應用創意，並且專注在學習上，而非追求「完美的」解決方案。追求軟體設計的優雅性，或者是 MVP 的自動測試涵蓋率，並不會獲得任何獎勵—— 越精簡才能越好地蒐集到需要的資訊。許多精實創業實踐者分享的「戰爭故事」，描述了他們在追求驗證學習過程中，採取的巧妙捷徑。

當然，會有一個合理的疑問是：既然產品開發是一種有效的發現方式，那麼應該在驗證學習上花多少時間和金錢？遊戲理論提供了一個計算資訊期望值（*expected value of information*，簡稱 *EVI*）的公式。但如何計算這個數值的細部討論，不在本書的範圍內，請參見 Hubbard 的著作《如何衡量萬事萬物》（*How to Measure Anything*）[9]。EVI 提供的上限值，可以瞭解我們願意在蒐集相關資訊上付出多少成本。如果執行衡量的成本遠低於 EVI（也就是低於一個數量），顯然就值得進行衡量。因此，追求精實創業的方法，對於風險越高、越昂貴的專案，能獲得的回報也越高。

9　請見參考書目 [hubbard]，第七章。

—— 注 意 ——————————————————————————

資訊期望值

Hubbard 對資訊價值的定義如下:「大致上,資訊價值等於犯錯的機率乘上犯錯的成本。犯錯的成本 —— 當決定無效時所產生的損失 —— 稱為機會損失。舉一個簡單的例子,假設你正考慮在一個新系統投入一百萬美金,系統承諾未來三年的淨收益是三百萬美金。(為了簡化說明,假設系統不是完全成功就是徹底失敗。)如果投入資金但系統失敗,犯錯的成本就是花了一百萬。如果決定不投資但實際上系統成功了,那麼犯錯的成本就是三百萬。把機會損失乘上虧損的機率,就會得到預期的機會損失(expected opportunity loss,簡稱 EOL)。計算資訊價值就是在確認 EOL 降低的程度」[10]。

在現實中,一個產品的成功很少是二元的結果。如果回到圖 3-1 的例子,預測一個商業案例的投資報酬率,曲線表示投資虧損的情境,計算曲線陰影部分的面積可以得到 EOL。換句話說,曲線上每個點的投資報酬率乘上結果的機率,其總和就是 EOL。假設我們對投資報酬率的確切結果有完美的資訊,其重要性不輸給計算所得到 EOL。既然一個 MVP 通常無法提供完美的資訊,EOL 代表的是為了找出產品/市場適性,應該花在跑道的上限值[11]。

————————————————————————————————————

在企業內部應用精實創業方法

精實創業模型的應用不限於新產品的開發。也能用於在企業上下中任何一項新工作,包括系統置換、建立內控工具與產品,流程創新以及評估商用軟體(COTS)。在所有情況下,首先要提出的是想要實現的可衡量顧客成果。可以從直接下游顧客的角度來定義目標,例如,將會使用工具、流程或是商用軟體的同仁。舉個例子,一個內部的自動化測試工具,其目標可能是致力於讓完整的回歸測試時間降低到八小時。

為了確認是否找到問題/解決方案適性,可以尋找一個願意合作顧客,試行新系統、工具、流程或軟體,但企業通常會跳過這個關鍵步驟。事實上強制使用內部工具的狀況是很常見的 —— 這是一個災難性的政策,其結果往往是巨額的浪費、不滿意的使用者,而且帶給組織的價值很低。尋找客戶,並且找出客戶願意付錢請你解決的真正問題(即使付費是採取時間與回饋的形式,而不是金

———————————————

10　引用自 *http://bit.ly/1v6YRcp*。

11　Hubbard 在網站(*http://howtomeasureanything.com*)提供電子表格,用於計算資訊的價值。

錢）—— 從而獲得問題 / 解決方案適性 —— 就開發內部工具、採購商用軟體或更換內部系統上，這是必要的流程。強制使用一個特定的解決方案，會更難蒐集回饋，無法瞭解解決方案實際上是否有提供價值。

一旦有一個試行團隊，就能設計與執行最小可行產品。快速原型可能是一個解決問題的工具，設計的目的可能僅是為了協助一個團隊，或者是商用軟體套件的實作，而要解決的問題可能僅是一個團隊的問題，或是那個團隊的一個商業流程問題。這裡最困難的部分是限制範圍，侷限在解決一個真正的問題，而且要在數天或數週內交付一些東西，不是花上數個月。最糟糕的事情是閉門造車，自以為設計出完美的工具或採用策略，而沒有持續將價值提供給真正的使用者，以及在整個過程中蒐集他們的回饋。必須規定最小可行產品的完成期限，並且把重點放在盡快解決一個真正而且迫切的問題。

成功的衡量 —— 以及我們是否應該繼續進行 —— 就是使用者是否覺得最小可行產品夠好，好到他們願意自動使用；以及我們實際上是否達成設定的可衡量顧客成果。如果沒有，就需要進行軸轉，並且返回最初開始的地方。

探索原則

第一章說明小規模、高士氣的軍隊透過所謂的機動作戰方式，打敗更大型、更訓練有素的敵人。「干擾（Disruption）」是目前普遍存在、老生常談的名詞，但在機動作戰的背景下，打亂對手在決策過程的想法，其主要倡導者是美國空軍的 Colonel John Boyd 上校。在他的職業生涯裡，身為一名戰鬥機飛行員和教官，Boyd 以從沒輸掉賭注聞名，他曾經打賭可以在 40 秒內，即使在不利的位置也能贏得任何一場混戰，還共同創造飛機效能的能量可操作性理論（energy-maneuverability theory），進而發展出 F-16 戰鬥機的設計。然而，最有名的創造是「OODA 循環」，表示人類如何與環境互動的模型（如圖 3-3 所示），這也是 Boyd 機動作戰理論的基礎。OODA 代表觀察、定位、決策、執行，是構成 OODA 循環的四項活動。

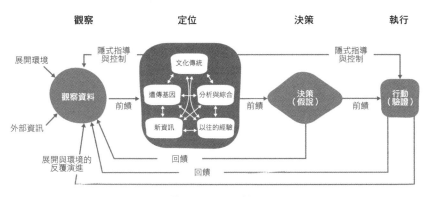

圖 3-3 OODA 循環

一個常見的誤解（主要是人們沒有實際看到這張圖）是以為循環裡的活動要依序達成，以及比對手更快完成週期，才能達到「干擾」的目的。這種闡述有兩個重要的缺失。第一、在現實中，人類和組織會同時執行這些所有的活動，而且活動之間存在多個回饋和前饋循環。第二、通常有利於延遲進行決策，直到「最後責任時刻」（利用可選擇性和延遲成本分析，請詳見第七章）。

要真正理解這個循環圖，必須從定位開始。Boyd 的看法是觀察、決策和執行，都取決於當前的定位，而這反過來又是由一系列複雜的因素所決定，包括我們的遺傳基因、習慣與經驗、成長過程與目前所面對的文化傳統，還有手邊的資訊。在這個循環圖裡，第二件需要注意的是有兩種影響機制：一個是回饋和前饋循環，另一個是「隱式引導與控制（implicit guidance and control）」。

心理學告訴我們，IGT（隱式引導與控制）或有意識決策的前饋，塑造了我們的行動。人類的隱式引導與控制是由大腦的系統提供，稱為**系統一**，這個系統「使用很少的力氣或毫不費力，而且沒有自主控制感，自動且快速地運行」。有意識的決策是由**系統二**負責，這個系統會「配置關注給那些需要付出努力的心理活動，包括複雜的計算。系統二的操作往往與代理、抉擇與專注等主觀感受有關」[12]。同樣地，IGT 會影響我

12　請見參考書目 [kahneman]，第 20~21 頁。這些名詞是由 Stanovich 和 West 所創，請見參考書目 [stanovich]。

們如何觀察事物，例如，傾向於忽視違背本身信仰的資訊（稱為確認偏誤（confirmation bias））。

這兩種機制都存在於組織層級。在行動方面，組織利用分散式命令與任務原則下放決策權時，會使用隱式引導與控制機制，這依賴於整個組織一致對目標有共同的理解，確保人們為了更廣泛的組織利益而行動。然而，這也必須利用明確的前饋機制採取一些行動（特別是涉及合規方面）。

隱式引導與控制還主宰企業的觀察方式。生產型組織的文化會建立監控系統和視覺顯示機制，讓整個組織的人們可以迅速查閱相關資訊──這也會反過來改變他們的定位。定位改變會促使我們更新要衡量的事物，以及資訊是如何流經整個組織。在病態型和官僚型組織文化裡，衡量被當作控制的形式，對於會挑戰現有規則、策略和權力結構的資訊，人們會選擇隱藏。正如 Deming 所言，「只要恐懼存在，就會得到錯誤的數字」。

當 Boyd 談到競爭對手的 OODA 循環「內部操作」，指的是瞭解競爭對手的循環，以及其循環如何決定競爭對手的行動。然後就可以用這些知識對抗競爭對手：

> 基本模式很簡單：組織以更好的理解或者更清晰地認識「展開環境」，採用符合競爭對手期望的行動，塑造一個敵人給對手，這是 Boyd 借自孫子兵法「正合」的概念。當組織覺得（藉由以前的經驗，包括培訓）時機已經成熟，就會運用意想不到、極其快速的「奇勝」擊敗對手。與對手競爭時，使用隱式引導的主要的理由，是明確的指示會花太多時間──例如，書面命令。如同 Boyd 所說的，「這個關鍵概念是強調隱式引導會比明確指示更好，這是因為想塑造出適應環境的優勢，需要在摩擦與時間上取得有利於我們的錯配（也就是欺敵，讓任何對手以為我們更差）」[13]。

13　這裡的引文和本節的 OODA 循環圖，取自 Chet Richards 對 OODA 循環的精闢論述：*http://www.jvminc.com/boydsrealooda_loop.pdf*。中文部分已更新為拼音。

OODA 模型也能應用在顧客參與的情況下:「相較於原來的驚奇 → 震驚 → 發展,運用戰爭與武術的概念「正合 / 奇勝」,會更像是驚奇 → 喜悅 → 魅力 → 成為更加忠誠的顧客。Tom Peters 對此有一個非常好的描述,他說,Apple 非常擅長這樣的遊戲,總是不斷讓使用者追求『哇』!」[14]

Boyd 還指出組織內的隱式引導與控制途徑為其能力,取決於組織的文化,以及現有體制的知識與流程。我們已經討論了組織如何運用現有的能力干擾競爭對手,但為了提高績效、避免干擾,必須不斷地創造自己的新能力。可以採取的方式有流程改善、現有產品的演進,或創造新業務和新產品。這個循環也能以 OODA 模型表示,請參見圖 3-4。

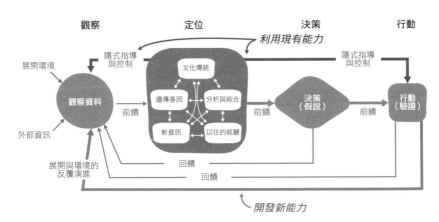

圖 3-4 建立新能力

這個創造能力循環多少算是陳述一種科學方法,在循環裡創建一個基於觀察與綜合分析的新假設,設計實驗以驗證這些假說,最後再根據實驗結果,決定要更新還是丟棄理論(這是構成定位的一部分)。這個循環激發 Eric Ries 的「開發 / 評估 / 學習循環法」(請參見圖 2-4),展示如何以新的商業模式、產品和功能的形式,創造新的能力。「開發 / 評估 / 學習循環法」的概念似乎很直覺,但實際上卻很難落實,這是因為它結合了科學方法(從建立實驗獲得學習)和工程思維(從學習建立實驗)。

14　引文同樣來自 Chet Richards 的精闢論述:*http://www.jvminc.com/boydsrealooda_loop.pdf*。

對於流程改善（第六章）和組織文化變革（第十一章），可以利用戴明循環（Deming cycle），如圖 3-5 所示。

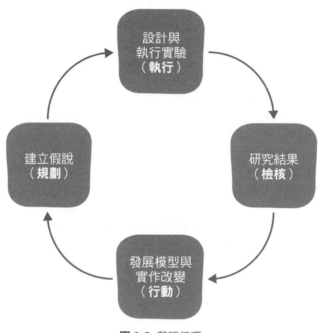

圖 3-5 戴明循環

想以這些循環（一般來說還有科學方法）取得成功，其關鍵在於**系統化且持續性使用**。**系統化應用**，是指使用這些循環作為通用的工具，探討所有類型的風險，確保執行實驗的費用能與發現資訊的價值相當。**持續性應用**，是指盡可能經常這樣做，重點是在最短的時間內執行整個循環（如 Mike Roberts 所說，「所謂的持續就是比你認為的更經常發生」）。在創造新能力的背景下，最重要的問題是：我們能以多快的速度學習？雖然我們可能不會立即向更廣闊的世界發佈學習鍛煉的成果──何時啟動產品是策略問題──還是應該盡可能經常透過實際使用者學習與測試假設。

當組織裡的每個人都持續採用科學方法，把創新當作日常工作的一部分，自然就能創建出生產型文化。可以採用第六章說明的改善型（Improvement Kata），透過實驗方法的實踐達成這個目的，直到習慣這個工作方式，並且成為組織能力的一部分。這是讓組織能迅速適應不

斷變化環境的關鍵要素。豐田（Toyota）稱此為「建造汽車之前，要先建設人的態度 [15]」。

科學管理 V.S. 科學方法

首先要區分第一章所討論的泰勒科學管理和本章所說明的實驗方法。科學管理是由管理階層進行分析與決策，員工或多或少會像自動機械般地執行工作。實驗方法則是領導階層和管理階層設計、發展和運行一套系統，員工擁有必要的技能和資源執行自己的實驗，因而可以學習、開發和不斷增長個人與全體組織的知識。

如表 3-2 所示，在產品開發上應用科學方法和傳統以計劃為基礎的方法，兩者在本質上的差異，以及需要不同的技能和行為。這並不是說傳統的專案生命週期不好 —— 對於之前已經建立多次，而且非常瞭解風險的專案來說，這個方法還是很有效率。但對具有不確定性的情況來說，例如，新產品開發或任何類型的客製化軟體開發，傳統的專案管理會是錯誤的模型。

表 3-2. 傳統專案管理 V.S. 精實創業

技能或行為	傳統規劃方法	實驗方法
計畫變更	一旦計畫被核准，任何計畫變更都會被認為是有問題，並且被視為流程中的失敗	預期初期計劃無法為實際顧客所接納，目標是讓沒有價值的計畫無效，盡可能快速進行軸轉
需要的技能	蒐集需求，分析，判斷成本、資源和相依性規劃，爭取政治支持的能力	設計實驗與進行衡量，資料蒐集與分析，擁有能在跨部門團隊有效率地工作，以及與廣泛組織溝通的能力
如何衡量成功	該計劃是否得到核准並且投入資金	不論工作是優先執行或取消，還是是繼續到發展階段，我們多快可以通過學習週期，以及退出探索階段
如何達到合規	已經正確地依循適當的流程？以及是否已經獲得必要的簽核？	已經確認利害關係人的實際風險，以及蒐集有效管理風險的相關資訊嗎？

15　請見參考書目 [liker]。

在產品開發和組織變革上採取科學方法，最大的障礙是文化和組織，本書會在第四部分討論。在多數情況下，組織根本不會採取以實驗為基礎的方法，也缺乏實作的技能和經驗。在產品開發的背景下，理解如何設計與執行實驗以及分析資料，這兩者都是非常困難但卻至關重要的事 —— 然而在大多數的 MBA 課程或軟體設計與分析課程裡，這兩者並不屬於核心課程的一部分。在官僚型和病態型組織裡，實驗性的方法也可能會挑戰現有的權力結構和文化規範。

結論

本章已經奠定科學方法的基礎，用以探索新的工作 —— 不論是新的商業模式和產品、企業內部的工作，例如，建立新工具，或者採用新流程。當我們對本書所指的風險、衡量和不確定性有共同的理解，就可以應用精實創業運動的原則和實踐方法。這些方法對於管理投資決策風險，提供了比傳統規劃活動更好的方法。

競爭力是基於整個組織創造共同的定位，透過實驗流程，讓員工不斷創造和實踐新能力。這些活動能夠更有效地檢測和分析環境的變化，獲悉其他組織內部的決策流程，並且採取行動 —— 更好地服務我們的顧客以及塑造我們的環境。Boyd 的 OODA 模型顯示，適應環境是一個持續不斷的過程 —— 組織和人都一樣。

讀者思考問題：

- 請問你的商業計劃書如何建立組織或部門的投資風險模型？基於什麼資料？

- 在商業計畫書中，具有最高資訊價值的變數為何？已經使用哪些衡量來降低這些變數的不確定性嗎？

- 你有多大的信心認為人們會發現你正在做的工作是有價值的？有什麼證據可以支持你的決定？

- 多久一次和任何目標顧客一起測試產品？結果改變了什麼？

第四章

探索與發掘不確定性隱藏的機會

> 黑暗誕生了燈。霧誕生了指南針。飢餓驅使了探索。
>
> — Victor Hugo
> 法國作家

本章會介紹一些實務做法,支持第三章所討論的原則,在極端不確定性情況下探索機會,特別是針對新的商業模式或產品。本章導入發現這個概念,說明如何快速繪製出商業假設,以建立問題的共識,並且從整個組織層面,讓利害關係人買單與擁有一致的願景。

我們會分享具體的工具和技術,以安全地創建和測試假說,進而解決在顧客開發過程中,識別與驗證的實際業務問題。

接著,會介紹如何利用有紀律、科學、以證據為基礎的實驗,回答根本的問題 —— 不只是「我們能建立嗎?」還有「我們應該建立嗎?」

還會討論如何驗證假說中風險最高的假設,利用 MVP 建立安全型失敗實驗,產生經驗資料,進而支持決策要進行軸轉、繼續開發或停止投入。目的在於讓下一階段的投資與投資組合管理決策能立足於證據之上,而不是科幻小說。藉由在正確的時間建立正確的事來執行機會;停止浪費人們的時間在無法帶來價值的想法上。

發現

發現是一組快速、有最後期限、反覆演進的活動，整合設計思維與精實創業的實踐方法與原則。在探索新行動的初始階段，會大量地利用這個方式。

在《*Lean UX: Applying Lean Principles to Improve User Experience*》一書中，Jeff Gothelf、Josh Seiden 提到，「設計思維採用解決方案中心的方法，解決問題和協同工作，無止盡地反覆演進、轉換路徑，朝完美邁進。透過特定的創意發想、原型設計、實作以及學習步驟，朝向產品目標，找出適當的解決方案」[1]。

將設計思維的原則與精實創業的實踐方法相互結合，可以在開發週期裡，建立一個實際使用者和顧客參與的持續回饋循環。其原理在於投入最小的工作量，獲得最大量的學習，利用實驗結果，作為決策基礎，進而判斷要進行軸轉、繼續開發或停止投入。

注 意

顧客與使用者（Customers and Users）

雖然我們經常交互使用這兩個名詞，但如果要區分一項產品或服務的顧客與使用者，一種有效方法是看誰為產品付費或投資在開發上。使用者不會為產品付費，但他們帶給建立產品的組織大量的價值，甚至經常為產品本身貢獻價值（社群網路就是一個明顯的例子）。在企業裡，人們需要使用特定的系統來完成工作，因此當系統難以使用時，實際上會為組織會帶來負面的影響。所以很重要的是讓顧客與使用者作為關鍵的利害關係人，參與產品、服務或改善機會的共同創造過程。

在發現過程中，為小型、跨部門、多學科的團隊，創建一個協作和包容的環境，促使其探索業務、產品或改善機會。團隊應完全投入並且在相同的地點工作，最大化學習的速度和即時決策的有效性。團隊必須承擔交付的所有責任，同時也授權團隊作出必要的決定，以滿足行動的目標。

1　請見參考書目 [gothelf]，前言。

形成團隊的關鍵是保持小型群體，僅包含探索問題領域所需的能力。大型團隊沒有快速勘查的能力，無法以獲得成功所需的速度學習。該群體必須知道自己的限制和界限，在適當的時機，主動向群體外的其他人求援，讓其他人參與，提供輸入與協作。

最後，在團隊裡經常被遺忘的成員是顧客和使用者。這是一個很容易落入的陷阱，就是只把他們視為解決方案的消費者。其實他們才是關鍵的利害關係人。想要知道解決方案的價值，他們的投入會是關鍵因素，也是最客觀的衡量標準。透過他們提供的回饋意見，顧客和使用者成為任何解決方案的價值共同創造者。我們做的每件事，必須始終以他們的需求為焦點。

建立共識

> 建造一艘船，不要始於收集木材、切割木板和分配工作，而是要喚醒一個人內心深處，對廣大和一望無際大海的渴望。
>
> — Antoine de Saint-Exupéry
> 《小王子》作者

一項新工作開始時，當務之急是群體要創造出一個環境，讓每個參與成員的潛力最大化。當參與過程是充滿活力、互動性和自適應性，成員自然會基於他們發現的新資訊，主動學習、改變與改善。

知名趨勢寫手 Dan Pink 於《動機，單純的力量》（*Drive*）[2] 一書中主張，建立活躍與充滿活力的團隊，需要考慮三個關鍵要素。首先，成功需要整個團隊有共同的目標感。對於群體，願景需要有足夠的挑戰性，不僅要有一些嚮往，還要夠明確，足以使每個人都能理解他們需要做什麼。其次，團隊領導人必須授權給其他成員，讓他們自主學習達成團隊目標。最後，人們需要空間和機會，掌握紀律，而不是學習如何達成「夠好」這件事。

塑造願景的過程，應該從明確闡述該團隊將盡力解決的問題開始。但這關鍵的一步卻經常被忽略，或是假設每個人都已經知道是什麼問題。

2　請見參考書目 [pink]。

問題陳述的品質確實能提高團隊專注於重要事物上的能力，更重要的
是忽略那些不重要的事物。讓團隊在致力要完成的目標上發展共識，
可以提高創造優質解決方案的能力。

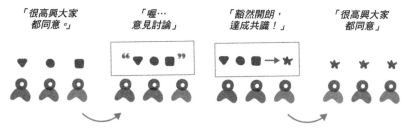

圖 4-1 建立團隊共識 </ 圖 >

技 巧

來場遊戲風暴（Go Gamestorming）

David Gray 等人合著的《革新遊戲》（*Gamestorming*）[3] 與支援『*Go
Gamestorming*』[4] 的維基網站，涵蓋大量的遊戲，鼓勵參與和創造力，同
時也為協作觀念、創意發想以及改善研討會，帶來結構和清晰度。

發現的基本技巧之一是，利用視覺化的方式、模型和資訊輻射器，溝
通與捕捉群體的學習。利用圖形化的範本與練習，將想法具體化，可
以幫助團隊明確表達、辯論和發展理念與思路，進而形成共識（請參
見圖 4-1）。這還有助於讓想法去個人化和匿名化，讓我們可以放心地
辯論想法，而不會流於個人秀 —— 最小化自我意見、HiPPO 意見（最
高薪資者的意見）和性格外向者的個人秀等等影響。

以結構化方法探討不確定性

> 想要有好想法，必須先有更多想法。

> — Linus Pauling
> 化學家

3　請見參考書目 [gray]。

4　請參見「Go Gamestorming」維基網頁：*http://www.gogamestorm.com*。

在探索不確定性時，廣泛地開始是很重要的 —— 在開始侷限範圍，縮小焦點之前，先盡可能地產生更多的想法，盡可能地循環。

lastminute.com 是一家歐洲的旅遊零售商，在競爭激烈的市場裡，主要經營業者和新創公司每天都在嘗試擾亂旅遊市場。為了保持相關性，該公司需要比競爭對手更快，更明智的創新。於是他們邀請顧客參與創新過程。兩天下來，他們跑了多個共同創造研討會，針對與業務目標一致的線上產品，激發出超過 80 個以上的新想法。團隊隨後在一家飯店的大廳，成立了一個創新實驗室，為期一週的時間，讓團隊迅速實驗每個想法，決定要放棄這個想法，或者驗證這個想法是需要實作的可行顧客問題。幾天之內，團隊確定了三個制勝理念，進而決定投入更多的精力在開發上 —— 這讓產品轉換率的成長超過 100%[5]。

發散思維是針對一個主題，提供差異性、獨特或多樣化想法；收斂思維是確定某一個已知問題的潛在解決方案。以發散思維訓練，開始進行探索，針對討論和辯論產生多個想法。然後，再以收斂思維識別出可能解決問題的辦法。接著我們要制訂一項測試實驗（請參見圖 4-2）。

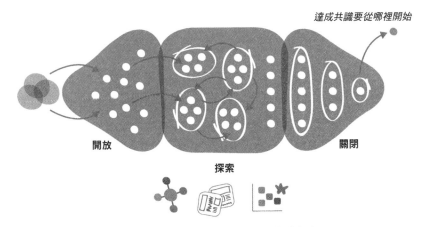

圖 4-2 發散思維與收斂思維的結構化探索

5　lastminute.com 創新實驗室的影片，請參見以下連結：
　　https://www.youtube.com/watch?v=r64rrgbcEHo。

我們在怎樣的商業環境裡？

商業模式終究是短暫的，易於被競爭激烈的環境、先進的設計與技術和更廣泛的社會與經濟變革等因素所破壞。誤判組織本身的目的，或不能感知與適應這些變化的組織終將滅亡。

當組織的競爭者能以其他替代方案或是更優質的產品，為組織的顧客解決同樣的問題，那麼顧客就會覺得組織已經過時。組織必須不斷挑戰以及不斷發展商業的定義與識別未來的機會。因當前的成功而感到志得意滿，是通往明日失敗的捷徑。沒有一個商業模式或競爭優勢可以永遠持續下去，只需要舉幾個例子就可以說明這點，例如，百視達 V.S. Netflix 或 HMV，以及 Tower Records V.S. iTunes、YouTube 和 Spotify。

勝利的組織會不斷地實驗和測試理論，瞭解什麼可行，什麼不可行，確認哪些事能對企業未來的命運產生巨大影響。

瞭解業務問題，傳達商業計畫

《*The Four Steps to the Epiphany*》[6] 與《創新創業教戰手冊》（*The Startup Owner's Manual*，K & S Ranch 出版）兩書的作者 Steve Blank 說：

> 現今公司在已知顧客、市場以及產品功能的情況下，為規劃產品線擴張所撰寫的可執行文件就是商業計劃書，該計劃書為一份操作文件，描述以這些提出的「已知情況」為前提所執行的策略。
>
> 一項新業務行動的主要目的，是驗證其商業模式的假說（反覆演進和軸轉直到假說獲得驗證）。新創公司與現有業務單位的差別，就是搜尋與執行。商業模式一旦獲得驗證，接著就應該進入執行模式。此時，企業需要經營計劃、財務預測，以及其他易於理解的管理工具[7]。

在一項新行動的早期階段，至關重要的是考慮許多不同的商業模式。直到驗證商業模式假說與獲得證據，證明是在正確的道路上，才能進

6　請見參考書目 [blank]。

7　出自 Steve Blank 個人網站：*http://steveblank.com/2012/03/05/search-versus-execute*。

行一項計畫。團隊必須識別假說中風險最高的假設,設計實驗來檢驗這些假設,並且增加能夠降低不確定性的資訊。唯一始終不變的假設是第一次提給顧客的商業計畫,沒有一個能繼續存在。

圖 4-3 的商業模式圖,由 Alex Osterwalder、Yves Pigneur 和 470 位共同創作者提出,是一種簡單、視覺化的商業模式設計產生器。這也是一個策略管理和創業工具,讓團隊可以描述、設計、挑戰、發明和軸轉商業模式。不同於撰寫商業計劃書的漫長流程,改以在視覺圖上勾勒出多個可能的商業模式 —— 每次完成時間限制在 30 分鐘。

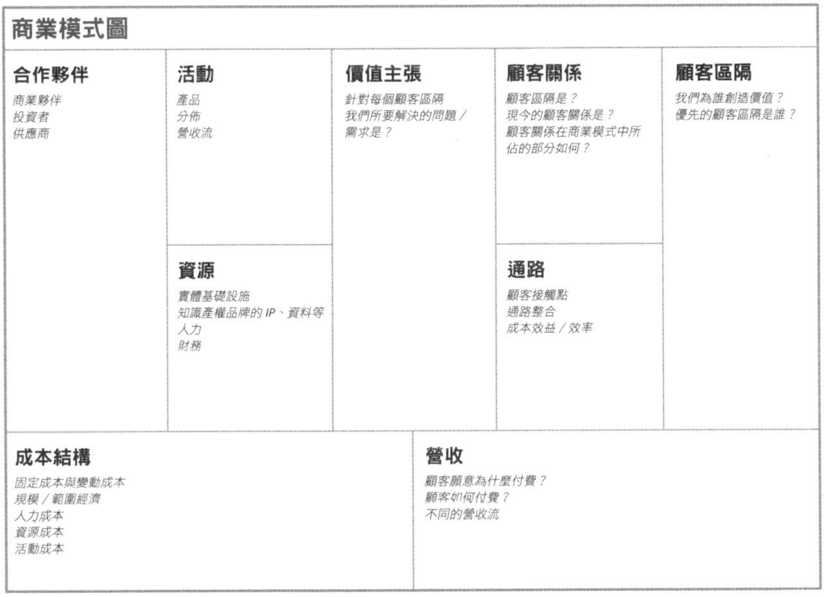

商業模式圖

合作夥伴	活動	價值主張	顧客關係	顧客區隔
商業夥伴 投資者 供應商	產品 分佈 營收流	針對每個顧客區隔 我們所要解決的問題 / 需求是 ?	顧客區隔是 ? 現今的顧客關係是 ? 顧客關係在商業模式中所 佔的部分如何 ?	我們為誰創造價值 ? 優先的顧客區隔是誰 ?
	資源 實體基礎設施 知識產權品牌的 IP、資料等 人力 財務		**通路** 顧客接觸點 通路整合 成本效益 / 效率	

成本結構	營收
固定成本與變動成本 規模 / 範圍經濟 人力成本 資源成本 活動成本	顧客願意為什麼付費 ? 顧客如何付費 ? 不同的營收流

圖 4-3 商業模式圖

商業模式圖可於網頁:*http://www.businessmodelgen eration.com/canvas* 免費下載,構成組織商業模式概念的九個必要元件,概述如下:

顧客區隔

我們創造價值的目標顧客是誰?誰是我們的顧客?

價值主張

我們要解決什麼問題來為顧客創造價值？

通路

我們要透過什麼通路，才能接觸到目標顧客？

顧客關係

每個顧客期望我們能夠創造並與他們保持怎樣的關係？

活動

支持價值主張需要哪些活動？

資源

商業營運需要怎樣的資源、人力、技術和支援？

合作關係

我們需要和誰建立合作關係？誰是我們的主要供應商或需要誰為我們的價值主張，提供支持的資源或活動？

成本

業務中最重要的固有成本是什麼？

營收

顧客願意支付怎樣的價值服務？願意支付多少費用和支付的頻率？

經由填寫範本裡各個元素，就整個企業構建的組成區塊，思考任何潛在的想法。鼓勵透過完成整個範本，從全面的角度來思考這些組成區塊要如何結合，支援更大的機會。關鍵是要記住模式圖裡每個元件代表一組假說與其相關假設，這些都需要經過驗證，證明商業模式的健全性。

Osterwalder 還提出範本背後四種層級的策略,掌握商業模式的競爭,反映組織的策略意圖:

策略層級 0

無知者只專注於產品 / 價值主張,而非價值主張與商業模式。

策略層級 1

初學者利用商業模式圖作為檢核清單。

策略層級 2

大師擊敗其他優越的商業模式,模式中所有的構建區塊會相互強化(例如,Toyota、Walmart、Dell)。

策略層級 3

無敵者會持續自我破壞,同時還能建立成功的商業模式(例如,Apple、Amazon)。

邁向建立共識的第一步,是要有能力在建立商業模式時,確認追求的策略是什麼,進而共同理解怎樣的創新能有效幫助實現目標。

商業模式圖的首要目標是商業假說具體化,並使其假設明確,因而可以識別和驗證主要風險。模式圖提供的架構,目的在於讓所有人都能理解每個商業模式,從而建立責任的共同意識,讓整個組織協力合作。

商業模式圖和表 4-1 列出的其他視覺圖的差異是,商業模式圖不會假定產品 / 市場適性是最危險的假說,而且必須先測試假說。還有許多其他專注於產品研發的視覺圖,如表 4-1 所示。

表 4-1. 創意發想視覺圖

名稱	目的
精實圖 [a]	假設產品 / 市場適性是最危險的假說,必須經過驗證
機會圖 [b]	重點在於瞭解我們正在建立什麼以及為什麼建立,然後幫助你瞭解如何滿足這些特定顧客與使用者,進一步加強組織的整體策略

名稱	目的
價值主張圖 [c]	描述產品和服務如何創造顧客收益,以及如何創造顧客預期、渴望或有興趣使用的好處

[a] 精實圖(The Lean Canvas):*http://www.leancanvas.com*

[b] 機會圖(The Opportunity Canvas):*http://comakewith.us/tag/ opportunity-canvas*

[c] 價值主張圖(Value Proposition Canvas):*ttp://bit.ly/1v6Z5Ae*

理解顧客與使用者

> 所有企業都要記住,也是最重要的一件事,就是成果不在企業內部。商業的成果應當是一個滿意的顧客。

> — Peter Drucker
> 現代管理學之父

任何產品或解決方案想要取得成功,必須人們願意真正付費使用它。團隊想要構建一個解決方案,解決真正的問題或需求,一定要瞭解誰是我們嘗試要接觸的顧客,以及為什麼他們是我們的目標族群。

面對顧客與使用者

人物形象(*persona*)代表問題、需求、目標以及假說裡,一群顧客或使用者的行為。人物形象是以創作者已知的相關資訊和見解為基礎。基本上是一些假設的集合,必須在顧客開發過程中檢驗與精煉。

創建一個人物形象時,請記住以下幾點:

- 非常快速地定義與腦力激盪初始的人物形象,讓整個團隊取得一致的看法。

- 在顧客開發週期內,從使用者研究、測試與回饋獲得證據,以此為基礎反覆定義人物形象。

- 隨著產品開始形成,需要不斷地重新調整人物形象和業務/產品願景。

人物形象是只是一個起點,以此創建我們對顧客或使用者的共識。所以人物形象並不是真正客觀或實際經驗;這也不是人物形象的目的。利用人物形象與目標群體的問題建立同理心,把對話從我們個人偏好,轉移到選擇的人物形象認為什麼是有價值的 —— 也就是人物形象需要完成的工作(*Jobs-To-Be-Done*)。

擁有顧客和使用者的同理心是一種強大的力量。當我們產生共鳴，會增強接收和處理資訊的能力[8]。同理心設計需要刻意練習。我們必須設計實驗和互動的機會，以有意義的方式與顧客和使用者連接，並且挑戰我們的假設、成見和偏見。我們需要假定一個感興趣的詢問者角色，試圖瞭解顧客與使用者所經歷的挑戰。

在產生共鳴的經驗與分析情況之間創建平衡，允許我們理解顧客與使用者的感受和看法。然後利用這樣的理解，引導我們識別解決方案的假說，和展開實驗過程。

--- **技 巧** _____

走動、看見、瞭解

設計公司 IDEO[9] 以創造出 Apple 原創滑鼠聞名，他們舉辦研討會，讓團隊完全沉浸在設計的產品或服務即將被使用的氛圍下。開發人員閱讀一切跟市場有關的資訊，觀察和採訪未來的使用者，研究即將與新產品競爭的產品，並將所學的一切，綜合到圖片、模型和圖表之中。結果是在整個反覆演進的開發過程中，測試，改進，或放棄顧客和使用者的見解。

在豐田（Toyota），*現地現物*（就是「實際到現場去看」）讓領導者識別現存的安全隱患、觀察機器和設備狀況、詢問實踐標準以獲取有關工作狀態的知識，並且與員工建立良好的關係。現地現物的目標是去現場（工作場所）瞭解價值流與其問題，而非只看審查報告或膚淺的評論。

同樣地，*走出大樓*（企業家兼作家 Steve Blank 所推廣的詞彙）是一種顧客開發技術，頻繁地與多個潛在客戶一起進行定性調查（包括結構化訪談），圍繞早期採用者，取得回饋並且聚焦在早期產品的開發力道上。

那些不能暫時放下自己身分和地位，或專業知識和意見的人們，將無法以不同角度的思考、經驗，或是心智模式，發展同理心。傾聽和提出正確問題的能力，會成為一項強大的技能，其所帶來的見解能為有效解決問題的能力和實驗打下基礎。

_____

8　　引用自《IDEO: Empathy on the Edge》，電子檔下載網址：*http://bit.ly/1v6ZlPI*。

9　　IDEO 官方網站：http://www.ideo.com。

把見解和資料轉化成不公平的競爭優勢

對高績效組織來說，發現和利用關鍵見解的能力是不可缺少的。我們以往生活在資料量相對較少的世界，資料蒐集、儲存和處理的成本很高。大數據運動對現有的大數據集合進行檢視、處理和關聯分析上，提供了技術和技巧。觀察與分析顧客和產品、解決方案進行互動的原因與方式，組織可以獲得額外的價值。從中偵測到微弱的訊號，找出什麼是有效的 —— 或無效的 —— 並且利用這些資訊來改善現有的服務或創建新的產品。整合之後，軟體、分析和資料會形成組織智慧資本的重要支柱。

組織超越新創公司的顯著競爭優勢，就是接近與理解現有顧客。新創公司缺乏現有的顧客資料，在擴大市場影響力和吸引力上面臨極大的挑戰。另一方面，已建立的組織能重複利用現有的市場和顧客資料，進而發掘新的機會。

組織現在能提出這樣的問題，例如，「為什麼顧客取消會員資格？」或「顧客之間的相互關係如何？」在現有資料的基礎上，執行快速、低成本的實驗以驗證假說。這是一個強大的技術，從優先排序流程中刪除決策偏見，實現由資料驅動的決策。

資料分析使我們能反轉發現過程 —— 看顧客如何使用現有的服務，還有為新的商業模式、產品或服務的機會，做長期預測。

注 意

企業如何利用資料採礦，發現你的祕密？

《為什麼我們這樣生活，那樣工作？》（*The Power of Habit*，Random House 出版）一書的作者 Charles Duhigg 寫到：「幾乎每個大型零售商，從雜貨連鎖店、投資銀行到美國郵政服務，都有一個『預測分析』部門致力於瞭解消費者，不只是他們的購物習慣，還有個人習慣，從而更有效地向他們行銷。」

美國零售商 Target 把資料用在一個特別尷尬的效果上，想辦認出孕婦並且向她們推銷產品。Target 發現當人們懷孕後，會需要為即將誕生的孩子購買許多物品以做好準備。於是 Target 想鼓勵有孕婦的家庭，在 Target 採購大部分的用品，並且潛在地捕捉這些顧客也成為生活用品的

主要顧客。他們分析現有的顧客資料,找到一種方法可以辨識出懷孕中期的婦女,並且針對她們進行推銷。

Target 從 25 項關鍵產品的購買模式裡辨識出變化,包括營養補充品、棉球和無香精乳液,不僅能準確地找出孕婦顧客,還能預測她們的預產期。結果 Target 能發送相關的優惠券給孕婦,鼓勵她們預先為寶寶採購用品 —— 這些優惠券被小心地和其他香草產品放在一起,所以這些女性不會察覺自己已經成為被鎖定的目標 [10]。

大數據是一個工具,不是解決方案。最重要的是,它不會取代同理心。我們仍然需要人類的直覺和創新,改善問題定義,識別顧客、使用者的需求與問題,從而形成可以對資料進行測試的假說。跨部門團隊、人物形象和使用者訪談都是強大的工具,使我們能更有效、更快速地設計實驗。我們還需要學習如何透過公正的分析,從資料傾聽和學習 —— 否則資料是無用的:「資料就像一隻手電筒,只對能揮舞它並且闡釋它所顯示景象的人,才是有用的工具」[11]。

利用洞察力提供假說和實驗的資訊

在發現過程中,跨部門團隊的許多成員會對組織、顧客、業務、通路或市場,存在一些有趣和有價值的見解 —— 而且這應該要被鼓勵與分享。藉由與團隊分享這些見解,可以在新產品或解決方案上,產生新視角和靈感。

使用圖 4-4 所示的視覺圖,請參與發現的人分享他們有趣的見解和資料,並且基於一些觀點,傳達、創造或挑戰問題的陳述。例如:

顧客

就現有的顧客,團隊發現什麼特別的資訊?這些顧客的用途和參與行為是什麼?這些洞察力會如何在現有提供的產品中,協助塑造未來的機會?

10　引用自 *http://onforb.es/1v6ZqCZ*。

11　出自 Scott Berkun 個人網站:*http://scottberkun.com/2013/danger-of-faith-in-data*。

市場趨勢

對於我們嘗試進入的市場，其業界發展趨勢是理解機會為何以及在哪裡的關鍵 —— 例如，行動科技、定位服務、行動支付。我們正在創造的產品有哪些市場發展趨勢？要如何針對這些趨勢進行衡量？

組織

對於組織，團隊發現什麼特別的資訊？組織的力道專注於哪些方面？這些力道的影響是什麼？組織對於更廣泛的競爭格局，其覆蓋範圍有多大？組織最有效率的地方是哪些方面？

你將不會相信！

每家公司都會有一些人願意分享和業務或顧客相關、有趣且令人驚訝的事實。我們要如何測試，才能瞭解這些事實是否為真？以及／或是否能供機會創造新的價值主張？

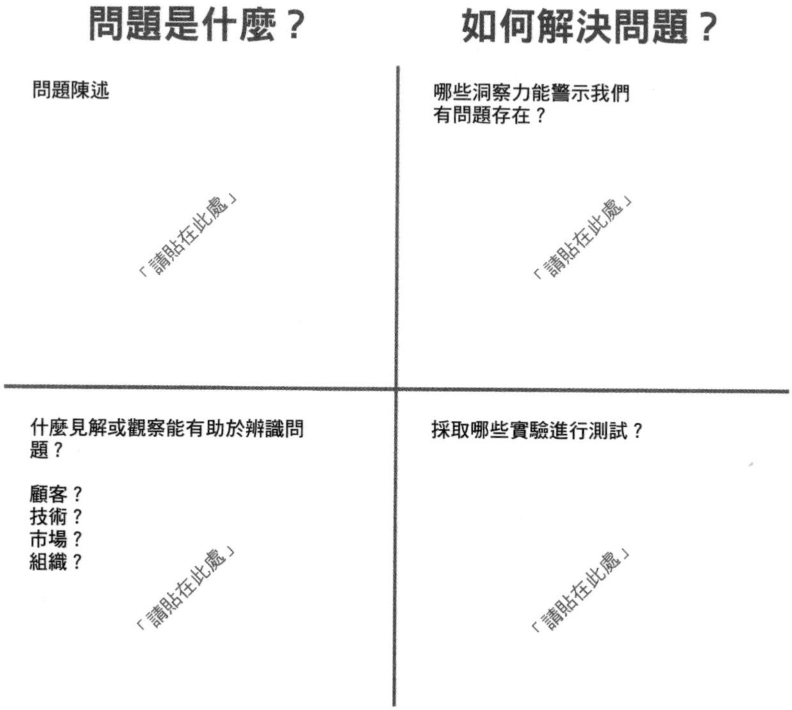

問題是什麼？	如何解決問題？
問題陳述	哪些洞察力能警示我們有問題存在？
「請貼在此處」	「請貼在此處」
什麼見解或觀察能有助於辨識問題？ 顧客？ 技術？ 市場？ 組織？	採取哪些實驗進行測試？
「請貼在此處」	「請貼在此處」

圖 4-4 問題陳述視覺圖

已知目前的限制與經過確認的問題陳述，透過資訊視覺化以及討論，能嘗試找出適合企業的新商業模式和價值主張。

利用 MVP 加速實驗

精實創業運動要挑戰的假設是，顧客在開始使用產品之前，產品必須先擁有所有顧客想像的功能。Eric Ries 創造出最小可行產品（*minimum viable product*，簡稱 *MVP*）這個名詞，描述一種策略，就是企業投入最少量的資源，與客戶一起測試假說的基本假設。目的是為了消除因過度設計解決方案而產生的浪費，並且盡快與早期顧客一起測試解決方案，加速學習。

與客戶一起進行驗證時，MVP 讓我們使用最小的力道，就能生成最大量的學習效果。使用 MVP 的目的是盡可能低成本、快速、有效地執行實驗，測試假說的假設條件，進而知道解決方案是否能處理已經確認的顧客問題。與初始目標顧客進行實驗，能刪除解決方案假說裡，創造出不必要複雜性且消耗過多資源的部分。實驗的成果是學習，讓我們能以證據為基礎做決策，判斷要持之以恆繼續進行現有的業務模式、利用軸轉探索新的方式來達成願景，或是停止投入。

很重要的一點是，要區分以 Eric Ries 觀點發展的 MVP，和產品首次公開發佈之間的差異，後者已漸漸採取公開「測試版」的形式（請見圖4-5）。

最小可行產品

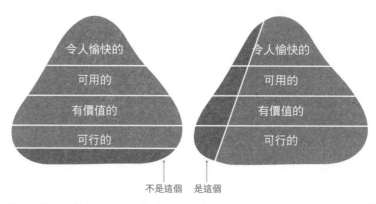

圖4-5 最小可行產品:建立橫跨多層級的一片,取代一次完成一層的概念 [12]

令人困惑的是,人們經常把任何和這個頻譜相關的驗證活動,都稱為 MVP,在組織或是整個產業範圍裡,這個名詞與其理解被賦予過多的解讀。《*Inspired: How to Create Products Customers Love*》一書的作者,同時也是拍賣網站 eBay[13] 的前資深副總 Marty Cagan,特別使用「MVP 驗證」這樣的名詞,來指 Eric Ries 所提出的 MVP。Cagan 定義 MVP 為「具有三個關鍵特徵的最小可行產品:人們選擇要使用或購買它;人們能說明如何使用它;當我們需要它,能以現有的資源交付 —— 也稱為有價值的、可用的、可行的」,在此本書要再加上「令人愉快的」,這是因為 MVP 和成品一樣,對設計和美學有基本的要求,如圖 4-5 所示 [14]。請確保你的團隊和利害關係人都清楚 MVP 的定義。

---

12 圖表靈感來自於 Jussi Pasanen 的啟發,特別向 Aarron Walter、Ben Tollady、Ben Rowe、Lexi Thorn 與 Senthil Kugalur 致謝。

13 請見參考書目 [cagan]。

14 引用自 *http://www.svpg.com/minimum-viable-product*。

我們應該建立嗎？而不是我們能建立嗎？

JustGiving 是一個線上募款平台，它已經為慈善機構募得了 20 億英鎊。他們想探索新的商業模式，資助慈善以外的社區行動。

於是 JustGiving 組成一個同地協作的小型團隊，與顧客進行快速實驗，利用群眾集資平台的原型版本，與正在尋求支持的實際社區專案共同合作。根據顧客的積極回應，他們著手建立一個禮賓 MVP，與實際顧客一起啟動信賴的社區專案，同時以手動方式處理後台任務，例如，專案設定、付款處理與收款，看看產品將如何在市場上執行。

新行動開始的七週內，JustGiving 驗證了一個可重複的商業模式，開始把這個業務規模化。目前該產品已轉為 YIMBY[15]，其成功案例包括為輪椅籃球隊購買輪椅、購置工具來擴展社區花園，還有拯救 140 年歷史的 Kettering Town Football Club（凱特靈城足球俱樂部），讓它得以保存下來。

如圖 4-2 所示，MVP 並不是成功的保證；其設計目的在於驗證解決問題的假設，避免過度投資。到目前為止，最有可能的結果是，我們瞭解假設是無效的，需要進行軸轉或停止投資。最終目標是在探索解決方案時，達到投資最小化，直到我們相信已經發現對的產品 —— 然後，新增更多複雜性與價值來發展這個機會，進而*正確地建立產品*。

表 4-2. MVP 類型的範例

名稱	說明	優點	缺點	範例
紙	使用丟棄式的手繪圖設計介面原型，或是圖示範例	速度、視覺化、創造共識	互動有限，不能測試可用性或假設	圖表、線框圖、素描草圖
互動原型	可點擊、互動的原型或設計模型	驗證設計和可用性，快速反覆演進解決方案，與顧客進行定性訪談	不測試假說或配套技術	HTML 或可點擊的模型、影片

15　研究案例「Yes In My Back Yard」，引用自 *https://www.justgiving.com/yimby*。

名稱	說明	優點	缺點	範例
禮賓	個性化的服務，而不是產品，透過流程手動導引顧客，此流程與數位產品解決顧客問題的步驟相同。這個名詞是源自於飯店的禮賓部。	降低複雜性；支持生產型研究；投入小量資金，以定性方式驗證假設	有限的可擴展性，為手動與資源密集型，客戶感受到人為參與	Airbnb 創辦人在民主黨全國代表大會期間，提供空氣床給顧客；Stripe[a] 的「碰撞安裝（Collision installation）」
奧茲魔法師	實際運作的產品，然而所有產品的幕後功能都是手動進行，使用產品的人並不知道	運作的解決方案是來自顧客的角度，巫師角色的人能從密切參與獲得寶貴的見解；對價值主張的價格點和驗證，進行評估研究	需要承諾更多的資源，導致擴展性有限；巫師角色的人必須非常清楚所提出解決方案的功能；很難對具有大型圖形界面元件的系統進行評估	Tony Hsieh 為 Zappos.com 的首批顧客購買鞋子
微利基	最小限度地削減所有產品功能，社群化和推動產品的付費流量，以找出顧客是否對產品有興趣，或是願意為產品付費	花費最小的努力，在任何特定的主題，進行高度集中的測試	需要投入資金，以吸引流量，存在關鍵字和客戶的點擊率競爭	http://whatkatewore.com
工作軟體	能充分發揮作用的工作產品，解決顧客的問題；採用手段或工具測量顧客的行為和互動	在一個真實的環境中測試假說，定性驗證假設	成本昂貴，需要投入人力與投資工具	A／B 測試，轉化漏斗，推薦最佳化

[a] 參考自 Paul Graham 個人網站（http://paulgraham.com/ds.html）。

願景與 MVP 要如何一起運作？

Cagan 強調願景和 MPV 是密切相關，但不一樣的兩件事。Cagan 將願景定義為共識，「描述打算提供的各類服務，和打算服務的各類顧客，通常要花 2~5 年的時間」[16]。因此，願景是為 MVP 提供路線圖和背景，所以當我們尋找與願景一致、可重複和可擴展的顧客開發流程時，應該做好準備，創造出許多 MVP。

特別是企業裡的早期傳道者，更應該深信整個願景，而不僅僅是第一個 MVP 實驗。他們需要知道組織在未來 6 至 18 個月計劃推出什麼。這些傳道者深信我們正努力實現的願景，感受到我們嘗試解決問題的痛苦，所以能對解決方案裡的落差提出建議。讓這些傳道者體驗我們致力於打造的解決方案，提供方案有效的證據給他們，藉此機會獲得他們對解決方案的回饋。

在新行動的早期階段，利用業務互動與參與是非常重要的。相較於衡量成功的綜合方式，例如，總收入或總交易金額，透過 MVP 所獲得的回饋和證據，更能就顧客行為提供更好的見解與學習。MVP 不僅使我們能專注於建立正確的事，還能對於如何發展、適應和軸轉，進而滿足經由實驗所發現的顧客需求，提供有價值的資訊，如圖 4-6 所示。

從想要利用實驗學習的問題入手，定義如何觀察和衡量它，最終創造成本最低、最快的，以及最簡單的 MVP，進而驗證假設、衡量效果，然後利用學習制定下一步的計畫。

新行動的基本點是保存現金並且快速反覆演進，同時團隊驗證假說，找出一個可重複的解決方案。一旦理解這些基本面，以及達到產品 / 市場適性後，相較於花費，現金保存的重要性變低，就能開始創建可規模化的解決方案。

16　引用自 Marty Cagan 所撰寫的文章：*http://svpg.com/product-market-fit-vs-product-vision*。

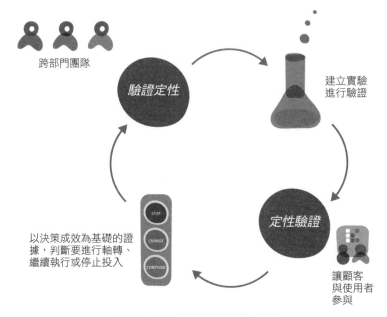

圖 4-6 MVP 思維與實驗評估循環

優先關鍵指標

設計 MVP 實驗時，非常重要的一點是確定一項關鍵指標，這能告訴我們假說裡的假設是否有效。《*Lean Analytics*》（O'Reilly 出版）一書的作者 Alistair Croll、Benjamin Yoskovitz 導入優先關鍵指標（*One Metric That Matters*，簡稱 *OMTM*）的觀念。OMTM 是我們推動決策上最優先考慮的單一指標，取決於產品生命週期和商業模式的發展階段。在整個產品生命週期裡，這不是我們唯一使用的衡量：會根據想要解決的問題領域，隨時間而改變。

專注於 OMTM，其目的為：

- 把指標與我們想驗證假說裡的假設相連結，藉以回答我們最迫切的問題。

- 創建焦點、對話與思考，進而發現問題和刺激改善。

- 在團隊和整個廣泛組織中，提供透明度和達成共識。

- 支持以比率或比例為基礎的實驗文化，而非歷史數據相關的平均數或總數。

OMTM 不應為落後指標，例如，投資報酬率（ROI）或顧客流失率，這兩者都是衡量事後發生的結果。只有在產品／市場適性已經達成時，才會對落後指標感到興趣。透過最初專注的領先指標獲得指示，瞭解什麼是可能發生的 —— 並且更快解決情況，進而嘗試改變不斷前進的結果。例如，顧客投訴往往是顧客流失的領先指標。如果顧客投訴量不斷上昇，可以預期顧客將會離開，進而增加顧客流失率。隨著我們更瞭解想要解決的問題，OMTM 也應不斷進化與發展。

OMTM 的目的是獲得客觀證據，驗證我們對產品做的改變，對顧客行為造成可衡量的影響。最終，會想瞭解：

- 是否取得進展（做了什麼）？
- 是什麼導致改變（為什麼這樣做）？
- 如何改善（如何做）？

美國軟體公司 Intuit 的創辦人 Scott Cook 說，創辦人應注重「喜愛指標」，例如，顧客有多愛我們的產品，或是顧客多久回流的頻率，亦或者是顧客在接觸產品的早期階段有多開心。「如果不能從現有的使用者獲得越來越高的活躍性，就該進行軸轉」。選擇 OMTM 為團隊提供清楚、一致的焦點，從而使決策有效，特別是早期階段的行動。

—— 技 巧 —————————————————————

利用 A3 思考術作為實現改善機會的系統方法

A3 思考術是邏輯式的問題解決工具，用以捕獲關鍵資訊，和定義團隊的焦點與限制條件。後來反而變成一種衡量方式，用以驗證我們的成果。一張 A3 報告（會這麼說，是因為報告的大小剛好是一張 A3 尺寸的紙）由七個要素組成，體現了實驗的規劃／執行／檢核／行動循環：

背景

捕捉關鍵資訊，瞭解問題的程度和重要性。把目標陳述與背景綁定，能降低聚焦在錯誤領域的機會，進而減少浪費。

現況與問題聲明

就是企業利害關係人想要解決的問題，以簡單易懂的語言提出說明，而非以「缺少解決方案」的陳述方式。例如，請避免像這樣的語句，「我們的問題是需要一個內容管理系統」。

目標聲明

完成執行後，如何才能知道投入的努力是否成功？理想情況下，需要給成功一個關鍵指標。例如，「相較於之前 22 個主要問題的測試結果，目的是減少系統故障；目標是降低 20%」。

根本原因分析

詳述假說、假設條件，或一組用來驗證因果關係的實驗。

對策

列出實驗的實作步驟，用於驗證假說。

檢核／確認效果

定義的一個方法，以評估對策是否已經有效。

後續行動和報告

確認下一階段的步驟，與團隊和整個組織，分享你所學到的。

更多關於思考術的資訊，請閱讀 Durward K.、Sobek II、Art Smalley 合著的《*Understanding A3 Thinking: A Critical Component of Toyota's PDCA Management System*》[17]。其他例子還包括電梯簡報（elevator pitch）[18]，和五個 W、一個 H（誰（Who）、做什麼（What）、在哪裡（Where）、何時（When）、為何（Why）以及如何（How））。

請記住，指標是為了打擊我們 —— 讓我們不要沉浸在成功的喜悅之中。指標必須是可行動的，並且能觸發行為或理解產生變化。決定 OMTM 時，需要考慮這兩個關鍵問題：

17　請見參考書目 [sobek]。

18　請參見 *http://www.gogamestorm.com/?p=125*。

我們嘗試解決的問題是什麼？

產品開發

我們是否試圖創造讓顧客參與的新產品或服務？如何知道顧客已參與進來，並且對我們的產品感興趣？

工具選擇

我們是否試圖選擇一個在組織內使用的工具？如何知道這個工具對流程來說，是否為最佳工具？

流程改善

我們是否試圖改善內部能力和效率？如何知道變革是否帶來預期的影響？

我們在流程的哪個階段？

問題驗證

我們正與人們交談，瞭解他們是否正苦於我們試圖解決的問題，藉此確認這個問題是否存在？

解決方案驗證

經由定性訪談，對於我們致力要解決的問題，員工是否表現出一致性並且願意買單？

MVP 驗證

我們是否建立實驗，以定量方式證明解決方案足以有效解決我們找到的問題？

就簡化分析的複雜性，OMTM 是很有用的工具。它可以明確告訴我們，解決方案的成功與否。一旦我們已經定義需要聚焦的關鍵指標，就可以找出提供洞察其他領域和輔助決策的支持指標。

一個 OMTM 的好例子就是 LinkedIn，其團隊不看「總頁面瀏覽數」，只討論「個人資料檢視數」—— 有多少人利用 LinkedIn 檢索和搜尋其他人，以及有多少數量的個人資料被檢視[19]。

結論

「發現」讓我們能安全地探索極端不確定性情況下的機會 —— 特別是新產品開發和商業模式創新。「發現」的概念和工具，能讓我們投入最小的力道，獲取最大量的學習，進而在發展經過驗證的機會上，取得重大進展。「發現」能創建一個清晰的願景，讓我們對組織內努力解決的問題有共識。

必須採取的心態是，所有的想法都是基於假設條件的假說，必須進行驗證，而且大多數的假設條件都將被證明是錯誤的。利用 MVP，從快速、低成本的實驗收集資訊作為決策基礎，進而做出更好的投資決策。越早進行軸轉或捨棄無用的想法，就能浪費越少時間和資源，轉而讓更多時間與資源投入能提供價值給顧客的創意 —— 或是創造新產品和服務。

讀者思考問題：

- 你目前的商業假說是什麼，以及你將如何使用 MVP 建立實驗來進行驗證？

- 你在追尋「我們能建立嗎？」之前，有先問「我們應該建立嗎？」。

- 你的團隊將執行什麼實驗？以及團隊會收集什麼證據來決定何時要進行軸轉、繼續開發或停止投入？

- 你的 OMTM 是使用什麼指標？

19　引用自 *https://medium.com/what-i-learned-building/ab24a585b5ea*。

第五章

產品 / 市場適性評估

> 邊界在哪裡…無法言喻，因為只有已經擁有的人，才是唯一知道
> 它在哪裡的人。

— Hunter S. Thompson
美國作家

本章會討論如何識別已經達到產品 / 市場適性，以及如何離開探索階段，開始在經過驗證的市場裡發展產品。說明如何使用自訂指標，瞭解是否邁向可衡量的業務成果，同時讓顧客參與整個開發流程，持續解決顧客的問題。

本章內容包含組織如何運用正確的策略、結構和支援，贏得成功，以及組織在發展產品時，如何發現內部與外部顧客，提供有價值的回饋和見解。討論如何利用現有能力、服務和實踐方式，讓產品規模化，同時在組織內部尋求支持者，進而共同合作。最後，會介紹隨著解決方案逐漸規模化，如何利用成長指標和引擎，管理不同商業模式地平線之間的轉換。

創新會計

> 做到最好是不夠的；必須知道該怎麼做，然後做到最好。
>
> —— W. Edwards Deming
> 當代品質大師

我們生活在一個資料超載的世界，如果不對假設小心求證，任何論點都可以找到支持它的資料。尋找資訊來支持一項理論，從來都不是問題，但驗證理論，然後採取正確的行動仍然是非常困難的事。

如同第三章所討論的，任何新產品的次要風險是建立錯誤的事。因此，當務之急是不要在未經證實的機會上過度投資，造成用正確的方法做錯誤的事。必須開始相信我們其實是在建立正確的事。不過，要如何驗證直覺是否正確？特別是處於極端不確定性情況下。

Eric Ries 導入名詞*創新會計*（*innovation accounting*），這是一項嚴格的流程，用於定義、實驗、衡量以及溝通在新產品、商業模式或行動上，創新的真實進展。想要瞭解產品是否有價值，並且承擔責任，就需要專注於獲得可信的證據，在探索新領域的同時，繪製一個合理的軌跡。

傳統的財務會計評估，往往會扼殺或殺死新產品或新行動，例如，營運績效、現金流量、或獲利能力的指標，像是投資報酬率（ROI）——這些都不是專為創新設計的指標。但在充分理解的領域裡開發或發展現有的業務模式和產品，這些是最佳化且更有效率的指標。根據定義，初次創新的經營歷史有限，營收很少甚至是沒有收入，需要投資才能啟動業務，如圖 5-1 所示。在這種背景下，投資報酬率、財務比率分析、現金流量分析和類似的實務做法，對初次創新的價值只能提供些微的見解，也無法跟完整產品的績效一樣，僅透過財務資料評估其投資。

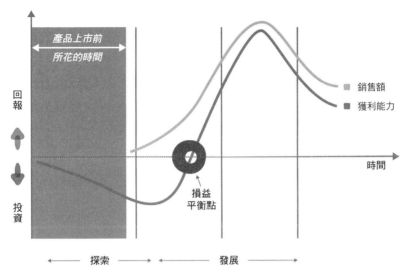

圖 5-1 創新早期階段的獲利能力 / 銷售比率

探索時絕不能忽視或認為會計是無關緊要的事。只是需要以不同的方式，闡述衡量創新和早期階段行動的結果。創新的會計原則和衡量，必須達成以下目標：

- 建立決策責任制和評估準則。

- 管理與不確定性相關的風險。

- 浮現出機會與錯誤的信號。

- 提供準確的投資分析和風險管理資料。

- 接納我們有時就是需要帶著不完美的資訊前進。

- 識別持續提高組織創新能力的方法。

——— **警 告** ———————————————

衡量謬誤（Measurement Fallacy）

「衡量什麼就得到什麼」— Kaplan and Norton.[1]

———————————————————————————

1 《The Balanced Scorecard—Measures That Drive Performance》，第 70 頁。
引用自 *http://bit.ly/1vt3X2Q*。

在 Eric Ries 的著作《精實創業》(*The Lean Startup*)一書中,關鍵想法之一就是利用可據以行動的指標。他主張應該投入精力,蒐集有助於做出決策的指標。不幸的是,往往看到組織內蒐集和交流的都是**虛榮指標**,讓組織自我感覺良好,卻沒有明確指導要採取怎樣的行動。

在《*Lean Analytics*》一書中,Alistair Croll 和 Benjamin Yoskovitz 提到,「如果有一塊資料無法讓你採取任何行動,那就是一個虛榮指標…。一個好的指標會改變你的表現方式。迄今為止對指標最重要的準則:以指標的變化為基礎 組織採取的行動會有什麼不同?」[2] 一些虛榮指標和可據以行動的指標例子,如表 5-1 所示 [3] [4] [5]。

表 5-1. 虛榮 V.S. 可據以行動的指標範例

虛榮指標	可據以行動的指標
訪問次數	**漏斗指標、群組分析**
這是一個人訪問一百次,或一百人都只參觀一次?	定義漏斗轉換的步驟,然後將使用者分組,並且隨著時間追蹤他們的使用生命週期
網站停留時間、瀏覽網頁的頁數	**每個使用者的連線數**
除非你的業務依賴這樣的行為,不然對於衡量使用者實際參與或活動,不是很適當的指標。雖然是量化指標,但無法瞭解顧客是否可以找到他們需要的資訊	使用者在網站上完成一個連線(或動作)需要多長的時間,定義總體的評估標準,然後衡量使用者成功執行的頻率
蒐集電子郵件	**電子郵件行動**
對新產品有興趣的使用者會提供他們的電子郵件信箱,看到這樣一份龐大的電子郵件清單,一開始可能會很興奮,直到獲悉有多少人會打開我們的電子郵件(和對內容採取什麼行動)為止	發送測試電子郵件給多個註冊訂閱者,看看他們是否會照我們說的去做

---

2   請見參考書目 [croll],第 13 頁。

3   請參見 Ash Maurya 所撰:*http://bit.ly/1v6ZG4L*。

4   請參見 Dan McClure 所撰:*http://bit.ly/1vt4925*。

5   請參見 Ronny Kohavi 所撰:*http://bit.ly/1v6ZHpn*。

虛榮指標	可據以行動的指標
下載數	**使用者啟用人數**
雖然有時會影響應用程式商店的排名，但下載數本身並不能為產品帶來實際的價值	確定有多少人下載應用程式並且使用。帳號新增數和推薦數，提供更多顧客參與的證據
工具的使用程度	**工具的效應**
反映企業工具鏈裡，標準化和再利用的程度	生產一行新程式，從簽入到發佈的週期時間
培養的人才數量	**更高的產量**
計算多少人已經通過看板培訓並且成功獲得認證	衡量更快完成高價值的工作，可以提高顧客滿意度

在《如何衡量萬事萬物》（*How to Measure Anything*）一書中，Douglas Hubbard 推薦一個很好的技巧，在已知的衡量上做決策：「如果你能定義真正想要的結果，那麼就給一個例子，思考要如何觀察那些結果，然後就能設計出衡量結果的方式。問題在於，就算有這麼做，管理者也只會衡量那些看起來最容易衡量的，而不是最重要的（也就是，管理者目前已經知道要如何衡量的指標）」[6]。

在如何建立最重要的衡量指標上，本書結合可據以行動的指標原則和 Hubbard 的建議，這樣的方式能夠超越傳統的內部效率和財務衡量，專注在價值上，這些價值正是來自我們最重要的利害關係人 —— 顧客的視角。

Dave McClure 的「海盜指標」[7] 是一種優雅的方式，用於模擬任何服務導向的業務，如表 5-2 所示（依照 Ash Maurya 所說的，把營收放在使用者推薦之前）。請注意，為了有效地使用海盜指標，必須始終以**群組**衡量。群組就是有共同特徵的一群人 —— 通常是他們首次使用服務的日期。因此，以 McClure 的方式顯示漏斗指標時，會把我們不關心的群組結果過濾掉。

6　請見參考書目 [hubbard]，第 37 頁。

7　海盜指標（Pirate Metrics），請參見 *http://slidesha.re/1v6ZL8B*。

表 5-2. 海盜指標：AARRR！

名稱	目的
顧客獲取（Acquisition）	訪問服務的人數
顧客啟用（Activation）	擁有良好初始體驗的人數
留存率（Retention）	服務的回流人數
營收（Revenue）	參與營收創造活動的群組人數
使用者推薦（Referral）	群組裡參考其他使用者意見的人數

如果你正在進行軸轉，衡量每個群組的海盜指標，可以瞭解產品或商業模式變化的影響程度。顧客啟用和留存率，是產品／解決方案適性關心的指標。營收、留存率和使用者推薦，都算是喜愛指標—— 評估產品／市場適性所關心的事[8]。表 5-3 以海盜指標重現逐步改變和軸轉兩者對 Votizen 產品的影響程度[9]。需要注意的是，表 5-3 裡的指標順序和意義，和表 5-2 相比有微妙的不同。這一點很重要，選擇適合產品的指標（特別是，如果它並不是一個服務）。請堅持採用可行動的指標！

表 5-3. Votizen 產品的海盜指標，表示逐步改變和軸轉的效果

指標	詮釋	v.1	v.1.1	v.2	v.3	v.4
顧客獲取	新增帳號	5%	17%	42%	43%	51%
顧客啟用	驗證真實性	17%	90%	83%	85%	92%
使用者推薦	轉寄給朋友	—	4%	54%	52%	64%
留存率	至少使用系統三次	—	5%	21%	24%	28%
營收	支持的原因	—	—	1%	0%	11%

為了確認產品／市場適性，還需要蒐集其他業務指標，如表 5-4 所示。和以前一樣，非常重要的是蒐集這些指標時，不要追求不必要的精密度。這些成長指標應該以每個群組為基礎來測量，即使只是按週分組。

8　就海盜指標（pirate metrics）、族群（cohorts）和問題／解決方案適性（problem/solution fits），請參見 Ash Maurya 部落格的貼文：*http://bit.ly/1v6ZG4L*。

9　引用自 David Binetti 所撰：*http://slidesha.re/1v6ZQZZ*。

表 5-4. 地平線三的成長指標

衡量	目的	計算範例
獲取顧客的成本	獲取一個新顧客或使用者的成本是多少？	總銷售和行銷費用除以獲得的顧客或使用者數量
病毒係數（K）	產品病毒式傳播的定量測量	每個使用者發送邀請函的平均數量乘以每個邀請的轉換率
顧客終身價值（CLV）	預測能從顧客收到的淨利潤總額	顧客與企業的整個關係期間，可能帶來的未來現金流現值 [a]
每月燃燒率	運行團隊所需的資金量，也就是可以運作的跑道有多長	人員和資源消耗的總成本

[a] CLV 的標準定義，和許多其他的銷售和行銷指標，請見參考書目 [farris]。

我們在任何時間所關心的指標，取決於商業模式的天性，和嘗試要驗證的假設條件。可以把我們所關心的指標和計分卡結合在一起，如圖 5-2 所示 [10]。

關係利害人	衡量指標	目前	目標	趨勢
顧客	完成銷售流程的顧客 %	30%	45%	▲
	留存率 %	20%	25%	▲
	淨推薦值	44	60	▲
業務	註冊服務的訪問數 %	20%	25%	◆
	付費顧客的轉換率 %	15%	20%	▲
	獲取顧客成本	$0.25	$0.05	◆
	顧客生命週期價值	$0.30	$0.80	▼
	顧客流失率 %	30%	15%	▼

圖 5-2 創新計分卡的範例

10　感謝 hirefrederick.com 創辦人 Aaron Severs 給予靈感，和使用表格的權限。

對於顧客是否相信我們的產品是有價值的，顧客的成功指標提供深入的洞察力。另一方面，業務指標則專注於商業模式的成功。正如前面所提到的，蒐集資料從來就不是新行動的問題；困難在於獲得可行動的指標，達到正確的精密度，以及不要迷失在所有的干擾之中。

為了幫助我們改善，儀錶板應該只要顯示這些目的的指標，觸發行為改變、顧客重視，和提出改善目標。如果我們並沒有因為儀表板的資訊而激發靈感，採取行動，可能是衡量了錯誤的指標，或者對於可行動資料的適當程度，向下挖掘得還不夠深。

在治理方面，最重要的是每週定期或兩週一次的會議，包含團隊內的產品和工程領導者，與一些來自團隊外的主要利害關係人（例如，負責地平線三投資組合的領導者，與資深產品和技術代表）。在會議期間，我們將會評估當前選定指標的狀態，或許也會調整把重點放在哪些指標上（包括 OMTM）。會議的目的在於決定團隊是否應該堅持下去或者進行軸轉，最終要決定團隊是否發現產品／市場適性 —— 或者更確切地說，是否應該停止投入，專注於更有價值的事情上。團隊外部的利害關係人需要提出一些尖銳的問題，讓團隊在進度上保持誠實。

激發出企業的內部倡導者

想在大型的官僚型組織裡進行創新，是非常有挑戰性的事，因為官僚型組織的設計目的是用來支持穩定、合規，而且組織內的階級優先會勝過風險承擔。那些已經晉升到最高層的領導人從這套系統存在至今，就一直以這樣的方式運作系統。因此，必須要小心，任何批評不能變成針對系統內的個人或他們的行為。尋求整個組織的合作者和共同創造者，不要造成組織內部的分裂，努力爭取進一步的支持，才能在組織內跨越鴻溝到採用曲線的下個階段。最終，在那些需要變革才能成功的領域裏，找到變革的推動者。最有效的做法是展示證據，證明我們的努力正在實現可衡量的業務成果。

毫無疑問地，在組織裡的人們對變革會感到挫敗與好奇。在他們願意成為一項行動的擁護者之前，會先尋求安全、背景和保障。激發與吸引這些人參與會是關鍵。當他們成為想法和行動的早期採用者，會對產品的反覆演進和改善提供回饋循環。他們也是整個組織範圍內的支持者。在官僚型的環境中，人們往往會保護自己的個人品牌，不想成為失敗者。所以目標是給他們信心、資源和證據，鼓勵他們在整個組織裡成為行動倡導者。

做無法規模化的事

即使已經證實了商業模式裡最危險的假設，重要的是繼續專注於相同的原則 —— 簡單性與實驗性。必須持續讓學習最佳化，而不限於只是提供功能。一旦達成產品的吸引力，會出現一種誘惑，要我們將發展解決方案的一切「需求」都自動化、實作和規模化。然而，這不應該成為我們關注的焦點。

在早期階段，不應過於擔憂成長的問題，應專注在顯著的顧客互動上。我們可能會因此只獲取個別的顧客 —— 太早獲得太多顧客會導致失去焦點與減緩成長的速度。把重點放在尋找早期採用者，持續實驗和學習。然後，爭取讓類似的顧客群參與，最終「跨越鴻溝」，獲取更廣泛的顧客與採納。

對大部分的組織行為來說，這是違反直覺的。我們原本的計畫是瞄準爆炸式增長，所以做無法規模化的事，和以往的訓練不同。此外，我們往往會在現有的環境或競爭領域裡，對於較成熟產品的營收、大小與範圍，衡量其需要的服務水準、費用和成功。

必須記住我們還在發現流程的形成階段，並且不希望過度投資，和太早核准一項解決方案。在每個步驟，經由市場實驗不斷測試和驗證商業模式的假設。如果已經確認了一項關鍵的顧客問題，而且能對其需求採取行動的話，就有一個可行的機會，建立許多人都想要的東西。不需要讓各個部門、客群，或是市場都參與啟動。只需要專注在一位顧客，並且與其共同創造價值。

一旦領導者看到證據，證實我們運用無法規模化的流程，能帶來蓬勃的成長，就能夠輕鬆地穩固人力、資金和支援，打造強大的解決方案來處理許多的需求。目標是為顧客創造一個拉式系統，讓顧客想要我們的產品、服務或工具，必須是「賣」給顧客，或需要顧客去使用，而非把強制的、規劃好的和已經完成的解決方案推給他們。

顧客親合度

透過特意縮小市場的方式，優先考慮顧客的參與品質和回饋，可以與早期採用者之間建立親合度、良好關係和忠誠度。人們喜歡感受事物獨特和特別的部分。

和顧客發展同理心：有時答案就在身邊

英國皇家藥學會知道自己的臨床用藥數據庫是世界上最好的。他們也知道一定有更多的用途，不僅僅是一堆印刷書籍而已。但應該從哪裡開始著手？他們沒有胡亂猜測，或建立一個昂貴的產品平台，或者試圖簽署沒有產品的合作協議，他們決定利用自己其他的主要資產：整棟建築裡的藥劑師。於是，他們快速地制定原型，讓使用者和社區藥劑師一起測試，與附近的藥店一起進行產品研究，很快就專注於應用程式上，檢查處方藥之間潛藏的交互作用。把這些資料授權給國際使用，存在著巨大的商機。於是他們先從自己會使用的應用程式開始，瞭解國際顧客可能會想要什麼，進而建立一個很棒的行銷工具。

讓我們最初的顧客基數保持小規模 —— 不追求變得太快太大的虛榮數字 —— 強迫自己保持簡單，並且和顧客維持每一步的緊密聯繫。這讓團隊有更多的時間傾聽顧客的聲音，和顧客建立信賴關係，並且確保已經準備好能幫助早期採用者。請記住，達成一個大數字並不是巨大的勝利；滿足未被滿足的需求和讓顧客感到愉悅才是。

建立問題的跑道，而非建立需求

一旦問題或解決方案獲得驗證，產品團隊的本能就會對一個可規模化的、全功能和完整的解決方案，以 MVP 的落差為基礎，開始建立所有的需求。這種方法的危險之處是，阻礙我們發展以顧客回饋為基礎的產品。

在早期階段，我們仍需重視學習，而非收入。因此重要的是，不要因為投入時間、人力和資金，建立了可能不會產生預期結果的功能，就讓我們的選擇權受限。必須接受這一切都是要驗證的假設，不斷尋找辨認出最不確定的領域，制定實驗瞭解更多的資訊。利用這樣的方法

對沖你的賭注，槓桿無法規模化的事 —— 建立一條跑道，在到達終點前盡可能地確認各種情境下，能持續建立產品的方式。

跑道上應該是一串等待驗證的假說，*而非一串等待建立的需求*。當我們因團隊交付需求的能力而獎勵他們，產品很容易被加入不必要的功能而快速膨脹 —— 導致複雜性增加、更高的維護成本，以及受限的改革能力。已交付的功能不能用來衡量成功，*業務成果才是*。所以跑道是一系列需要驗證的問題，用以降低不確定性和提高我們對成長機會的理解。

創建故事地圖，描述願景的跑道

故事地圖（Story maps）為 Jeff Patton 所創，其著作《使用者故事對照》*User Story Mapping*）一書中有詳細的說明。如同 Patton 指出，「你的軟體具有骨幹和骨架 —— 而你的地圖可以顯示它。」

故事地圖將整個解決方案視覺化，有助於規劃和安排優先順序（請見圖 5-3）。故事地圖的設計不是用來產生故事，或是創造發佈計畫 —— 是用來理解顧客目標和需要完成的工作（jobs-to-be-done）。故事地圖提供一個有效率的溝通方法，用於敘述解決方案，讓團隊和利害關係人參與進來，取得他們的回饋。藉由歷經整個故事地圖以及敘述解決方案的故事，確保沒有錯過任何重要的組成部分。同時，找出與下一個最危險的假說，對其進行驗證，獲取最大量的學習，根據 MVP 定義，對於不符合顧客需求的解決方案，要盡量避免浪費和過度設計。

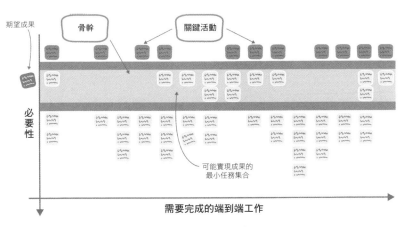

圖 5-3　使用者故事地圖

當產品開始穩定、整合與自動化，不僅會影響我們迅速適應發現的能力，往往還限制了反應速度和變革的能力。在地平線三，我們必須不斷努力，避免產品臃腫，利用現有的服務、功能或手動流程，交付價值給顧客。我們目的是不要與使用者脫節，確保不斷地與使用者互動。如果只是為了讓建立業務最佳化，而沒有不斷地與顧客一起驗證假設，可能會錯過關鍵的痛點、經驗和成功 —— 這往往是真正洞察之所在。

如果我們想學習，就必須對使用者有同理心，經歷他們的痛苦。當發現顧客的問題可以手動解決時，只要有可能就盡量堅持這麼做。當顧客服務的品質降低，或者無法符合顧客需要的水準，就要考慮導入一些功能，解決隨產品使用量上昇而出現的瓶頸。

注 意

利用節約型創新

無法規模化的技術和實務做法不僅是必要的 —— 在組織文化裡，這可以是變革的催化劑。證明可以快速、低成本以及安全地驗證我們的想法，鼓勵組織其他人相信實驗是可能的，讓組織文化持續進行變革，才能變得更好。

探索的工程實踐

一般來說，本書贊成豐田生產系統的原則，「將品質內化到」軟體裡，稍後第八章會有更詳細的討論。然而，在進行探索時，以 MVP 建立實驗的需求和透過實踐方式建立高品質（例如，測試自動化），這兩者之間會存在一股張力。

當我們開始著手驗證新產品的想法，或現有產品的新功能時，希望能盡快地、盡可能嘗試更多的想法。在理想的情況下，希望不要撰寫軟體就能做到這點。但如果需要撰寫軟體，也不希望耗費大量的時間，建立驗收測試和重構程式碼。為了執行實驗並得到驗證，我們會（如 Martin Fowler 所說的）刻意地和審慎地積累技術債務[11]。

11　請參見 *http://martinfowler.com/bliki/TechnicalDebtQuadrant.html*。

但如果產品是成功的，這樣的方法遲早會進入瓶頸期。也許一兩年內（根據我們的接受度），軟體變更就會變得繁瑣和費時，產品會出現缺陷，遭受效能不佳的影響。甚至會走到需要考慮大幅改寫的階段。

我們的建議是，從一開始就應該堅持兩種做法，這會讓我們能稍後再來償還技術債務：持續整合和少量的基本單元與使用者旅程測試。一項產品（如果我們在地平線三）或功能（在地平線二）從實驗走到驗證時，就需要開始積極償還技術債務。通常，那意味著增加更多的使用者旅程測試，採用良好架構的實踐方式，例如，模組化，並且確保功能上所有新撰寫的程式碼，都使用了測試驅動開發（test-driven development，簡稱 TDD，許多優秀的工程師早已開始使用 TDD）。

強迫自己做一些對工程師來說是不自然的事 —— 砍了令人尷尬的蹩腳程式碼，從早期就走出大樓去得到驗證 —— 必須用力拉到另一個方向上，殺掉這股氣勢，轉換我們關注的焦點，從建立正確的事，轉變成正確地建立事情。不用說，這需要極端的紀律。

選擇在產品或功能生命週期的什麼時間點償還技術債務是一種藝術。如果你發現（如同很多人做的）已經沿著累積技術債務的路走得太遠，請考慮第十章所述的建議，以大幅改寫作為替代方案。

成長引擎

在《精實創業》（*The Lean Startup*）一書中，Eric Ries 認為，成長有三個主要策略 —— 請選擇其中一個：

病毒式

　　包括任何產品，現有顧客的正常使用必然會帶來一項內建的副作用，就是吸引新顧客註冊：Facebook、MySpace、AIM/ICQ、Hotmail、Paypal。關鍵指標是顧客獲取率和使用者推薦，兩者結合就是現今著名的病毒係數。

付費式

使用每個顧客終身價值的一小部分,透過搜尋引擎行銷、橫幅廣告、公共關係和關聯企業等,反過來投入獲取付費顧客。顧客終身價值和融合顧客獲取成本之間的價差,會決定獲利能力或是成長率,因此,高價值取決於這兩個因素的平衡。在這個模式裡,留存率是關鍵目標。例子是 Amazon 和 Netflix。

黏著式

意味著一些事物導致顧客對產品上癮,不管我們如何獲得新顧客,都會傾向於留住他們。黏著度的指標是「顧客流失率」—— 在任何時期,無法再繼續參與產品或服務的顧客比例。這個策略會導致指數式成長。對於 eBay 來說,黏著度是業務上產生驚人網路效應的結果。

然而,對企業而言,還有更多成長選項要考慮:

擴張式

建立自適應的初始商業模式,我們只要透過開闢新的地域、類別和關聯,就能進一步發展與擴展。Amazon 已經非常出色地執行這個策略,從銷售實體書籍移動到電子商務商店,提供新的零售類別。有了這個成長策略,最初的目標市場應該要大到足以支持後續隨著時間發展的多個階段。

平台式

一旦有一個成功的核心產品,就把它轉換成一個平台,內部與外部供應商圍繞這個平台,開發互補產品和服務的「生態系統」。微軟創建 MS Office、Money 與其他支援套件(包含那些由外部供應商所開發的套件),並且圍繞這些套件來發展 Windows。其他平台例子,包含 Apple 的 AppStore、Salesforce 的 Force.com 和 Amazon 的市集和網站服務產品。

出色的產品、工具和做法,不管是在內部和外部總是一直靠口碑傳播,這是因為其真正引人注目的價值主張,還有顧客自豪擁護的品牌。如

果成長的動力是源自於顧客，那麼不必投資也會發生。如果不是，人為的探索、轉換以及服務顧客所投入的努力，就會限制我們的發展。

歸根究底，產品才是成長的主要驅動力。如果我們建立一個真正引人注目的解決方案，不僅解決了顧客的需求而且顧客也真的很喜歡，那麼他們就會使用。更厲害的是，這些顧客將成為倡導者並且鼓勵其他顧客一起使用 —— 這創造出我們冀求的最佳銷售團隊，為我們帶來成功。

利用地平線之間的轉換，成長和轉型

本書第二章提到企業必須同時管理三個地平線。透過這些循環，識別、過渡和轉換行動的能力，如圖 5-4 所示，是掌握組織未來成功、關聯性和長期生存的關鍵。

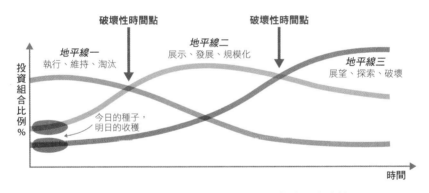

圖 5-4 隨時間演進，三條地平線的產品投資組合比例

如同本書第三章所述，地平線二和三特別需要領導層支持。這些地平線包含更多的不確定性和較低的營收，所以如果沒有和地平線一分開單獨管理，很容易就會被壓垮。

我們必須意識到每個階段的陷阱，包括在錯誤的時間轉換，還有為每個地平線選擇錯誤的策略。

Steve Bell 所提出的精實開發與精實營運

精實思維通常和營運有關,這是因為其起源自豐田(Toyota)的豐田生產系統(TPS),已經被製造業領域廣為採用[12]。但豐田的長期成功,同樣是由於他們應用精實原則,快速、高效率地開發理想的新產品,而且是高品質和合理的成本。豐田已經證明,一個企業採用精實思維就能順暢地橫跨開發和營運,獲得持久的競爭優勢。

精實開發和營運雖然是相互關連、相輔相成,但兩者在本質上卻非常不同。精實營運強調標準化,和降低浪費、不確定性和變化,為了打造高效率的流程,生產一致性、優質的產品。相反地,精實開發是在設計過程的早期階段,利用不確定性和變化,從實驗中學習,特別是從失敗 —— 這是解決問題和推動創新最有效的方法。

然而,這會產生一個悖論:精實開發需要變化和不確定性,卻依賴標準化的工作方法形成創新假說,執行穩定且可重複的實驗,減少浪費和時間,同時最大限度地發揮創造力和價值。

例如,精實開發會嚴謹且不斷地在「現場」(完成工作的地方,包含實體和虛擬兩種)聽取顧客的聲音,利用反覆演進加速學習,通常是基於集合的設計,並且利用一個合理的價值假說,快速創建一項產品。其他標準化的精實實踐方式,像 A3 問題解決、視覺化管理和價值流圖,有助於開發環境、提高進入市場的速度,同時又降低研發成本和企業風險。

一旦產生可行的新產品或服務,企業可以利用精實營運的能力,迅速有效地把它推向市場,驗證成長假說。許多精實創業不是失去快速追隨者的市場,就是被有精實營運能力的大企業收購,這些大企業可以藉此迅速進入市場、發展早期利潤,以及利用品牌稱霸市場。雖然收購的新創公司作為創新的來源,對於規模較大的企業,肯定是一項可行的策略,但大多數企業還是會加強內部的創新能力。

精實開發建立創新的產品和服務,然後透過精實營運流進顧客手中,變成連續的價值流,在軟體開發的背景下,本著同樣的精神就演變成持續交付(或DevOps)。當企業能整合與發展這個想法到價值的快速流程,來自成熟產品的利潤就會持續資助創新,創造良性循環,如圖 5-5 所示。

---

12 雖然「精實(Lean)」一詞是起源於製造業,但現今已深入發展至多種業界,包括醫療保健、金融服務、交通運輸、建築、教育和公共部門。

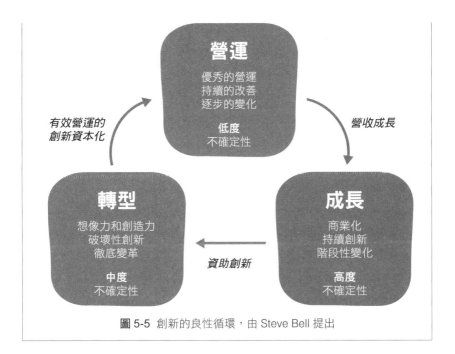

圖 5-5 創新的良性循環，由 Steve Bell 提出

試圖跨越地平線三時，監測未來的成長，顧客滿意度和持續參與指標會是很重要的信號。一旦發現顧客，也知道如何解決他們的需求，並且有信心滿足他們的要求，就應該從地域、通路或產品，尋求擴大顧客市場的機會。

進行探索的同時，通常會透過我們為最初顧客制定的解決方案，測試產品和市場之間的契合度。發展就是找到產品和商業模式，吸引更廣泛的顧客集合。

從探索轉換到發展時，有五項關鍵的成長推動要素：

市場

　　當務之急是選擇合適的市場。理想情況是，有很多潛在顧客支持我們的發展理想；我們必須識別出早期採用者成功的要素，然後尋求相似且更大的群體參與我們。和早期採用者一起運作所學到的見解，是獲知這個決策的關鍵。早期採用者也可能透過口耳相傳，傳播他們對我們產品的經驗，最終帶動產品「跨越鴻溝」，獲得更廣泛的採用。

獲利模式

必須決定什麼是最好的方法，能夠捕捉產品創造的價值，因為獲利模式本質上是定義什麼會為我們的商業模式推動營收。決定之後會很難改變。

顧客採用

我們要如何讓顧客上鉤，願意使用我們的產品？必須格外小心，不要為了大賺一筆，就對任何個別群體做出重大的產品或價格優惠。還必須忠於產品願景，管理任何單一顧客群的張力和需求，可能會限制我們的未來成長。

忘記「大爆炸式」發佈

安全地發展：持續測試和驗證產品，暫時壓下往前衝的氣勢，讓少數顧客樣本參與開發過程。藉由發表 alpha 和 beta 產品，讓目標客群協助我們一起造勢。當我們獲得更多的信心、理解和成功，就可以擴大顧客基數。理想情況下，我們希望顧客帶著要解決的問題來找我們，如此一來就不需要對他們推銷新產品。

團隊參與

我們必須盡所能地保持團隊合作，藉此保護文化、學習速度以及獲得的知識。我們不希望在創新和營運團隊之間築起一道牆。當我們開始規模化和僱用新的團隊成員，針對組織學習與發展的協力合作是讓創新文化堅持下去的關鍵。

考慮流程改善和工具選擇時，類似的原則也適用於識別目標使用者、評估與捕捉效益、使用者採用、避免「大爆炸式」推出，和團隊參與。

創新需要時間：從拍賣到市集

當初為了因應 eBay 的成功，Amazon 拍賣（後來被稱為 zShops）在 1999 年三月上線。Amazon 在首頁、產品類別與個別產品頁面，都大力推廣了這個網站。儘管有大力的行銷，但推出一年後，相較於 eBay 的 58% 市佔率，Amazon 在線上拍賣市場只達到 3.2%，而且隨之不斷地下降。

2000 年 11 月，zShops 改名為「Amazon 市集」，靠著標準化的產品清單，透過第三方賣家，在產品上提供有競爭力的價格。一開始的策略確實是因為要跟 eBay 競爭而驅動，但後來調整成與 Amazon 專注於低價的策略一致。

Amazon 進一步擴展模式，推出賣家市集販售二手商品，提供了另一個收入來源，卻沒有對其供應鏈造成任何的影響。廣告、包裝和運輸由賣家專門處理，Amazon 以最低的成本提供銷售通路，從交易中獲取一些分成。

2012 年，Amazon 市集的服務收入佔營收的 12%[13]，總銷量比前年增加 32%[14]。

透過重新思考如何定義和評估驗證學習，開始測試與溝通，我們的行動是否以及何時變得越來越有吸引力。持續和顧客進行實驗，盡可能低成本、快速地進行優先關鍵指標（*One Metric That Matters*），進而限制投資、降低相關的風險與最大化學習。以證據為基礎的產品開發方法，為利害關係人的行為提供安全性、環境背景和保障 —— 是更大型組織變革的催化劑。

結論

創新會計提供的架構是在地平線三的背景下，衡量進展的情況 —— 也就是說，在極端不確定的條件下進行。用意在於蒐集未來成長想法的領先指標，那麼就可以消除那些無法在地平線二取得成功的想法。

在這個階段，我們已經確立了三個要考慮的關鍵領域。首先，必須找到顧客作為價值的共同創造者。使用他們的回饋進行實驗，在瞄準更廣闊的市場前，改進我們的價值主張。其次，專注學習而非收入，專注於少量的顧客，驗證解決方案的每個假設。不需要建立需求；需要回答產品期望功能的問題。最後，專注於使用者參與度，勝過快速的經濟利益 —— 更滿意的使用者會為我們帶來收入（或是為我們的組織創造任何價值）。當我們對使用者和產品機會有更多的認識，就可以決定獲利模式，確保該產品的持續成功。

---

13 引用自 *http://bit.ly/1v700QY*。

14 引用自 *http://bit.ly/1v701og*。

大多數的想法都不會達到產品/市場適性。對於那些會達成的，需要改變本質。想在地平線二成功，需要行為和管理原則，從根本上來看，這和治理地平線三是完全不同的。接著第三部分會介紹如何讓組織成長，專注於正確地建立產品，現在我們有信心，知道我們正在建立正確的產品。

讀者思考問題：

- 哪些顧客和業務指標會出現在你的創新記分卡上？

- 誰是主要利害關係人？以及在產品採用曲線的每個階段，他們的影響力是什麼？你打算如何讓他們參與，創造一致性？

- 你打算與顧客進行什麼實驗，測試與驗證你的商業模式假說？你要如何將這些實驗視覺化，並且設定優先順序？

- 你要如何盡可能低成本、快速地蒐集資料，測試經過確認的市場？

- 產品從地平線三移動到地平線二，其標準是什麼？

發展

預測很難，特別是預測未來。

— Niels Bohr
丹麥物理學家

第二部分說明了如何探索機會 —— 潛在的產品或內部工具和服務。接下來的第三部分要討論如何發展經過驗證過的想法。如同第二章的討論，管理和執行這兩個範疇需要完全不同的方法。然而，如果要有效率地平衡企業的投資組合，並且適應不斷變化的商業環境，這兩者都是必要的 —— 實際上也是互補的。

希望正在閱讀第三部分的各位，已經成功離開探索的範疇 —— 但也可能是因為各位正參與企業裡的大型工作計畫，而這個工作計畫是以傳統的方式建立。因此，本書第三部分主要談的就是如何改變領導與管理這種大型規模工作計畫的方式，授權員工，在交付有價值、高品質的產品給顧客上，大幅提昇速率。但在開始之前，必須先瞭解目前的狀況。

在整個企業上下，透過集權式或部門規劃與預算編制過程，經常是優先進行規劃內的工作。核准的專案在上市或是生產之前，會經過開發流程。即使在已經採取「敏捷」開發方法的組織，交付專案需要的價

值流，通常會類似圖 III-1，稱為「瀑布式 Scrum（water-scrum-fall）」[1]。專案核准後，在邁入設計與開發之前，如果這些階段中有一個或多個是在外包的情況下，就必須經歷採購流程。也因為這個過程是如此繁重，所以會傾向於批次工作，建立大型計畫，但這也進一步加劇專案典範的問題。

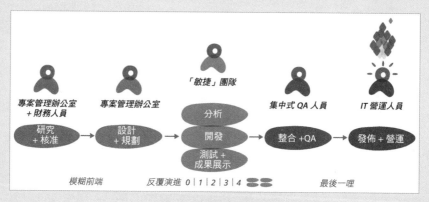

圖 III-1　瀑布式 Scrum

這個專案基礎典範的目的，在於實現軟體開發規模化，源自於二戰後的美國軍工業，在這個典範中軟體是建設新一代飛機、飛彈系統和太空船的關鍵，基本上只有一個客戶：美國政府。1968 年的 NATO 會議創造出「軟體工程」這個名詞，這並非巧合，因為會議召開的目的就是為了制訂大規模軟件開發的規範[2]。

傳統的集權式階段／關卡專案典範是設計在一個更簡單的時代。當時產品要完全生產出來，才能交付價值，產品不需要隨著生命週期的過程大幅改變，即便是要回應產品建立過程中發現的新資訊，也不需要對規格做顯著的改變。

現今這些標準已不再應用於軟體基礎的系統，軟體的力量來自於一個事實，就是製造快速原型和改變產品的成本變得很便宜。特別是我們

1　「瀑布式 Scrum（water-scrum-fall）」一詞是由 Forrester Research 所創。價值流（value stream）的定義為「組織為達成顧客要求從事活動的流程。」請見參考書目 [mar-tin]，第二頁。本書會在第七章介紹「價值流」。

2　NATO 研討會官網：*http://homepages.cs.ncl.ac.uk/brian.randell/NATO*。

經常做出錯誤的判斷，以為找出對產品和系統使用者有價值的事物，提前規劃出數個月時程的大型工作計畫，導致巨大的浪費和引發內部的對立。因此，與其嘗試取得更好的未來預測，更應該改善自己的能力，迅速而有效地適應新的資訊[3]。

本書第三部分就執行大型工作計畫，提出現代**精實／敏捷**典範，這是和許多組織一起進行研究的結果，這些組織需要縮短關鍵路徑中軟體開發的作業時間。他們想在規模化、找出市場的微弱訊號上進展更快，並且快速發展。這樣的能力能讓組織提供更好的顧客服務，降低創造與發展產品的成本，增加服務的品質與穩定度。

有數個架構應用敏捷軟體開發規模化的方法。一般而言，這些架構會採用小型團隊實踐 Scrum，增加更多的組織結構進而協調團隊工作。然而，從傳統專案管理典範的角度來看，這些團隊還是在階段／關卡的程序裡，而且投資組合管理流程或多或少都沒有改變。團隊仍然採用上下式的思考方式，傾向在週期時間長的發佈中批次工作，這也對引導未來決策所蒐集的資訊，造成使用上的限制。從數個重要的觀點來看，本書的方法與這些架構、更傳統的階段／關卡架構不同。

其中最重要的差異是與其提出一組特別的實作流程和實踐方法，重點在於資深領導層級要持續地進行改善，驅動組織和流程的發展。持續改善不能放在「大架構圖」的邊緣：要放在前面和中心。這反映出一個事實，每個組織面對的情況都不一樣，沒有通用的解決方案。每個組織都要走出自己的路，才能應對變化的市場環境，與業務目標一致；必須讓團隊自己去嘗試什麼可行，什麼不可行，才能建立持續的結果。

在接下來的章節裡，會提出以下的原則，作為精實／敏捷產品開發規模化之用：

- 在領導層級，進行反覆演進的持續改善流程，具有簡潔、清楚指定的成果，依循任務原則，在大型組織裡創造一致性。

- 以科學化的工作方式，不斷地挑戰目標，引領組織識別與移除 —— 或是避免 —— 無法增加價值的活動。

3　這是 Nassim Taleb 著作的關鍵訴求。

- 利用持續交付，降低發佈風險、減少週期時間，並且採取更經濟的小批量工作。

- 發展一個架構，能支援鬆散耦合的顧客面向團隊，團隊有自主權決定實現計畫層級成果的工作方式。

- 減少批量大小，並且在產品開發流程上採取實驗性方法。

- 以執行工作過程中所獲得的資訊為基礎，提昇與增強回饋循環，進行更小、更頻繁的決策，從而達到顧客價值最大化。

第三部分還會提出幾個範例，介紹企業如何利用這些原則，建立持續的競爭優勢，以及他們如何在流程上實現企業轉型。

第六章

部署「持續改善」

有這樣一個悖論，重視生產力的管理者幾乎不會投入長期的改善工作。相反地，重視品質的管理者，長期下來就能不斷提高生產力。

— John Seddon

大多數企業裡，建立和執行軟體系統的人（通常稱為「IT」）及決定軟體應該做的事與投資決策的人（通常稱為「業務」），這兩者是有區別的。這些名詞是舊時代的遺物，在那個時代 IT 被認為是提高企業效率必要的成本，而不是透過構建產品和服務，為外部顧客提供服務的價值創造者。這些職稱和職能分開的情況一直深存在很多組織裡（兩者之間存在著關係，以及隨著關係而來的心態）。我們最終目標是消除這樣的區別。現今在高績效組織裡，設計、建構和執行軟體基礎產品的人，是業務組成的一部分；他們被賦予 —— 和接受 —— 為顧客成果負責。但要實現這種狀態很難，因為太容易發生走回頭路的情形。

達成高績效的組織把軟體視為一種策略優勢，依靠的是 IT 職能和組織其他部門之間的一致性，還有執行 IT 的能力。付出總有回報。一份《麻省理工學院史隆管理學院評論》（*MIT Sloan Management Review*）的文章〈避免資訊技術的一致性陷阱〉（Avoiding the Alignment Trap in Information Technology），其作者調查了 452 公司，發現高績效組織

（佔總數的 7%）花在 IT 上的費用只略低於調查資料的平均值，同時又能大幅提昇營收成長率[1]。

然而，關鍵是如何從低績效轉為高績效。當公司目標不一致，IT 效率又差，這時就需要做一個抉擇。應該先追求組織目標一致性，還是先試圖提高執行 IT 的能力？研究資料顯示，IT 效能越差的公司，若選擇先追求業務優先序的目標一致性，即使額外投入顯著的投資，其所能達到的效果反而更差。反之，擁有優秀工程團隊的公司，其團隊能準時交付工作並且簡化系統，以更低的成本基數實現更好的業務成果，即使他們的 IT 投資與業務優先序的目標不一致。

於是研究人員得出的結論是，為了達到高績效，依賴軟體的公司首先應該專注於 IT 執行能力上，建立可靠的系統，致力於不斷降低複雜性。唯有這樣，後續在追求業務優先序的目標一致性上，才能有所回報。

然而，每個團隊總是不斷在提昇自身能力的工作，以及交付價值給顧客的工作間，找出平衡點。為了有效地做到這點，必須從計畫和價值流層面來管理這兩種工作。本章正要說明如何建立稱為改善型（Improvement Kata）的架構來實現這一點。執行大型規模計劃時，這是推動持續改善的第一步。一旦實現這點，就可以使用後續章節介紹的工具，識別和移除產品開發過程中，無法增值的活動。

案例研究：HP 雷射印表機韌體

接著從一個案例研究開始，這個案例是 HP 雷射印表機（LaserJet）的韌體團隊，面臨了目標一致性和執行的問題[2]。顧名思義，這個團隊開發的是一種嵌入式軟體，其顧客不想經常收到軟體更新。然而，這是一個很好的例子，說明第三部分描述的原則，如何在大型團隊裡運作，以及採用這些原則所帶來的經濟效益。

HP 雷射印表機的韌體部門，負責建構韌體，支援所有的掃描器、印表機和多功能設備。這個部門包含 400 位成員，分散於美國、巴西和印

1　請見參考書目 [schpilberg]。

2　本研究案例取自參考書目 [gruver]，並且和 Gary Gruver 進行多次討論，作為輔助資料。

度各地。2008 年，這個部門遇到一個問題：部門運作速度過慢。多年來他們一直在發佈新產品的關鍵路徑上，因而無法提交新功能：「行銷部門會拿出一百萬個讓顧客覺得很炫的想法，但我們就只能說，『拿出你們的需求列表，選兩件未來 6~12 個月內要完成的事』」。他們曾經嘗試花錢、僱用人力和外包來解決問題，但沒有一項是奏效的。他們需要全新的方式。

第一步是要更深入剖析問題。於是他們利用作業會計（activity accounting）著手分析各項成本 —— 把成本分配到團隊正在執行的各項活動。表 6-1 說明這項分析發現的結果。

表 6-1. HP 雷射印表機韌體團隊 2008 年的活動

成本（%）	活動
10%	程式碼整合
20%	細部規劃
25%	在版本控制分支間移植程式碼
25%	產品支援
15%	手動測試
~5%	創新

結果揭露他們的工作裡存在大量無法增值的工作，例如，在分支間移植程式碼和詳細的前期規劃。對現有產品的大量支援也指出軟體產出的品質問題。花在支援上的成本，一般來說是無效需求所導致的，和只佔團隊總成本 5% 的價值需求不同[3]。

團隊目標是增加創新支出到 10%。為了實現這個目標，他們採取了大膽而冒險的決定，從頭開始構建一個全新的韌體平台。這個全新的平台 FutureSmart，有兩個主要目標。第一個目標是提昇品質，同時降低

3　John Seddon 提出無效需求（failure demand）和價值需求（value deman）的區分。他注意到當銀行把顧客服務外包給客服公司時，銀行接到客訴電話的次數會巨幅上升，其中 80% 的電話都是「無效需求」。打電話給銀行的顧客，是因為客服公司無法在第一時間正確地解決他們的問題。請見參考書目 [seddon]。

新韌體發佈時需要手動測試的工作量（完整的手動測試週期需要 6 個月）。團隊希望可以透過平台達成這個目標：

- 實踐持續整合（如第八章所述）。
- 於自動測試上做顯著的投資。
- 建立硬體模擬器，在虛擬平台上執行測試。
- 在開發人員工作站上，重現測試失敗的情況。

團隊投入新韌體開發三年以來，已經建立了數千個自動測試。

第二個目標是，團隊不希望耗費時間在不同分支間移植程式碼（佔現有系統總成本的 25%）。團隊為設備開發的每個新產品線建立一個分支── 實際上是整個程式碼的副本。如果新增到設備程式碼的一項功能或錯誤修正，也有其他人需要，就要合併（複製回去）這些改變到目標設備相關的程式碼分支，如圖 6-1 所示。把開發從分支基礎移轉到主幹基礎，也必須實施持續整合。因此，團隊決定創建一個單一、模組化平台，可以在任何設備上執行，不再需要使用版本控制分支，處理設備之間的差異。

最終目的是降低團隊成員在詳細規劃活動上所花的時間。負責各種產品線的行銷部門之所以堅持要詳細規劃，只是因為他們無法信任韌體團隊可以交付產品。於是當原本的規劃無法達成時，團隊又花了大量的時間詳細地重新規劃

此外，團隊不知道要如何實作這個新架構，在規模化之前也一直沒有使用過主幹基礎開發或是持續整合。他們還暸解到，測試自動化需要大量的資金。那麼要如何繼續前進呢？

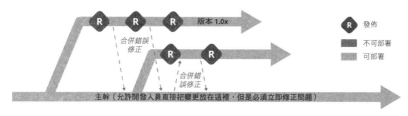

在主幹基礎開發中（如上），開發人員會直接把變更放在主幹
在典型的非主幹式基礎開發中（如下），一般來說開發人員會
把發佈前已經穩定下來的分支，合併到已經長期穩定的分支

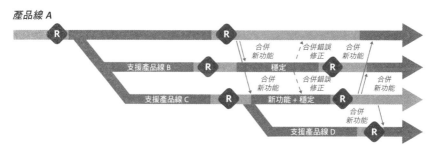

圖 6-1 分支基礎開發 V.S. 主幹基礎開發

嘗試闡述結果時，會過於輕易地把一序列的事件轉化成故事 ——
Nassim Taleb 將這種認知偏差（cognitive bias）稱為敘事謬誤（*narrative fallacy*）。這也足以顯示許多方法是如何誕生的。在研究 FutureSmart 的案例時，向我們襲來的是這兩者之間的相似性 —— FutureSmart 工程管理團隊的計畫管理方法，和豐田（Toyota）管理創新的做法（如 Mike Rother 於《豐田形學：持續改善與教育式領導的關鍵智慧》（*Toyota Kata: Managing People for Improvement, Adaptiveness, and Superior Results*）[4] 一書中所述）。

透過持續流程創新，利用改善型降低成本

Mike Rother 描述改善型是通用目的架構，和一組例行性實踐工作，為了在目標路徑不確定的情況下達成目標；改善型利用非常快速的實驗週期，要求我們反覆演進、逐步進行。隨著改善型出現，也增加了執行工作人們的能力和技能，因為需要人們透過持續實驗的流程解決問

4　請見參考書目 [rother-2010]。

題，從而形成學習型組織的重要組成部分。最終透過辨識和消除流程的浪費，達到降低成本的目的。

首先要由組織管理者來採用改善型，因為這是一種管理理念，專注於發展管理能力，也是讓組織能在不確定性條件下邁進目標的能力。最終，組織內的每個人都應該習慣實踐改善型，達成目標與迎接挑戰。從而創造持續改進、實驗和創新的文化。

要瞭解改善型的運作方式，就要先檢視「型（kata）」這個觀念。「型」就是「刻意練習一個常規，讓它的模式成為一種習慣」[5]。請思考學習鋼琴的時候，練習音階以發展肌肉記憶和數字靈活度的情形，或學習一種武術門派（「型」就是由此衍生而來）、一項運動時，練習動作的基本模式。持續改進一個習慣，當面臨邁進目標的路徑不確定時，就能有一種本能的、無意識的常規來指導我們的行為。

在豐田（Toyota），管理人員的主要任務之一是教導團隊改善型，推動它（包括教練型）成為日常工作的一部分。使團隊擁有解決自己問題的方法。這種方法的優點在於，如果目標或組織環境改變，也不需要改變工作方式──如果每個人都實踐改進型，組織會自動適應新的情況。

改善型的循環週期有四個階段，如圖 6-2 所示。

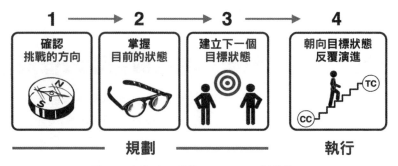

圖 6-2 改善型，感謝 Mike Rother 授權使用

5　請見參考書目 [rother]。

確認方向

首先從確認方向開始。方向源自於組織領導層設定的願景。一個良好的願景可以鼓舞人心 —— 但也可能在實踐上高不可攀。例如，豐田（Toyota）生產營運的長期願景是「最小化每一塊流程的成本」。在《*Leading Lean Software Development*》一書中，Mary 和 Tom Poppendieck 描述，Paul O'Neill 在 1987 年成為美國鋁業公司 Alcoa 的執行長時，為公司設定的目標是「所有和 Alcoa 有關的人，都應擁有完善的安全」[6]。

人們需要理解，他們必須始終朝向願景前進，而且，改善永遠沒有完成的一天。朝向願景邁進時，將會遇到問題。訣竅是把問題視為可以透過實驗移除的障礙，而非反對實驗和變革。

基於我們的願景和依循任務原則，確認正在進行的工作於整個組織和價值流層面的方向。可以透過未來狀態的價值流圖來表示這項挑戰（關於價值流圖，第七章會有更多討論）。最終應該為顧客產生可衡量的成果，並且規劃在 6 個月到 3 年達成。

規劃：掌握目前狀態與建立目標狀態

在組織和價值流層面確認方向後，就能在流程層面，朝向目標逐步、反覆演進。Rother 建議設定目標狀態，其具有一個禮拜到三個月之間的地平線，首次建立的人會偏好更短的水平線。對於正在反覆演進、逐步進行產品開發的團隊，合理上會為產品開發和改善型，使用相同的反覆演進（或 sprint）邊界。

團隊使用工作流基礎方法（flow-based methods），例如，看板方法（請參見第七章）和持續交付（請參見第八章），在計畫層級建立改善型反覆演進。

6　請見參考書目 [poppendieck-09]，第十三章，「Visualize Perfection（完美視覺化）」。

如同所有反覆演進的產品開發方法，改善型的反覆演進包含規劃和執行的部分。規劃包含在流程層面掌握目前的狀態，以及設定下一次反覆演進前，要達成的目標狀態。

分析目前的狀態為「獲得所需的事實和資料，以便於適當地描述下個目標的狀態。你要做的是嘗試尋找目前的營運型態，才能建立想要的營運模式（目標狀態）。」目標狀態為「以可衡量的細部說明，描述希望流程運作的方式…[它是] 描述一個流程或系統的未來操作模式，並且為其制定規格」[7]。

團隊掌握目前的狀態，並且一起建立目標狀態。然而，在規劃階段，團隊不會規劃如何移動到目標狀態。在改善型，人們透過執行一系列的實驗，努力實現目標狀態，而不是依循一個計畫。

目標狀態識別正在解決的流程，設定要達到指定狀態的日期，以及為希望存在的流程指定可衡量的細節。目標狀態的範例包括限制 WIP（進行中的工作）、實作看板或持續整合流程、預期每日可獲得的良好建立次數等等。

取得目標狀態

由於我們是在不確定性情況下參與創新流程，所以無法事先知道如何實現目標狀態。因此，如第三章所述，需仰賴實際工作的人們使用戴明循環（Deming cycle，計劃、執行、檢核、行動）執行一系列的實驗。人們依循戴明循環時會犯的主要失誤，就是過於頻繁地執行，以及花太長時間完成一個循環。利用改善型，每個人應能以「天」為週期運行試驗。

團隊成員每天要回答以下五個問題[8]：

1. 目標狀態是什麼？

2. 現在的實際狀態是什麼？

7　請見參考書目 [rother]。

8　請見參考書目 [rother]。

3. 達成目標狀態的阻礙是什麼？正在解決哪個阻礙？

4. 下一步是什麼？（開始戴明循環）預期是什麼？

5. 什麼時候可以知道從這個步驟中學到了什麼？

正如不斷重複的循環，反思最近為改善所採取的步驟。什麼是原本預期的？究竟發生了什麼？實際上學到了什麼？我們可能會卡在相同的障礙好幾天。

這種實驗方法已經成為工程師和設計師工作的核心。設計者所參與的也是這樣的流程，創建和測試原型，以減少使用者完成工作所需要的時間。對使用測試驅動開發的軟體開發人員，他們寫的每一行生產程式碼，基本上就是實驗的一部分，嘗試並且通過單元測試。反過來說，這是提昇計畫價值的一步 —— 如後續第九章所述，以目標狀態的形式指定計畫。

改善型只是這個改進方式的一種廣義的說法，結合應用在組織的多個層級，後續第十五章提到策略部署時會討論。

改善型與其他方法論的差異

改善型並沒有應用於任何特定領域，也沒有說明具體作法，因此，可以把改善型視為一種元方法論（meta-methodology）。改善型不是一個教戰手冊；相反地，如同看板方法，其方法在於教導團隊如何演進目前的教戰手冊。改善型在這個意義上，有別於其他敏捷架構和方法論。利用改善型，不需要讓現有流程符合架構所指定的方法；預期使用的流程和實踐方法會隨時間演變。這才是敏捷的精髓：採用的方法論本身不會讓團隊變得敏捷。相反地，真正的敏捷意味著團隊正不斷努力改進流程，處理他們在任何特定時間面臨的特定障礙。

—— 注 意 ————————————————————

單一循環和雙循環學習

改變思考的方式和面對失敗的反應行為，對有效的學習來說非常重要。這就是單一循環（*single-loop learning*）和雙循環（*double-loop learning*）之間的區別（請參見圖 6-3）。這些名詞是由管理理論家 Chris

Argyris 所創，總結如下：「查明與修正錯誤是允許組織實現目前的政策或達成當前的目標，因此查明與修正錯誤是單一循環學習。單一循環學習就像一個恆溫器，太熱或太冷時，會學習加熱或是關掉加熱器。恆溫器能執行此工作，是因為它可以接收資訊（房間的溫度），並且採取修正措施。如果查明與修正錯誤時會牽動到組織基本規範、政策和目標，就是雙循環學習」[9]。Argyris 認為面對需要在個人和組織層面改變思維的證據時，雙循環學習的主要障礙是防禦心態。後續會在第十一章討論如何克服這種焦慮和防禦。

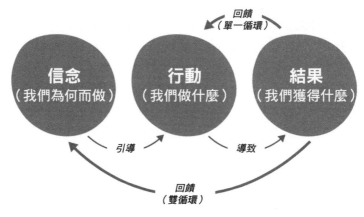

圖 6-3 單一循環和雙循環學習

實踐改善型時，流程改善變成規劃好的工作，類似漸進式建立產品。關鍵是不規劃將*如何*實現目標狀態，也不創造史詩、功能、故事或任務。而是讓團隊在反覆演進的過程中，經由實驗達成。

部署改善型

Rothe 調查了人們成為豐田（Toyota）公司管理者的方式，引導他對改善型的研究。Toyota 沒有正式的培訓計劃，也沒有任何明確的指示。在豐田想要成為管理者，必須先在商店樓層工作，藉機參與改善型。豐田的管理者透過這個流程，接受如何管理的隱式訓練。

9　請見參考書目 [argyris]，第 2~3 頁。

對於想要學習這種管理方式，或是採用改善型模式的人，會出現一個問題。同樣地，這也是豐田的問題 —— 管理者能有效率地經由學徒模式學習，但豐田希望能更快地將此模式規模化。

結果，Rother 在改善型之外，又提出了教練型（Coaching Kata）。這是部署改善型的一部分，也是培養人們有能力利用改善型的方法，包含管理者。

Rother 在部署改善型方面的指導，請參見《改善型教戰手冊》(*The Improvement Kata Handbook*)，可以從這個網站免費下載：*http://bit.ly/11iBzlY*。

HP 雷射印表機團隊實作改善型的方式

HP 雷射印表機的領導階層所設定的方向是以 10 的因子，提高開發人員的生產力，讓韌體離開產品開發的關鍵路徑，進而降低成本[10]。其有三個層次的目標：

1. 建立單一平台，支援所有設備。

2. 提高品質，並且降低產品發佈前花在穩定化上的工作量。

3. 減少花在規劃工作上的時間。

這些領導階層並不知道通往這些目標的路徑細節，也不打算定義它。關鍵決策是反覆演進的工作方式，每四週一次的循環結束前，設定下一次的目標狀態。第 30 次反覆演進的目標狀態如圖 6-4 所示（此時為進入 FutureSmart 平台開發後 2 年半左右）。

圖 6-4 中首先要觀察目標狀態（或者是 FutureSmart 平台所稱的「退出準則（exit criteria）」），這些都是可衡量的狀態。事實上，這符合 SMART 目標的所有要素：具體、可衡量、可實現、相關的和有時限性（最後一項是借助反覆演進的流程）。此外，聚焦在目標狀態的並不是要被交付功能，而是系統屬性，例如，品質，還有設計用來驗證這些屬性的活動上，例如自動測試。最後，對於這個全體 400 人分散各地的計畫，其單月目標是以適合單一紙張大小的簡潔模式描述 —— 類似豐田生產系統的標準 A3 方法。

10　請見參考書目 [gruver]，第 144 頁。

要如何選擇目標狀態？目標狀態是「團隊覺得雄心勃勃的目標，要在四週內達成⋯。往往很難推動這些延伸目標，但通常最終可以達成月初設定目標的 80% 左右」[11]。如果團隊發現，企圖完成目標狀態會導致意想不到的後果，則往往會變更或者甚至是捨棄目標狀態：「在一個月內學到的經常令人感到驚訝，而且必須根據開發中的發現調整計畫」[12]。

優先序	主題	退出準則
		已符合目標 / 未符合目標
0	品質門檻	開始解決 P1 問題的時間 < 一週
		L2 測試失敗，24 小時回應
1	每季發佈的位元數	A) 最終修正 P1 的變更需求
		B) 發佈準則的可靠性錯誤率
2	新平台的穩定度和測試覆蓋率	A) 顧客接受測試的通過率為 100%
		B) 所有 L2 測試核心的通過率為 98%
		C) L4 測試核心到位
		D) L4 測試對所有 Product Turn On 需求的覆蓋率
		E) 新產品的 L4 測試執行率為 100%
3	Product Turn On 依賴性和主要功能	A) 以速度列印一小時，以裝訂器結束
		B) 每小時的影印速度
		C) 啟動省電模式
		D) 進行夜間測試套件執行
		E) 支援四線控制面板顯示的通用測試函式庫
4	構建下一代產品	A) 新處理器的端到端系統建置
		B) 新產品的高階效能分析
5	旗艦產品整合計畫	端到端敏捷測試「silvers」與系統測試實驗室兩者的內容與時間表一致性

圖 6-4 第 30 次反覆演進的目標狀態 [13]

---

11 見參考書目 [gruver]，第 40 頁。

12 同註解 11。

13 Gruver, Gary, Young, Mike, Fulghum, Pat. 著，2003，《*A Practical Approach to Large-Scale Agile Development: How HP Transformed LaserJet FutureSmart Firmware*》第一版。經 Pearson Education, Inc. 許可轉載。

—— 警 告 ——————————————————————————

當目標狀態沒有達成時，會發生什麼？

在官僚型或病態型組織文化裡，沒有達到指定目標狀態的 100%，通常會認為是失敗的。然而，生產型組織會預期不太能實現所有的目標狀態。設定積極目標狀態的目的是找出障礙，經由進一步的改善工作，克服這些障礙。每次反覆演進結束時應進行回顧（如第十一章所述），研究如何能做得更好。在設定下次反覆演進的目標狀態時，以此結果作為輸入資料的一部分。例如，如果無法達成的目標狀態是每日建構良好系統的數量，可能會發現問題是需要很長的時間才能提供測試環境。於是，可以把下次反覆演進的目標狀態設定為加快提供測試環境的時間。

這個方法是運作精實思維的共同點。Mary 和 Tom Poppendieck 的著作《Leading Lean Software Development》一書的副標題寫到：「結果不是重點」。這個帶有挑釁意味的聲明，正好抓到精實心態的核心。如果我們只想取得成果卻忽略過程，就不會學到如何改善流程。如果不改善流程，就無法一再重複達到更好的結果。組織一方面要求每個人都要遵守無法修改的流程，另一方面卻又在危機情況下，輕易地繞過這些規則，這兩個方面都會讓組織失敗。

————————————————————————————————————

這種自適應性、反覆演進的做法並不是全新的概念。事實上，這個方法和 Tom Gilb 於 1988 年的著作《Principles of Software Engineering Management》中所提出的想法有共同之處 [14]：

> 必須為下一次要交付的每個小步驟，設定可衡量的目標。即使發現這些目標會隨著現實不斷調整。所以根本不可能設定一套雄心勃勃的目標，同時要有多種品質、資源和功能，還要確保能符合所有規劃的內容。必須有心理準備接受妥協和折衷。然後設計（進行工程）即時的技術解決方案、構建、測試、交付 —— 並且得到回饋。再用這項回饋來修改立即的設計（如有必要的話）、修改主要架構的想法（如有必要的話），和修改短期和長期目標（如有必要的話）。

————————————

14 請見參考書目 [gilb-88]，第 91 頁。

反覆演進的開發設計

在大型計劃裡，想在一個反覆演進內證實改善，需要聰明才智和紀律。一般會認為不可能在 2~4 週內取得顯著的進展。許多組織總是試圖找一些小地方進行修改，達到一點點的改善，卻不想嘗試一些需要更長時間進行，但會產生更大影響的事。

當然，這並不是一個全新的想法。幾十年來的偉大的團隊都一直以這種方式工作。其中備受矚目的例子是 Apple 的 Macintosh 專案，其團隊約有 100 人 —— 在同一棟建築物裡工作 —— 團隊設計出硬體、作業系統，以及後來成為 Apple 突破性產品的一些應用。

團隊會頻繁地整合硬體、作業系統和軟體，並且展示進度。硬體設計師 Burrell Smith 採用可程式化的邏輯晶片（PALS），在開發該系統的過程中，快速地以不同的原型方法設計硬體，延遲設計固定之前的時間點 —— 這是一個很棒的例子，利用可選擇性延遲做出最終的決策[15]。

經過兩年的開發，HP 推出了新的韌體平台 FutureSmart。結果，HP 不僅發展了一整套流程和工具，還大幅降低交付過程中非增值性活動的成本，同時提昇顯著的生產效率。團隊達到「可預測、準時，定期發佈，進而使新產品能夠準時推出」[16]。這是二十年來第一次，韌體脫離新產品發佈的關鍵路徑。並且反過來贏得產品行銷部門的信賴。

結果，產品行銷和韌體部門之間建立的新關係，讓 FutureSmart 團隊大幅減少花在規劃上的時間。以前他們「提前 12 個月承諾一個最終功能列表，卻因為所有的計畫一直隨著時間改變，而永遠無法實現」[17]，現在每六個月他們會互相檢視已規劃好的行動，對團隊的特定行動，花 10 分鐘估計工程工作需要的月數。一旦工作被安排進一個反覆演進或小的里程碑，再進行更詳細的分析。這些分析的輸出結果範例，如圖 6-5 所示。

15　引用自 *http://folklore.org/StoryView.py?story=Macintosh_Prototypes.txt*。

16　請見參考書目 [gruver]，第 89 頁。

17　請見參考書目 [gruver]，第 67 頁。

進階估計 —— FW 工程月數

優先序	行動	元件 1 (25-30)	元件 2 (20-25)	元件 3 (30-40)	元件 4 (30-40)	元件 5 (20-30)	元件 6 (20-30)	元件 7 (20-30)	元件 8 (15-25)	元件 9 (40-50)	元件 10 (20-30)	元件 11 (20-30)	其他團隊	總數
1	行動 A			21				5	3	1				30
2	行動 B	3							4				17	24
3	行動 C		5							2	1	1		9
4	行動 D								10	2	2	2		16
5	行動 E						20					3	5	28
6	行動 F	23							5	6			2	36
7	行動 G									2				2
8	行動 H											5		5
9	行動 I												3	3
10	行動 J		20	27				17		39	17	21	9	150
11	行動 K			3	30			3		3	14		12	65
12	行動 L									2				2
13	行動 M	3							10	6	6	6		31
		29	25	51	30	20	25	23	12	74	26	38	59	401

圖 6-5 概略預估後續行動 [18]

在大型專案裡，規劃和預估工作的方式明顯不同，專案經常要創建詳細的功能和架構的史詩，然後再把這些史詩分解為越來越小的工作碎片，詳細地分析、預估、並且在進入開發前，先放到一個有優先序的待辦清單。

最終，規劃過程中最重要的考驗是，能否保持對利害關係人的承諾，包括最終的使用者。正如我們看到的，更輕量的規劃過程導致韌體開發能脫離關鍵路徑，同時降低開發成本和無效的需求。原本預期隨著產量增加，無效需求也會上升，所以這點格外引人注目。

初次衡量的三年後，HP 進行了第二次的作業會計分析，FutureSmart 團隊取得的成果如表 6-2 所示。

18　Gruver, Gary, Young, Mike, Fulghum, Pat. 著，2003，《*A Practical Approach to Large-Scale Agile Development: How HP Transformed LaserJet FutureSmart Firmware*》第一版。經 Pearson Education, Inc. 許可轉載。

表 6-2. HP 雷射印表機韌體團隊 2011 年進行的各項作業

成本（%）	作業	改善前（%）
2%	持續整合	10%
5%	敏捷規劃	20%
15%	單一主要的分支	25%
10%	產品支援	25%
5%	手動測試	15%
23%	建立與維護自動化測試套件	0%
~40%	創新	~5%

整體而言，HP 雷射印表機韌體部門採用持續交付、全面的測試自動化、對計劃管理採取反覆演進和自適應的方法，以及更敏捷的規劃流程，藉由這些做法改變了軟體交付流程的經濟性。

HP FutureSmart 平台進行
敏捷轉型所帶來的經濟效益

- 整體開發費用降低約 40% 左右。

- 開發計劃增加約 140% 左右。

- 每個計畫的開發成本下降約 78% 左右。

- 推動創新的資源增加八倍左右。

從這個案例研究裡，要記住的重點是，唯有團隊不斷地在自動化測試和持續整合上投入大型投資，才能節省巨大的成本和改善生產效率。即使是在今日，許多人仍認為精實是管理主導的活動，只是用於削減成本。但在現實中，精實需要投資才能消除浪費和減少無效的需求 —— 是一個由員工主導的活動，最終可持續降低成本，和提高品質與生產率。

管理需求

到目前為止，本書一直在討論如何提高交付過程的產量和品質。然而，這類改善工作最常見到的是業務需求被擺在一邊，例如，開發新功能。這是非常諷刺的，因為改善工作的整體目的是為了提高交付速度，同時交付的品質還要跟以前一樣好。往往很難以有形的方式呈現改善的成果 —— 這就是為什麼要以作業會計的方式，讓成果視覺化，包括衡量週期時間和花在服務無效需求的時間，例如，重新工作。

解決方案是利用相同的機制，管理需求和改善工作兩者。使用改善型方法的好處之一是，在橫跨整個計畫的下個反覆演進裡，就希望達到的成果建立一致性。在原本的改善型裡，目標狀態是關注流程改善，但也可以用在管理需求上。

有兩種方法可以做到這一點。在生產型文化的組織裡（請參見第一章），指定所需的業務目標作為目標狀態，讓團隊對功能提出想法，並且進行實驗來衡量是否能產生預期的影響。後續第九章會描述了如何使用影響地圖（impact mapping）和假說驅動開發來實現這一點。然而，更多傳統企業通常是將待辦的工作，優先積壓在業務或是產品負責人的計畫層級。

可以採取幾種不同的方法，整合計畫層級的代辦事項和改善型。一種可能性是讓計畫內的工作團隊部署看板方法（如第七章所述）。包含由團隊擁有和管理的 WIP 的限制規範。只有當現有的工作完成，團隊才會接受新工作（其中「完成」意指至少是經過整合，以所有測試自動化完成了全面的測試，並且顯示為可部署的）。

技 巧

管理跨團隊工作

想在一項計畫中實作某些功能，會涉及多個團隊一起協力合作。為了達成這個目標，HP 的 FutureSmart 部門建立了一個小型、臨時的「虛擬」功能團隊，目的是協調整個團隊的相關工作。

在 HP 的 FutureSmart 計畫裡，其中一些團隊正在使用 Scrum，在計劃層級採取指定目標速度的方法。能否新增工作取決於每次反覆演進接

受的目標速度，近似 WIP 限制的概念。為了實現這種方法，在接受之前，要對所有的工作進行進階分析和預估。保持分析和預估在最低限度，持續符合整體計畫層級的目標狀態，如圖 6-5 所示。

—— 警告 ——————————————————————————

不要在團隊外使用團隊速度

很重要的是要注意，指定計畫層級的目標速度並不是要企圖衡量或管理團隊層級的速度，或者是要求團隊使用 Scrum。計畫層級的速度是基於進階預估，預計所有團隊的工作產能，如圖 6-5 所示。如果使用 Scrum 的團隊以進階功能規格為基礎來接受工作，那麼接著就要為工作建立低階的故事。

Scrum 團隊層級的速度衡量，在特定團隊背景之外並不是那麼有意義。管理者不應該試圖比較不同團隊或整個團隊總體估計。不幸的是，我們已經看到團隊的速度被用來衡量與比較團隊之間的生產力，這既不符合原本的設計用意，也不適合。這種做法可能會導致團隊玩指標「遊戲」，甚至停止有效率地互相合作。在任何情況下，如果沒有實現計畫層級目標狀態所設定的業務成果，那麼完成多少故事都不重要。

本章與下一章中都會描述更有效的方式，以衡量進展和管理生產力 —— 不要求所有團隊使用 Scrum，或是「標準化」預估或速度。利用作業會計和價值流圖（如第七章所述）來衡量生產力，以及結合價值流圖和改善型，來提高生產力 —— 關鍵是從價值流層級，而非在個別團隊層級。經由計畫層級的目標狀態，衡量和管理進展，而且如果需要增加能見度，就縮短反覆演進的週期。

創建敏捷企業

許多企業嘗試採用敏捷方法來提高團隊的生產力。然而，敏捷方法最初是圍繞跨部門的小型團隊設計，許多組織都想更有規模地使用這些方法。一些敏捷規模化的架構，重點在於打造這樣的小團隊，然後加入結構，在計畫和投資組合層級協調團隊的工作。

FutureSmart 的工程總監 Gary Gruver 對比了兩種敏捷方法，一個是「試圖在企業啟用小敏捷團隊效率」的方法，另一個是 FutureSmart 團隊的

「使用基本敏捷原則努力使企業靈活」[19] 的方法。在 FutureSmart 平台使用的方法中，團隊根據工程實踐，沿著緊密引導的軌道運行（後續第八章會有更詳細的討論），相對就會比較少關注，例如，他們是否在團隊層級實作 Scrum。相反地，只要能夠滿足每個反覆演進裡計畫層級的目標狀態，團隊有自主權來選擇和發展自己的流程。

這需要工程管理人員有權限能自由設定自己的計畫層級目標。也就是說，團隊在進行流程改善工作時，不必先取得預算核准，例如，測試自動化，或擴增持續整合的工具鏈。事實上，業務甚至不會過問這項工作。所有的業務需求會在計劃層級進行管理。值得注意的是，產品行銷的要求總是透過計畫層級的流程，而不是直接把工作交給團隊。

另一個重要的考慮因素是企業對待指標的方式。在控制型文化裡，往往會集中設定指標和目標，從不會因為生產行為的改變而更新。生產型組織不會透過指標和目標進行管理。相反地，FutureSmart 管理方法是「利用指標，瞭解哪裡還有未盡完善的部分，需要我們關注」[20]。這屬於「走動式管理（Management by Wandering Around）」策略的一部分，由 HP 創辦人 Bill Hewlett 和 Dave Packard 首創[21]。發現一個問題後，會問遇到困難的團隊或個人，需要提供哪些幫助。由此發現可以改善的機會。如果人們因為未能達到目標或指標而受到懲罰，消極的後果之一是，他們會開始操弄工作和資訊，使其表面看起來符合目標。FutureSmart 的經驗顯示，比起依賴 Scrum，或是 Scrum 的 Scrum，亦或者是專案管理辦公室的報告會議來找出問題，有良好的即時指標會是更好的做法。

結論

改善型方法可以讓團隊甚至更廣義的組織達到目標一致性，把目標拆解成小型、逐步的成果（目標狀態），藉以更加接近我們的目標。改善

19　請見參考書目 [gruver]，第 15 章。

20　請見參考書目 [gruver]，第 38 頁。

21　或許更好的描述是「走動與提問管理（Management by Wandering Around and Asking Questions）」。在豐田生產系統裡，稱為「現場走動（*gemba* walk）」。

型並不只是在企業和計畫層級進行持續改善的元方法論；也是依循任務原則，將實現成果的歸屬感推到組織的基層。如同後續第九章所說的，也可以用於執行大型的工作計畫。

改善型方法的主要特徵是反覆演進，和驅動實驗方法的能力，以達到想要的目標狀態，使其適合運作於不確定性狀況下。改善型也是企業開發員工能力的有效方法，讓員工可以自行組織，以回應不斷變化的環境。

FutureSmart 的案例研究顯示，大型、分散式團隊如何應用改善型元方法，提高生產效率八倍、提昇品質和大幅降低成本。在專案進行的過程中，團隊不斷地改變和發展達成轉型所利用的流程和工具。這才是真正的敏捷組織所擁有特徵。

實作企業層級的持續改善流程是進行任何大規模改造工作的先決條件（例如，在軟體交付上採用敏捷方法）。真正的持續改善永遠不會結束，因為，正如同組織和環境的發展情況，當環境改變時，今日對工作有效的做法，可能明日就無效了。高績效的組織會不斷演變，以適應環境，他們以順其自然的方式發展，而不是透過命令和控制。

讀者思考問題：

- 相較於服務價值需求，你知道工程組織花多少時間在非增值性活動和服務失效需求上嗎？以及浪費的主要來源是什麼？

- 工程團隊想減少整體價值流裡的浪費與非增值性活動，例如，構建、測試和部署自動化和重構，團隊在投入之前需要獲得許可嗎？這樣的要求會因為這些理由而被否決嗎？例如，「沒有預算」或是「沒有時間」。

- 組織內的每個人是否都知道要嘗試實現的短期和長期成果？由誰決定這些成果？以怎樣的方式設定、溝通、審核和更新？

- 組織內的團隊會定期反思所使用的流程，以及尋找實驗方法來改善嗎？使用怎樣的回饋循環？以找出哪些想法是有效的，哪些是無效的。需要多長時間才能得到這些回饋？

第七章

辨識產品價值與提昇價值流動

即使有效率地完成無用的事，還是無用的。

— Peter Drucker
現代管理學之父

衡量產品開發的執行能力，就是以當下所能獲得的最佳經濟選擇，不斷保持計畫的一致性。

— Donald Reinertsen and Stefan Thomke

多數企業都淹沒在過度勞累的海洋裡，其中大部分的工作提供給顧客的價值都不大。除了改進現有產品和提供新產品，每個企業隨時都有數項行動和策略專案正在推動，而且每天都有計劃外的工作發生，分散達成目標的注意力。企業對這個問題的共同反應是，試圖提高利用率（更努力工作）、提高工作效率（做得更快），以及使用過時、適得其反的管理流程來削減成本。精實思維提供了一個行之有效的替代方案「概括五大原則：準確地指出特定產品的價值、識別每個產品的價值流、使價值流不中斷、讓顧客從生產者找出價值，以及追求完美」[1]。

前面章節說明了如何實作計畫層級的持續改善策略，以提高工作效率和品質，還有降低成本。本章要說明航運公司 Maersk 採用的五大精實原則，如何讓新功能的週期時間減少 50% 以上，同時又能提高品質和投資報酬率。

案例研究：Maersk

Joshua J. Arnold 和 Özlem Yüce 於《*Black Swan Farming using Cost of Delay*》[2] 一書中，討論了世界上最大的船運公司 Maersk 如何逐步減少週期時間。Maersk 的 IT 部門每年有超過 1.5 億美金的預算，大部分的開發都是由遍布全球的外包商進行。他們面臨的問題是大量的需求和緩慢的上市時間：在 2010 年，一個功能的平均交付時間是 150 天，24% 的需求要超過一年才能交付（從概念到軟體生產）。從分析的角度來看，2010 年 10 月，流程中確認的 4,674 項需求裡，有超過 2/3 是屬於「模糊前端」的階段，等待更詳細的分析與投入資金。在某個情況裡，「有個功能的開發和測試只花了 82 小時，但端到端交付卻長達 46 週。等待時間超過 38 週」，大部分的時間是卡在模糊前端（請參見圖 7-1）。

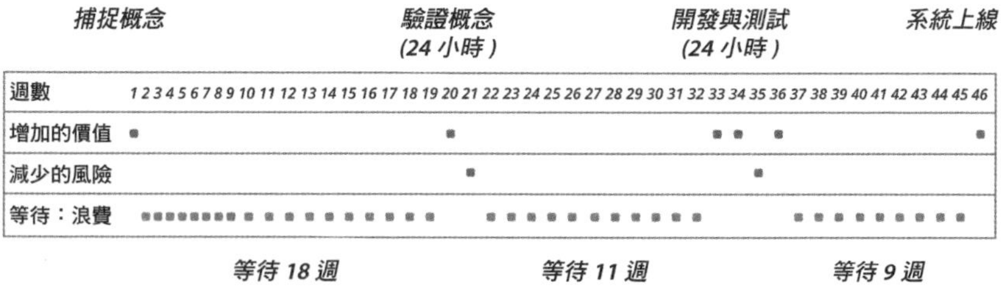

捕捉概念		驗證概念 (24 小時)		開發與測試 (24 小時)		系統上線
週數	1 2 3 4 5 6 7 8 9 10 11 12 13 14 15 16 17 18 19 20 21 22 23 24 25 26 27 28 29 30 31 32 33 34 35 36 37 38 39 40 41 42 43 44 45 46					
增加的價值	▪ ▪ ▪ ▪ ▪					
減少的風險	▪ ▪					
等待：浪費	▪▪▪▪▪▪▪▪▪▪▪ ▪ ▪ ▪ ▪▪▪▪▪ ▪ ▪ ▪ ▪▪▪▪ ▪ ▪ ▪					

等待 18 週   等待 11 週   等待 9 週

圖 7-1 Maersk 核心系統交付單一功能的價值流圖
（感謝 Joshua J. Arnold 和 Özlem Yüce 提供圖片）

2　《Black Swan Farming》官網：*http://costofdelay.com*；請見參考書目 [arnold]。

Arnold 和 Yücec 根據預期成果「更多的價值、更快的流程,以及更好的品質」,為所有的團隊選擇了八項目標:

1. 更快獲得初始的優先序。

2. 利用延遲成本,改善優先序。

3. 從動態優先序列表中,拉出需求

4. 縮小需求的大小。

5. 快速取得撰寫程式碼的重點。

6. 積極管理正在進行中的工作。

7. 促進更快的回饋

8. 促進流暢、可持續的流動。

以前的專案一直是批次規劃功能,導致很多低價值的功能和少數高價值的功能一起交付。利用 HiPPO 方法(最高薪資者的意見)決定哪些功能是高價值,投入大量的精力試圖找出「正確的想法」,並且詳細地分析它們以創建專案,得到核准,最後證明是否要投入資金。

Arnold 和 Yüce 實作了一個新的管理需求流程。他們建立了功能的待辦清單 —— 初始是專案層級,然後是計畫和投資組合層級 —— 稱為動態優先序列表(Dynamic Priority List)。當提出新功能時,會先迅速分類,重新安排待辦清單的優先序。等開發的產能有空,列表裡最高優先序的功能就會被「拉」出來。

利用成本延遲方法(Cost of Delay method)排定功能的優先序(本章稍後會說明這個部分),具體作法是當我們需要一項功能卻無法取得時,計算其所損失的金錢,就是一項功能的價值預估值。使用這樣的方法,確定時間對價值的影響,並且在經濟基礎上,決定優先順序。例如,圖 7-1 所示的功能,其期延遲成本每星期大約是 210,000 美金,也就是說,功能在佇列裡等待了 38 週所發生的延遲成本是 800 萬美金。投入額外的精力,計算花費的金錢估算價值,重點是要揭露假設、達成共識、不要依賴最資深的人決定優先順序。

排定功能優先序的實際數字是延遲成本除以週期（或是「CD3」）。其計算方式為一項功能的延遲成本除以開發和交付功能需要的預估時間量。這要考慮一個事實，就是能完成工作的人力和資源有限，如果一項特定功能需要很長的開發時間，會因此「排擠掉」其他功能。從邏輯上來看，如果有兩個延遲成本相同的功能，一個的開發時間是另外一個的兩倍，那麼應該先開發時間短的那個功能。對會計週期的影響之一是，鼓勵人們把工作分成更小、更有價值的部分，才能反過來增加 CD3 的分數。

實作動態優先序列表和利用 CD3 來安排工作，能幫助團隊實現列表上的其他目標，例如，更快地獲得初始優先序、縮小需求的大小、更快速地撰寫程式碼，以及創造更平滑的流動。2011 年 7 月，Maersk 有兩個先導服務的平均週期時間已經減少了約 50%（其中一個先導服務是集中式 SAP 會計系統）。Arnold 和 Yüce 認為有兩個因素導致週期時間減少：計算延遲成本所產生的急迫感，以及人們為了增加 CD3，把工作分成更小塊，從而降低了批次量。此外，在先導專案上，顧客滿意度顯著上升。

或許最有趣的發現是，計算延期成本能清楚瞭解哪個工作是最重要的。對這兩個系統進行分析 發現延遲的成本的分配會遵循冪律曲線（power law curve）。先導服務裡每項功能的每週延遲成本，如圖 7-2 所示，可以很清楚地看到有三項需求的優先序高於其他需求。但在計算延遲成本前，並不認為這些需求屬於最高優先序。

Maersk 的案例證實兩個重要性，一是在產品開發上使用流動基礎的方法，而非在專案裡交付大量的批次工作；另一個是使用延遲成本方法──非直覺法或 HiPPO──衡量待完成工作的相對優先序。

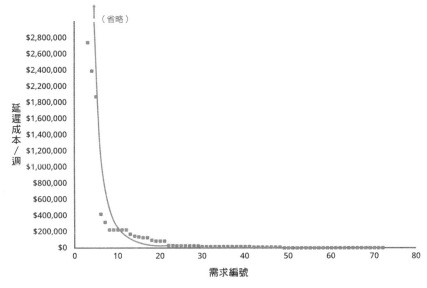

圖 7-2 每項功能的 CD3（感謝 Joshua J. Arnold 和 Özlem Yüce 提供圖片）

增加流動

如同第六章所討論的，改善一致性前要先提昇交付流程的績效。然而，如果想明顯提升績效，就要把我們的力道專注在適當的地方。經常可以看到大型組織浪費了大量的精力，改變非常明顯或容易改變的流程或是行為，卻對整體問題的貢獻不大。開始投入任何改善力道之前，要先瞭解問題發生在哪裡，確保組織所有層級也都瞭解這一點。唯有這樣，才有正確的背景來決定接下來要做什麼。

繪製產品開發的價值流圖

想瞭解問題從哪裡開始的最佳方式就是執行稱為價值流圖（*value stream mapping*）的活動[3]。每個組織內都有很多價值流，其定義是從顧客要求到滿足要求的工作流。組織內的價值流會橫跨多個部門，如圖 7-3 所示。

3　價值流程圖首次出現於參考書目 [rother-2009]，Karen Martin 和 Mike Osterling 合著的一本優秀書籍，也是以此為主題，請見參考書目 [martin]。

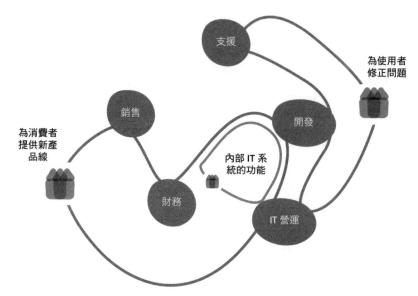

圖 7-3 橫跨各部門的價值流

在發展經過驗證的軟體想法時，我們關心的價值流是和產品開發相關的，從概念發想或顧客要求的功能或問題修正，到提供給使用者。每個產品或服務都有它自己的價值流。

從想要研究的產品或服務開始，繪製現有的價值流圖，反映目前的狀況。為了避免一種常見的錯誤，試圖透過局部最佳化的方式進行改善，必須創造未來狀態價值流，表示我們希望價值流在未來的某個時刻要如何流動 —— 一般來說是 1 到 3 年。表示我們的目標狀態。在橫跨整個價值流範圍內應用改善型，當前和未來價值流可以作為改善工作的基礎，如圖 7-4 所示。

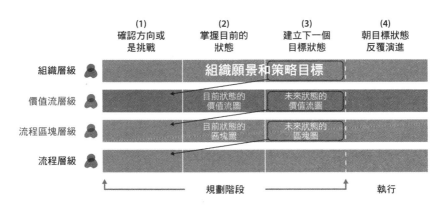

改善型的四步驟

未來狀態價值流圖，繪製價值流內區塊和
工作流程上，改善流程的方向／挑戰。

圖 7-4 改善型背景下的價值流程圖

繪製價值流圖時，必須把組織各個部分涉及價值流的人都集合在一起。
在產品設計和交付的案例裡，會包含產品業務單位、產品製造、設計、
財務、開發、品保和營運。實現未來狀態價值流時需要進行變革，所
以最重要的是，團隊還必須包括那些能夠授權變革的人。這是流程裡
最難的部分，讓所有利害關係人願意花 1~3 天同時在一間會議室裡進
行討論。打造能滿足這些準則的小型團隊，而且要盡可能的小型 ——
當然，不能超過 10 個人。

完成價值流圖包含定義產品交付的各個流程區塊（如圖 7-5 所示）。
如何把價值流切分為流程區塊（也稱為價值流循環（*value stream
loops*）），是一門藝術。我們希望有用的細節足夠就好，太多的細節
反而會增加不必要的複雜性，而且迷失在爭論旁枝末節裡。Martin 和
Osterling 建議瞄準 5 到 15 個流程區塊[4]。並且在價值流中的每個流程區
塊，記錄團隊或功能的活動與名稱。

4　請見參考書目 [martin]，第 63 頁。

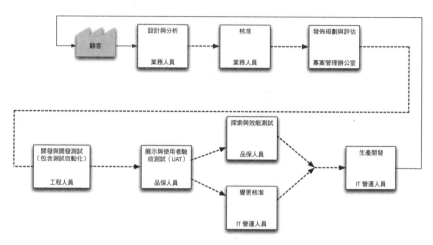

圖 7-5 包含流程區塊的價值流圖示意圖

完成區塊圖後，收集必要的資料瞭解價值流中的工作狀態。我們想知道每個流程的參與人數，和任何明顯的障礙。還要注意到個流程區塊內的工作量，還有區塊之間的順序。最後，記錄三個關鍵指標：交付時間、處理時間，和完全準確率，如表 7-1 所示。

表 7-1. 價值流圖使用的指標

指標	說明
交付時間（Lead time，LT）	一項流程接受工作後到把工作交給下游流程，這兩個點之間所經過的時間
處理時間（Process time，PT）	完成一個工作項目所需要的時間，前提是執行工作的人擁有所有必要的資訊和資源，而且可以不受干擾地工作
完全準確率（Percent complete and accurate，%C/A）	一項流程從上游收到某個東西，可以使用而不需重作的次數比例

繪製價值流圖時，我們總會記錄執行分析當時的流程狀態。紀錄理想或最佳狀態的代表數字固然非常誘人 —— 但是看看現在的數字，能有助於人們走在正軌上，不偏離方向。只要有可能，團隊都應該去實際完成工作的地方，詢問實際工作的人們真實的數字。這能幫助團隊體驗整個價值流裡各個工作的不同環境。

圖 7-6 所示的輸出結果，是一個單一功能的簡單價值流圖，為相當直覺的產品開發價值流。如果證明這是有用的，就可以更詳細地瞭解流程的每個階段，當流程拒絕接受不完整或不準確的輸入時，也能描述究竟發生了什麼狀況。當交付時間對流程時間的比率過高，或下游流程的 %C/A 值出現不尋常的狀況，價值流圖分析就特別重要。

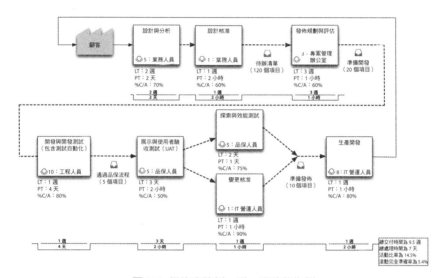

圖 7-6 價值流範例，以一項功能為例

在組織裡首次執行分析時，總是會帶給人們啟發與瞭解。人們都不約而同地驚訝 —— 通常是感到震驚 —— 他們沒有參與的流程，實際上是如何運作的，而且是如何受到他們工作的影響。這時會爆發爭論！但終究會對工作如何透過組織流動，產生更好的想法，因此，價值流圖能提昇利害關係人之間的一致性、同理心和共識。

在執行這個分析時，或許最有價值的指標是完全準確率（%C/A）。經常發現大量的時間浪費在無效需求上，例如重新修改（rework）：開發人員發現了設計缺陷、測試人員拿到一個版本卻無法執行或佈署、顧客看到展示的功能時要求變更，還有生產過程中發現或經由使用者回報的關鍵缺陷或效能問題。這些分析推動者要帶著一些問題來發現和捕捉重新修改的問題，例如：

- 我們在價值流的哪個點上發現設計的問題？

- 在這個案例裡發生什麼？

- 那個步驟涉及哪些人？

- 如何移交工作？

- 價值流裡的哪個點能知道功能實際上是否有提供預期的價值給顧客？

- 架構問題（例如，效能和安全性）發生在哪裡？

- 交付時間和品質的影響是什麼？

價值流圖應該反映出這些問題，在流程中以完全準確率（%C/A）記錄問題的機率，找出價值流中實際（可能）引起問題的部分。

企業價值流裡的浪費總量往往非常發人深省。雖然大家都有直覺的把握，認為企業價值流的效率不高，但從想法到衡量顧客結果來看整體價值流，常可發現驚人的浪費。這種浪費會以非增值性工作時間的比例表現出來，工作在對列裡閒置的頻率，最重要的表現數字是完全準確率（%C/A），說明上游流程裡，哪裡無法建立品質。

最後，價值流圖揭露局部最佳化的愚蠢。幾乎每個我們所看到的情況，只改善一個流程區塊的效率，能帶給整體價值流的效果並不大。既然重工和等待時間是整體交付時間的最大瓶頸，對單一功能（例如，開發）採取「敏捷」流程，通常對整體價值流影響不大，對顧客結果來說也是。

在多數的情況下，我們都要透過價值流轉型，重新思考交付價值的整體方式，首先針對我們希望透過重新設計達成的顧客與組織成果，定義可衡量的指標。為了減輕這種變更所帶來的破壞，通常會把變更的力道限制在單一產品或是產品內的功能組合 —— 最能造福顧客和整個組織的產品。

接著創建一個未來狀態價值流圖，說明未來希望價值流發揮作用的方式。這種設計活動的目標是提高績效。Martin 和 Osterling 定義最佳績效為「以該組織不會產生不必要費用的方式交付顧客價值；沒有延遲的工作流；該組織完全符合所有地方、州和聯邦的法律；該組織滿足

所有顧客的需求定義；員工擁有安全的工作環境且受到尊重。換句話說，工作設計應該是消除延遲、提高品質和減少不必要的成本、工作量與挫折」[5]。

創造未來狀態的價值流當然沒有「正確答案」，但一個好的經驗法則就是致力於降低顯著的交貨時間，和改善完全準確率（%C/A）（指出我們完成的工作建立更好的品質）。對參與分析的人來說，很重要的一點是要大膽，和考慮徹底改變（改革）。要實現未來狀態，幾乎可以肯定會需要一些人來學習新技能，改變他們正在做的工作，有些角色（並不是指執行職務本身的人）將變得過時。後續第十一章會討論到這個理由，重要的是提供學習新技能和行為的支援，廣泛且頻繁地進行溝通，表示沒有人會因為實現改善工作而被懲罰 —— 否則，可能會經歷一些阻礙。

在這個階段，不要試圖猜測如何達成未來狀態：專注在要達成的目標狀態上。一旦目前和未來狀態的價值流圖都準備好了，就可以使用改善型，朝向未來狀態邁進。第六章說明了改善型的使用，在計畫層級驅動持續改善。未來狀態價值流圖的目標狀態，應該進入計畫層級的改善型週期。然而，價值流延伸到參與工作計畫的團隊之外 —— 或許是進入 IT 營運和業務單位 —— 我們還需要在價值流層級建立改善型週期，和專人負責建立與追蹤關鍵績效指標、監測進展情況。

—— 警 告 ——

利用階段／關卡典範的組織（如第三部分一開始的圖 III-1 所述）發現，如果不從根本上改變組織結構，會越來越難實現後續章節裡說明的原則。第六章說明的改善型可以（而且應該）實作於任何地方，因為這幾乎沒有包含任何關於組織結構的假設前提。先前討論了如何繪製與改善通過組織的工作流程，這能開始逐步改變組織形式和員工角色。後續第八章所討論的精實工程實踐，能以更低的成本實現更快、更高品質的交付。如果組織把軟體工程外包，那麼外包夥伴會需要實作這些實踐方法，這可能需要改變合作關係，包括變更合約。後續第九章描述一項產品開發的實驗方法，需要設計師、工程師、測試人員、基礎設施專家，以及產品人員在極短的反覆演進內協同工作。當這些功能裡的任何一項外包出

5　請見參考書目 [martin]，第 101 頁。

去時，就很難進行這個方式；當所有團隊都在內部時，就會稍微容易，但仍然需要大家以協調的方式工作。

每個人都能，而且也應該開始第三部分說明的旅程。請特別注意：實作整個計劃對大多數組織來說將是破壞性的，而且要花數年的投資和實驗才可能達成。不要試圖在整個組織裡快速實作整個計畫 —— 採用價值流圖，把未來狀態價值流圖分成各個流程區塊，反覆演進和逐步推行，透過一個個的價值流進行改善。

限制進行中的工作

如果目標是透過產品開發價值流，增加高價值的工作流，那麼價值流圖絕對是最重要的第一步。然而，還必須採取進一步的步驟，通過該系統來管理工作流，以便縮短交付時間和提高可預測性。

如 David J. Anderson 在《*Kanban: Successful Evolutionary Change for your Technology Business*》[6] 一書中所述，在產品開發的背景下，看板方法提供一套原則與實踐方法支援這個目標。首先，必須透過價值流讓工作流視覺化：將目前狀態的價值流圖轉換成實體或虛擬的板子，各欄表示流程區塊和區塊之間的對列。然後為目前通過價值流的每塊工作建立一張卡片，如圖 7-7 所示。當價值流中的工作有所進展，這些卡片會在整個板子裡移動。

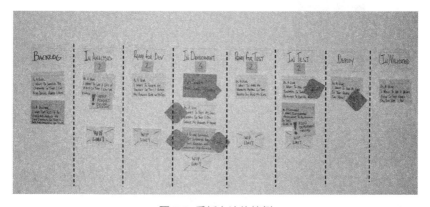

圖 7-7 看板方法的範例

6   請見參考書目 [anderson]。

建立累積流圖（*cumulative flow diagram*），可以把價值流的動態視覺化，顯示每個對列和流程區塊裡，隨著時間變化的工作量。圖 7-8 為累積流圖的範例。清楚地說明進行中的工作（WIP）與交付時間之間的關係：減少 WIP，交付時間也會隨之縮短 [7]。

Maersk 的研究案例中討論了兩種方法，縮小產品開發價值流裡工作批次的大小：縮減需求大小，和鬆綁專案為可以獨立安排優先序的各項需求。在縮減批次大小上，限制 WIP 是另一種強有力的方式。想以系統化的方式加速流動和降低變動性，縮減批次大小是最重要的因子，並且能帶來二階效應（second-order effects），例如，改善品質和不斷提升利害關係人間的信任，我們應該竭力追求這些做法，和衡量我們的進展。

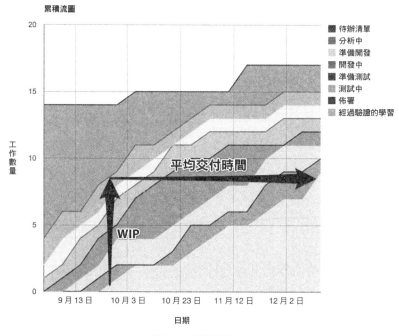

圖 7-8 累積流圖

---

7 這兩個數量實際上是因果關係；在數學領域的「排隊理論」裡稱為「Little 法則」。

看板方法提供了一個全面的方式，利用以下的實踐原則，管理通過產品開發價值流的工作流：

- 工作流視覺化建立一個板子，即時顯示價值流裡目前進行中的工作。

- 限制進行中的工作為價值流裡每個流程區塊和對列設定 WIP 限制，並且不斷更新 WIP 限制，以便於權衡交付時間與利用率（員工有多忙）。

- 定義服務的種類對於不同類型的工作和管理工作的流程，確保緊急或時間敏感的工作能適當地被優先處理。

- 建立拉式系統當有閒置產能可用時，同意每一個流程區塊接納工作的方式 —— 或許透過例行會議，利害關係人根據可用的產能，決定哪些工作應優先考慮。

- 定期舉辦「營運報告」每個流程區塊內的利害關係人，要分析其績效與 WIP 限制、服務類型，與其接受哪個工作的方法。

警 告

WIP 限制的缺點

WIP 限制的部分目的是揭示改善的機會。然而，強加 WIP 限制會讓注意力集中在被阻擋或難以完成的工作上，既然我們沒有能力完成這些工作，這樣的作法反而阻止我們進行新的工作。從這個觀點來看，這是一項鬆綁 WIP 限制的誘因，以確保「一些東西會漸漸完成」。重要的是避免這樣的誘因，並且解決問題的來源。

看板方法依循四個持續改善的原則，用意在於最大限度地降低變革的阻力：

- 從目前做的開始。

- 同意追求逐步發展的變革。

- 一開始時要尊重當前角色、職責和工作職位。

- 鼓勵所有層級的領導行為。

在資深管理階層尚未認同持續改善的環境裡，看板方法會是一個強大的工具，用以改善績效、提高品質以及增加團隊層級的信任。在這種情況下，我們會強烈推薦團隊佈署看板方法，作為改善的第一步。一旦團隊層級證實了顯著的改善，還是需要追求企業層級的持續改善，因為，在典型企業的背景下，只在團隊層級採用看板方法，很可能只能取得局部改善。

技 巧

在企業層級管理進行中的工作

限制 WIP 的主要目的是，完成的工作要具有夠高的品質，進而提高產量。以這樣的方式縮短交付時間，需要系統有足夠的緩衝時間，有效管理 WIP。提供緩衝時間對流程改善工作很重要。由於 20 世紀的泰勒管理理論是強調員工利用最大化，對許多組織來說，需要明顯轉變他們的思維。

在企業裡，同時被指定到超過一個以上專案裡的人數，表示 WIP 過多。人們不斷地切換專案背景，這樣的作法難免有害，會導致更長的交付時間和更低的品質。替代方案是集中式團隊，依照需求提供團隊額外的專家支援，不要把這些專家分配給任何一個團隊，並且小心監控利用率保持在 100% 以下[8]。

延遲成本：分權式的經濟決策架構

產品開發的最大問題之一是拖太久才提供有價值的功能，使這些功能失去競爭優勢。如同 Maersk 的案例研究顯示，這個問題的主要原因是，把功能批次放入專案裡，等待數個月之後，才把結果交付給顧客。價值流往往可以揭露 —— 如 Maersk 所做的 —— 大部分的等待時間都是花在分析階段，還有對產品待辦清單裡等待的功能，進行分析、評估、批准和安排開發優先序。

如同第三章所述，這些活動提供的資訊價值很低。一些架構，例如，Scrum，會推薦根據商業價值，安排待辦清單裡的優先序，但卻很少指導如何計算商業價值。雖然按照商業價值安排優先序，也無法明確地

8　在投資組合管理應用於 WIP 限制的主題上，Pawel Brodzinski 發表過一篇不錯且值得參考的文章：*http://brodzinski.com/2014/06/portfolio-management.html*。

知道工作時間的靈敏度。然而，有一個強大的架構以經濟學為基礎，進行合理的優先序決策，就存在於延遲成本的形式裡[9]。Maersk 團隊從專案鬆綁功能，並且利用延遲成本做為輕量級的方法，以確定具有最高機會成本的工作和排定其優先序，藉此縮短了高價值功能的週期時間。

利用延遲成本，首先要決定我們試圖在價值流裡進行最佳化的指標。對於從事產品開發的組織，一般來說就是指生命週期利潤，但物流公司可能會使用一種指標，例如，如每噸英哩的成本（每移動一噸／英哩所花的成本量）。提出一個決定時，我們會看那個決定影響的所有工作區塊，在已知的多個選擇下，計算如何最大化優先關鍵指標（請參見第四章）。關於這點，我們必須為每個工作區塊制定，當我們的工作延遲時（也就是「延遲成本」），會對關鍵指標發生什麼影響。

讓我們從一個簡化的例子來說明這個機制。假設我們週一到達辦公室，有兩件工作要進行。我們確信（十分有力）這兩者都是最高優先序。那我們要怎麼做？

首先計算如果不做該項工作時會損失多少。任務 A 是把軟體的核心區塊升級為新版本，支援信用卡編碼資料以滿足合規要求的最後期限，期限是從現在開始的兩個星期。如果沒有滿足合規要求，每個工作天會罰款 50,000 美金。在懲罰開始之前，不做這項工作的成本是零，在最後期限之後，這項工作的延遲成本為每週 250,000 美金。完成任務 A 需要兩個禮拜。

任務 B 是提供潛在客戶需要的關鍵功能，這項功能已經宣布從現在開始的一週內會上線。發佈這個新功能後，預估每週能獲得 100,000 美金的收入。此外，我們的對手之一還緊追在後，相信他們將在一個月後上線軟體的新版本，也具有這個功能。完成任務 B 需要一周的時間。

計算方法很簡單，我們的選擇如圖 7-9 所示。如果先執行任務 A，延遲任務 B 兩週，那麼我們要付出 200,000 美金。如果先執行任務 B，延遲任務 A 一週，則要付出費 250,000 美金。因此，我們應該先執行任務 A。

9　延遲成本的觀念是由 Don Reinertsen 所發明，請見參考書目 [reinertsen]。

任務 A：2 週，延遲成本為每週 25 萬美金
任務 B：1 週，延遲成本為每週 10 萬美金

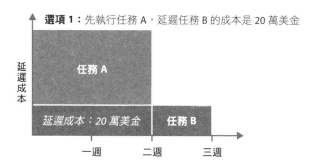

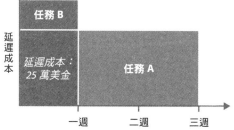

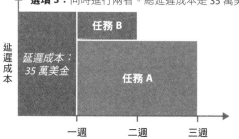

圖 7-9　如何以延遲成本，安排任務 A 與任務 B 的優先序？

我們還可以計算如果嘗試同時做兩項工作會發生什麼。假設分配一半的產能給每個任務，要兩個星期才能完成任務 B，三個星期才能完成任務 A。這會導致 350,000 美金的總延遲成本。表示我們仍應先執行任務 A，再執行任務 B。

—— 技 巧 ——

利用 CD3 方法，能鼓勵更小的工作流程區塊

應用 Maersk 案例研究的 CD3 方法，任務 A 的 CD3 為 12.5 萬美金，任務 B 的 CD3 為 10 萬美金，這表示任務 A 的優先序較高。假設有任務 B 的替代方案：任務 C。對於想要任務 B 功能的顧客，任務 C 可以滿足 80% 的顧客需求，提供與任務 B 相同的價值（每週收入 8 萬美金），預估完成任務 C 的時間是任務 B 的一半（0.5 週）。任務 C 的 CD3 為 16 萬美金，其優先序更高於任務 A。持續採用 CD3 還會帶來一項效果 —— 鼓勵我們把工作分成更小、更有價值的流程區塊。

使用延遲成本有幾個成果。計算每個功能的延遲成本，不再僅僅依靠產品負責人預估待辦清單裡的商業價值來安排優先順序，這並不是一個好方法，因為考慮到商業價值的時間敏感性，這個產品負責人必須不斷重新計算商業價值。相反地，在已知產能有限的情況下，思考優先序，選擇要延遲哪項工作。

當開發產能有空時，團隊僅是挑選當時延遲成本最高的項目。這是使用延遲成本的關鍵優勢：依循任務原則，允許組織內的每個人制定合理、透明的經濟決策，不需要命令與控制機制，例如，繁重的審查、核准，或是由辦公室裡最資深的人制定優先序。以下幾個關注，可以各自在組織的正確層級獨立地處理：

1. 嘗試最佳化的經濟指標是什麼？（記住第四章的優先關鍵指標）溝通這個指標是領導層的責任。

2. 延遲每件工作的指標會帶來怎樣的影響？分析的主要目標是計算延遲成本。

3. 如何規劃與安排工作的優先序？已知第一點與第二點資訊的情況下，可以由團隊自主決定。

此外，延遲成本能提供限制 WIP 的經濟論點。正如上述例子所看到的，嘗試同時執行任務 A 與 B 兩者所產生的延遲成本，比依序完成個別任務還要高。

當然，前述所舉的例子已經簡化過了。首先，我們假設延遲成本隨著時間仍會保持恆定。但這是在現實生活中是很少發生的情況。例如，任務 A 的延遲成本，每隔一天是 5 萬美金，我們可以開始升級工作，即時完成它，以符合外部的最後期限。對於任務 B，可以獲得的業務收入，可能對時間是很敏感的，因為競爭對手很快就會發佈一個類似的功能。

利用**緊急輪廓曲線**（*urgency profile*）表示延遲成本對時間的敏感度。緊急輪廓曲線能用於現實生活中任務 A 與任務 B，如圖 7-10 所示。Y 軸的延遲成本，表示**每單位時間**的工作延遲金額。要計算**總延遲成本**，就測量曲線下的陰影區域。雖然在理論上有許多可能的緊急輪廓曲線，但一般來說，已知組織裡幾乎所有的任務，都會適用幾個少數的標準緊急輪廓曲線。利用服務類別，可以在看板系統內建立這些模型。

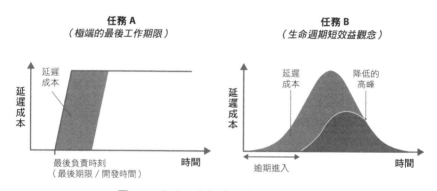

圖 7-10 任務 A 與任務 B 的緊急輪廓曲線

我們所面臨的第二個問題是，在許多情況裡，幾乎不可能以精確的金錢表示延遲成本。想取得一個數字，通常要做幾個假設，包括多重因素。例如，不能準時完成任務 A，可能會導致顧客對我們的能力失去信心，認為我們沒有能力維持資料安全，進而影響未來的銷售。很重要的是讓這些假設明確、可見，並且在工作討論旁記錄下來，之後才能驗證這些假設。最重要的是要牢記，預估工作中追求的是**準確度**，不是**精密度**。如果圍繞著延遲成本的不確定性很高，這意味著我們在「探索」範圍裡，必須驗證我們的假設，或是使用一種技巧，例如，利用 Monte Carlo 模擬建立關鍵指數的模型，或是利用第二部分討論的 MVP 測試商業假說。

延遲成本的主要效益之一是，與其爭論我們所提出問題的答案，不如推論我們在模型裡所做的假設，並且進行驗證。延遲成本可以啟動一項關鍵的文化變革 —— 從公司內部爭吵誰的工作更重要，轉變為揭露和驗證假設及其對經濟變數的影響。這確實需要組織具有一定的成熟度。如同所有的流程變革推動一樣，請從人們實際上最想嘗試延遲成本的產品出發，提供必要的支援來進行實驗。

讓延遲成本應用橫跨到整個企業，促使我們能在經濟控制下，分散決策權和做出決定。要做到這一點，必須改變思考管理工作的方式，特別是投資組合與計畫層級下負責決策優先序的團隊（通常稱為專案管理辦公室，或簡稱 PMO）。在延遲成本模型裡，這個團隊的主要職責，從進行實際決策轉變為建立與更新決策的架構：利用財務與個別專案，建立標準的緊急輪廓曲線和範本；收集與分析資料；在整個組織內推動延遲成本；建立回饋循環；持續改善決策流程的品質。然後由基層團隊進行實際的決策，每當有新的工作，或是現有計算的底層假設改變時，再根據最新的延遲成本資訊進行調整。這是一項很大的變化，因此在準備好讓整個組織採納之前，需要管理層的支持、試行和以學習為基礎的改善。

最後，要跟各位分享在某些情況下不應該採用延遲成本。避免只是在現有的優先序方法上新增延遲成本。其目的是為了改善需求的品質，使我們能夠識別和避免低價值的工作，同時為高價值的工作縮短交付週期。如果把延遲成本和現有流程放在一起變成重量級流程，就無法實現這個目標。在大型對列裡 —— 也就是說交付時間很長時，延遲成本能提供最大的報酬。基本上，當體系中有太多工作時，延遲成本是非常有效的對策。然而，在沒有大型隊列和太多工作的情況下，利用延遲成本可能無法為整體帶來太大的價值。

在軟體基礎產品與服務的背景下，實施精實工程實踐的重要性是，縮短整體交付時間，還有在產品生命週期裡，盡早地快速蒐集顧客回饋。對於赤字產量 —— 也就是生產力 —— 最終的解決方案是，透過縮小工作批次大小、管理 WIP，以及降低為客戶提供價值所產生的成本，進而縮短整體交付時間。就衡量價值來說，出貨和取得實際的顧客回饋這兩者沒有替代方案。

結論

在高績效組織裡，領導和管理的關注焦點會在組織為顧客創造的價值上。科學地朝向具有挑戰性的目標前進，導致了辨識和捨棄或避免沒有附加價值的活動，這是精實思維的精髓，對於大多數組織來說，需要在心態上有顯著的改變。價值流圖是一項強大的工具，目的在於工作視覺化，讓我們知道目前的狀況，並且建立的共識，知道我們在哪裡以及我們要往哪裡去。一個有效率的價值流圖分析，能讓團隊真正大開眼界，第一次看到組織內的工作流，回應顧客需求，以及自己在組織內的真正貢獻。價值流圖分析的結果，能再用於六章說明的改善型，設定其目標狀態。然後使用看板方法，管理價值流裡的工作流程，設定和更新 WIP 限制與服務種類，以及建立拉式系統加速流動。

改善組織工作流就是硬幣的另一面。確認我們正在做正確的事。延遲成本提供一種方式衡量時間的價值，讓團隊的優先序決策透明化。量化工作價值，避免低價值的工作。如果限制整個價值流的 WIP，並且只做最高價值的任務，就能縮短上市時間，更快提供最高的價值給顧客。

讀者思考問題：

- 在你的團隊或組織裡，工作的優先序如何？會使用經濟模型或是 HiPPOs 進行決策嗎？

- 你如何為目前的待辦清單，嘗試實作一個經濟模型？何不看看你目前反覆演進中的佇列項目，並且估算每個項目的延遲成本？

- 你目前變更的交付時間為何？如何減少工作批次大小，以便於縮短交付時間？

- 一旦工作交付了，你如何發現工作對經濟產生的影響？團隊只專注於輸入和輸出指標上嗎？例如，速度。你如何與財務、產品管理或其他部門一起工作？以理解工作的業務成果和底線影響。

- 在進行專案規劃與資金投入流程時，你會把功能批次放入專案嗎？你會如何鬆綁專案，並且轉移到逐步增加資金和只交付高價值工作的模式？（後續會在第十三章討論財務管理）你將如何協調橫跨整個價值流的工作？

第八章

實踐「精實工程」

> 停止依賴大量的檢查來達成品質。首要之務是改善流程和內化品質於產品之中。

> — W. Edwards Deming
> 當代品質大師

有效的創新能力依賴於能夠經常與真正的使用者一起測試想法。最重要的是，我們能多快學習，以回饋為基礎更新產品或創造原型，並且再次測試，這才是強而有力的競爭優勢。也是本章所描述的精實工程實踐的價值主張。Andy Hertzfeld 曾是 Apple Macintosh 的工程師之一，他指出「與其爭論新的軟體想法，我們會藉由快速撰寫原型的方式，嘗試實際把想法做出來，留下最好的想法，然後捨棄其他沒有價值的。我們總是有一些東西在運作，那些代表了當時最棒的想法」[1]。

許多組織在經過整合的類生產環境下部署軟體，仍然需要花費數天或是數週的時間。把軟體視為競爭優勢，而非必要之惡投資的組織，紛紛投入大量的資源希望縮短交付時間。舉 Amazon 的例子，讓各位大概感覺一下規模化是什麼。2011 年 5 月，Amazon 從部署到生產系統，平均時間為 11.6 秒，單一小時裡像這樣的部署有高達 1,079 個，橫跨構成 Amazon 平台的數千個服務。其中一些部署影響了一萬台以上的

主機[2]。當然，Amazon 也要遵守一些法規，例如，《Sarbanes-Oxley》和
《PCI-DSS》。

Amazon 投資在這種產能上的主要理由是，在低成本而且低風險的環境
下，讓員工設計與執行安全型失敗（safe-to-fail）的線上實驗（稍後第
九章會說明），從實際使用者收集資料。許多情況下，執行實驗並不需
要經由官僚型的變更要求流程。Amazon 的跨部門交付團隊因而能測試
各種瘋狂想法 —— 也就是安全知識，如果實驗的某個部分出現錯誤，
就關閉實驗，所以在非常短的時間內，只有很小比例的使用者會受到
影響。

儘管名稱是「持續交付」，但並不是在說一天內會進行多次部署到生
產環境。持續交付的目標是安全、經濟、小批量工作。進而產生更生
短的交付時間、更高的品質和更低的成本。基於這些理由，HP 平台
FutureSmart 團隊選擇重新開始設計韌體架構，目標是縮短從程式碼簽
入、驗證到軟體發佈之間經過的交付時間。最後，持續交付會變成固
定、安全、一鍵式部署（push-button deployment）的流程，而非必須在
工作時間之外進行漫長又痛苦的考驗。

本章是針對想要詳細瞭解持續交付背後，其支撐原則和實踐方法的讀
者。我們會在下一節提出精實工程實踐的執行摘要，對於只想瞭解大
概重點的讀者，可以直接跳到本章的最後一節。

持續交付的基礎

持續交付是一種能力，以持續的方式安全且快速地，將變更 —— 實
驗、功能、變更配置、錯誤修正 —— 投入生產或是交付到使用者手
裡。接著逐一檢視以下每項需求。

2　　出自 Jon Jenkins 在「Velocity 2011」研討會中的講題：「Velocity Culture (the unmet challenge
in Ops)」。

安全

為了確保部署的安全性，會建立部署流水線（*deployment pipeline*），對每個提出的變更進行一系列不同類型的自動化測試，然後再手動驗證，例如，探索性測試和可用性測試。接著，啟用一鍵式部署，把經過驗證的構建部署到下游的測試與模擬環境，最終到生產環境、發佈到製造或是應用程式商店（取決於軟體的類型）。部署流水線的主要目標是偵測出帶有風險、包含回歸問題或是效能落於驗收標準之外的變更，然後拒絕進行這些變更。實作部署流水線還會帶來一個附加效果，審計追蹤每個已經導入的變更，已經對變更執行哪些測試，變更通過哪些環境，是誰部署這個變更等等。這些資訊是證明遵守合規的寶貴資訊。

快速

必須不斷地監控和縮短變更交付到使用者手中所需要的交付時間。Mary Poppendieck 和 Tom Poppendieck 曾提出一個問題，「只涉及一行程式的變更，你的組織要花多久的時間部署[3]？」透過簡化與自動化構建、部署、測試和發佈流程，來縮短交付時間。必須能夠依照需求快速建立測試環境，部署軟體套件到測試環境中，然後在一組計算資源上，快速平行運作數個變數的全面自動化測試。利用這個流程，可以獲得高度的信心確認軟體可以發佈。通常，會在設計架構（或重新設計架構）時，將可測試性和可部署性納入考量。這個工作也會帶來一個重要的附加效果，產品團隊可以在工作品質上得到快速的回饋，工作導入後很快就能發現問題，而非在後續的整合與測試階段，才付出更昂貴的成本修正問題。

可持續

所有一切的關鍵是能經濟、小批量進行工作。因為整合發佈大批量的工作不僅痛苦，成本也很高。持續交付的座右銘是：「如果會痛，就應更頻繁地執行，即早體驗痛苦。」因此，如果整合、測試和部署非常痛苦，就更應該在每次檢查任何版本控制時執行。這也顯示出交付過程中存在著浪費與低效率，應該透過不斷地改善

3　請見參考書目 [poppendieck-06]，第 59 頁。

解決這個問題。然而，要促使經濟、小批量工作，必須投資於廣泛的測試，以及部署自動化和支持它的結構。

以下為持續交付的兩項黃金規則，每個人都必須依循：

1. 團隊不能說已經「完成」一項工作，除非程式碼已經在版本控制的主幹上，而且可以發佈（對於託管服務，門檻甚至更高——「完成」意味著已經部署到生產環境）。在《精實創業》（*The Lean Startup*）一書中，Eric Ries 認為新功能不僅是符合使用者需求，團隊還必須在實際使用者身上執行實驗，確認新功能是否達到期望的成果。

2. 團隊必須保持系統在可部署狀態，其優先序高於進行新工作。這意味著如果在任何時候對版本控制中主幹上的內容沒有信心，無法確定是否能透過自動化、一鍵式的流程提供給使用者時，就需要停止工作，並且修正問題[4]。

我們必須強調，想要持續地遵循這些步驟，不僅很難而且需要紀律——即使是小型且經驗豐富的團隊。

___ 技 巧 _____

強力執行你所定義的「完成」

HP 平台 FutureSmart 的管理人員發現一個簡單的規則，有助於執行這些黃金法則。任何人要展示一項新功能時（功能需要通過展示才能宣布已經「完成」），他們會問程式碼是否已經整合到主幹，還有是否已經透過自動化測試，在類生產環境下展示新功能。如果以上兩個問題的答案皆為「是」，才能進行展示。

_____

本書第六章討論了 HP 平台 FutureSmart 團隊如何大幅提昇品質、生產力和降低成本。團隊把持續交付原則放在重建的核心，因而得以實現改善。FutureSmart 團隊把整合和測試納入日常工作，促使軟體開發流程移除了整合與測試階段。還可以迅速地調整優先序，以回應產品行銷和使用者不斷變化的需求[5]：

4　此處應用於軟體交付的觀念，為豐田生產系統的「jidoka（自動車，也就是汽車）」。

5　請見參考書目 [gruver]，第 60 頁。

任何進入系統的修正，我們都能在 24 小時內確認修正的品質⋯
即使是微小、最後一分鐘的修正，我們也能進行廣泛的測試，以
確保修正不會引起非預期的故障。或是在宣布「功能完整」之
後，還要加入新功能 —— 更極端的情況還有即使在已經宣布候
選的發佈版本後。

接著讓我們看看 HP 平台 FutureSmart 團隊提昇八倍生產力的工程模式。

持續整合與測試自動化

在很多開發團隊裡，開發人員常常對版本控制中的長期穩定分支進行
工作。這樣的方式雖然可以運作在小型、有經驗的同地協作團隊上。
然而，規模化這個流程，必然的結果就是「整合地獄」，團隊花費數天
或數週整合與穩定這些分支，以取得可以發佈的程式碼。因此，解決
方案是所有的開發人員都在主幹上工作，一天至少一次把工作整合到
主幹裡。要做到這點，開發人員需要學習把大型工作拆分成小塊，漸
進式邁進，保持主幹在持續工作和可發佈的狀態。

每當版本控制裡發生一個變更，就會透過建立應用程式或服務，驗證
主幹是否正在工作狀態。還要對最新的程式碼執行單元測試，如果構
建或是測試流程失敗，就要在數分鐘內回饋給團隊。如果問題無法在
數分鐘內修正，團隊必須修正問題或是恢復變更。這樣才能確保開發
流程裡，軟體始終處於工作狀態。

持續整合在於實踐小批量工作與使用自動化測試，偵測和拒絕導入含
有回歸問題的變更。本書認為這是敏捷學說裡最重要的實踐技巧，也
是形成持續交付的基礎，還需要讓程式碼保持在可發佈的主幹上。對
於不習慣的團隊來說，這很難採用。

根據以往的經驗，人們往往會陷入兩大陣營：無法理解運作方式的人
（尤其是規模化），不相信還有其他工作方式的人。本書保證不論是在
小型還是大型組織，也不論應用的領域是什麼，這都是可行的。

接著用兩個例子來瞭解規模化的問題。首先，HP 平台 FutureSmart 的
案例研究證實，對於開發內嵌系統的 400 人分散式團隊，持續整合是

有效的。其次要注意的是，Google 有超過一萬名以上的開發人員，分散於超過 40 處以上的辦公室，幾乎所有人員都是在單一的程式碼樹上工作。每個在這棵樹上工作的人，都是在主幹上進行開發與發佈，而且所有的構建都是從原始碼建立。每分鐘會送出 20 到 60 行程式碼變更，程式碼庫每個月的變更超過 50%[6]。Google 工程師已經建立一個強大的持續整合系統，在 2012 年，這套系統每天執行超過 4000 個構建，和一千萬個測試套件（約 6 千萬次測試）[7]。

持續整合不僅對大型、分散式團隊可行 —— 也是唯一一個已知對規模化有效的流程，不會像其他方法會產生痛苦和不可預測的整合、穩定化或「固化」階段，例如，發佈火車或是功能分支。持續發佈的設計是用於消除這些作業活動。

測試自動化的基礎

從 Google 和 HP 平台 FutureSmart 的例子裡，可以看到持續整合依賴全面的測試自動化。在某些組織裡，測試自動化仍是一項爭議，但沒有測試自動化，是無法縮短交付時間和實現高品質發佈。測試自動化是很重要又複雜的議題，很多著作都寫過這方面的內容[8]，其中的要點說明下：

- 測試自動化顯然不是要減少測試人員的數量 —— 但測試自動化的確會改變測試人員的角色和所需要的工作技能。測試人員應專注於探索性測試，並且與開發人員合作一起創建和規劃自動化測試套件，不要手動遞迴測試。

- 除非測試人員與開發者一起合作，否則不可能發展高品質的自動化測試套件（不論團隊或回報的結構為何）。創建自動化測試維護套件，需要強大的軟體開發知識。還會要求軟體設計時，納入自動化測試的設計，沒有開發人員參與測試是不可能做到這一點。

- 自動化測試套件如果沒有經過有效地規劃，測試自動化會成為維護的噩夢。少量、快速、可靠的偵測錯誤測試，會比片段或持續失敗、開發人員又漠不關心的大量測試來得好。

- 測試自動化的設計必須考慮到平行。平行運作測試使開發人員能夠快速得到回饋，並且防止不良的實踐做法，例如，測試之間的依賴關係。

6　引用自 *http://bit.ly/1v70LcY*。

7　引用自 *http://bit.ly/1v70NBG*。

8　「測試自動化」的參考書籍，本書推薦參考書目 [freeman] 和 [crispin]。

- 自動化測試會輔助其他類型的測試，例如，探索性測試、可用性測試和安全性測試。自動化測試的關鍵在於驗證核心功能和檢測回歸問題，所以不要浪費時間對有嚴重問題的軟體版本進行手動測試（或部署）。

- 可靠的自動化測試需要全面的配置和基礎設施管理。不論是在持續整合環境內，或者是在開發人員工作站上，都應該依據需求創造類生產的虛擬測試環境。

- 測試自動化的時間和精力，只花在那些經過驗證的產品或功能上。為實驗進行測試自動化是很浪費的。

持續整合的主要的反對意見來自開發者和他們的管理層。尚未習慣小批量工作的紀律之前，就貿然把每個新功能或是重新設計架構的工作拆解為小步驟，會比在分支上單獨完成工作更難，而且更花時間。首先，這意味著需要更長的時間來宣稱故事「開發完成（dev complete）」。這可能會反過來促使開發速度下降，給人建立的印象就是團隊的效率降低 —— 讓開發管理層的血壓上升。

然而，最佳化的速率不應該是為了分支上單獨「完成」的事。應該對整體交付時間最佳化 —— 提供有價值的軟體給使用者所花費的時間。最佳化「開發完成」時間，準確地來說就是什麼原因導致「整合地獄」。在整合與測試上，痛苦又不可預測的「最後一哩路」反過來會延續漫長的發佈週期，這也會造成專案成本超支、軟體品質低落、更高的整體成本和不滿的使用者。

你真的在做持續整合嗎？

持續整合（Continuous integration，簡稱 CI）非常困難，在我們的經驗裡，大部分的團隊都會說他們實踐了，但是實際上並沒有。實現持續整合不僅僅是安裝和執行 CI 工具，這是一種態度。有一篇我們最喜歡的文章，討論了在沒有任何 CI 工具時，如何做到持續整合 —— 只要一台舊工作站、一隻橡皮雞和一個鈴（當然在大型開發團隊裡，需要的會不只這些，但是原則是相同的）[9]。

9　請參考 James Shore 所撰《*Continuous Integration on a Dollar a Day*》。

想瞭解是否正在進行持續整合，就問問團隊以下的問題：

- 團隊的所有開發人員一天至少一次，把程式碼簽入主幹嗎？（不只是從主幹合併到自己的分支或工作副本）換句話說，團隊有進行主幹基礎開發和以小批量工作嗎？

- 主幹的每個變更是否會觸發一個構建流程？包含執行一組自動化測試以偵測遞迴問題。

- 當構建與測試流程失敗時，不管是採取修正錯誤，或是恢復導致構建失敗的變更，團隊都能在數分鐘內修正嗎？

如果有任何一個問題的答案是「否」，那麼團隊並沒有實踐持續整合。特別是恢復導致錯誤的變更，並不是一個充分實踐的技巧。例如，在 Google，任何人都有權恢復在版本控制裡導致錯誤的變更，即使是不同團隊的某個人做的：比起進行新工作，會優先維持系統運作。

當然如果你正在進行一項大型應用，使用大量的分支，就不容易轉到持續整合。在這種情況下，目標應該是從最不穩定的分支開始，推動團隊努力朝向主幹工作的方向。在某個大型組織裡，他們花了一年的時間，才把長期穩定分支的數量從 100 個降至 10 到 15 個。

部署流水線

請回想持續交付的第二項黃金法則：相較於進行新工作，優先保持系統運作。持續整合是實現這個目標的重要一步 —— 但通常不會把只通過單元測試的軟體提供給使用者。

部署流水線的工作是評估系統的每個變更，以偵測和拒絕帶有高風險或負面影響品質的變更，提供關於變更的即時回饋，這樣團隊才能快速、低成本地分析問題。這需要簽入每次變更的程式給版本控制，用可在任何環境部署的版本建立套件，對該版本執行一系列的測試，以偵測是否有已知的缺陷，並且驗證重要的功能可否運作。如果套件通過這些測試，就會有信心認為特定版本的軟體可以部署。如果部署流水線的任何階段發生故障，該版本的軟體就不能繼續下一步，工程師必須立即分析，找出問題的根源並且修正。

即使是最簡單的部署流水線，如圖 8-1 所示（圖 8-2 是更複雜的部署流水線），也能讓團隊成員對已經通過持續整合的構建，執行一鍵式部署到探索測試或使用者驗收測試的類生產環境。應該使用完全自動化流程提供測試環境，以及把任何持續整合良好的構建部署到測試環境。這個相同的過程也應該用於部署到生產環境。

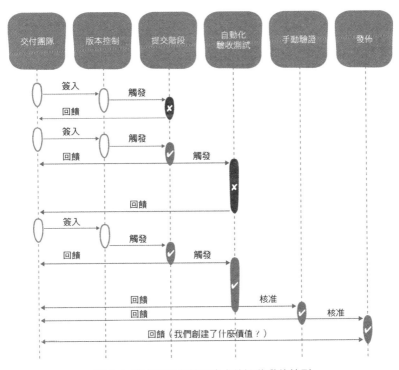

圖 8-1 變更在簡單部署流水線裡移動的情形

部署流水線把所有需要的步驟連結在一起，從程式簽入到部署到生產環境（或發佈到應用程式商店），還把所有涉及軟體交付的人聚集在一起 —— 開發人員、測試人員、發佈工程師，以及營運人員 —— 使其成為一項重要的溝通工具。

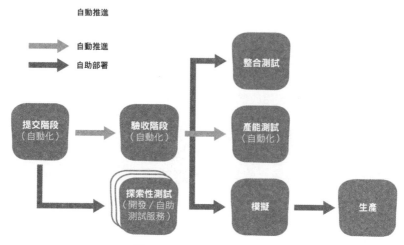

圖 8-2 更複雜的部署流水線

FutureSmart 的部署流水線

FutureSmart 團隊的部署流水線允許 400 人分散式團隊，每天可以將 100 到 150 次變更 —— 約 7.5 萬到 10 萬行程式碼 —— 整合到具有一千萬行程式庫的主幹上。部署流水線每天會從最底層產生 10 到 14 個良好的韌體構建。所有的變更 —— 包含功能開發和大型變更 —— 都在主幹上進行。開發人員每星期會提交幾次版本給主幹。

任何系統的所有改變 —— 或者是執行環境 —— 都應該透過版本控制進行，然後經由部署流水線推進。這不僅包括原始程式碼和測試程式碼，還有資料庫遷移和部署、提供腳本，以及變更伺服器、網路和基礎設施設定。

因此，部署流水線變成一種紀錄，記錄已經對某個構建執行哪些測試，測試結果是什麼，哪些構建已經部署到哪些環境，何時、由誰核准了特定構建的推進，每個環境是何時配置以及具體的配置內容 —— 事實上，還會記錄程式碼與基礎設施在各種環境移動時，整個生命週期的變動情形。

除了拒絕帶有高風險或系統問題的變更，部署流水線的實作還有其他幾個重要用途：

- 可以在交付過程中蒐集重要資訊，例如，變更週期時間的統計資料（平均值、標準差），以及發現流程的瓶頸。

- 提供豐富的訊息，作為審計和合規目的之用。審計人員很喜歡部署流水線，因為他們可以追蹤每個細節，確切地知道哪個命令在哪個機器上執行，結果是什麼，由誰在何時核准這些命令等等。

- 可以形成一個輕量級、全面性變更管理流程的基礎。例如，澳洲嚴格監管了國家寬頻網路電話公司（National Broadband Network telco）使用的部署流水線，當生產基礎設施發生變更時，會自動提交變更管理申請單，提供新系統和執行部署時，會自動更新組態管理資料庫（Configuration Management Database，簡稱 CMDB）[10]。

- 讓團隊成員選擇的構建，以一鍵式部署到選擇的環境。實作部署流水線的工具，通常能基於每個環境來進行這樣的核准，讓構建推進周圍的工作流固定下來。

持續交付與變更控制

傳統上許多企業會利用變更諮詢委員會或類似的變更控制系統，藉以降低變更對生產環境可能造成的風險。然而，研究報告《2014 State of Devops Report》[11] 調查了橫跨多項產業、超過 9,000 位以上的受訪者，發現開發團隊外部的核准流程，無助於提高服務的穩定性（根據服務恢復的時間和變更失敗的比例來衡量），同時又嚴重拖累產量（根據變更的交付時間和變更的頻率來衡量）。這項調查比較了外部變更核准流程和同儕審查機制，例如，雙人程式設計或是使用拉式請求。統計分析顯示，透過同儕審查，工程團隊會為程式品質負責，明顯改善交付時間和發佈頻率，同時也對系統穩定性幾乎沒有影響。第十四章會提出更多研究報告資料，支持本章所討論的技巧。

該研究資料還建議現在該重新考慮重量級變更控制流程所提供的價值了。程式碼變更的同儕審查結合部署流水線，為外部變更核准，提供一個強大、安全、可審計以及高效能的替代方式。澳洲國家寬頻網路電話公司的案例中（請參考上述說明），說明輕量級變更控制流程的方法，可以和一些架構相容，例如，規範環境的 ITIL。欲瞭解更多有關合規和風險管理的資訊，請參見第十二章。

---

10 請參見 *http://puppetlabs.com/blog/a-deployment-pipeline-for-infrastructure/*。

11 請見參考書目 [forsgren]。

實作持續交付需要認真思考系統架構和流程，進行一定的前期規劃。任何重複的手動活動，都要考慮為潛在的浪費，也是需要進行簡化和自動化的對象。包括以下方面：

構建

能使用儲存在版本控制中且可由任何開發人員運行的腳本，以單一步驟，從原始程式碼建立可部署到任何環境的套件。

提供

任何人應該都能以完全自動化的方式，自助產生一個測試環境（包括網路配置、主機配置、任何需要的軟體和應用程式）。這個流程也應該使用保存在版本控制的資訊和腳本。變更環境配置始終應該透過版本控制進行，以低成本、無痛的方式，移除現有的機器並且從原始程式碼重新提供。

部署

任何人都要能使用全自動化的流程，在任何他們有權限的環境下部署應用程式套件。這項流程是使用保存在版本控制的腳本。

測試

任何開發人員都應該能在工作站上，執行完整的自動化測試套件，和任何選定的測試集合。測試套件應該是全面又快速，同時包含單元和驗收層級測試。

我們需要優秀的配置管理作為自動化的基礎。特別是，重現生產系統和構建、測試與部署服務所需的一切，都需要保存在版本控制之下。不只是指原始程式碼，還有構建、測試和部署腳本，基礎設施與環境配置，資料庫架構與遷移腳本，以及文件。

去耦合部署與發佈

發佈低風險版本最重要的原則是：去耦合部署與發佈。要瞭解這個原則，必須先定義以下名詞。

部署是指安裝已知版本的軟體到已知環境。執行部署的決定 —— 包含部署到生產環境 —— 應該是純技術考量。發佈是指製作一個或是一組提供給顧客的功能。發佈應該是純商業決策。

這兩個術語經常被視為同義詞 —— 也就是說，使用部署作為完成發佈的主要機制。但這會有一個嚴重的負面後果：把部署的技術決策和發佈的商業決策耦合在一起。這就是組織政治干擾部署流程的主要原因 —— 造成兩敗俱傷。

許多技術都能幫助我們安全地把軟體部署到生產環境，而且讓使用者看不到該項功能 —— 又可以驗證系統行為是否正常。最簡單的方法 —— 也是最強大的 —— 為藍／綠部署（有時也稱為黑／紅部署）。這種模式需要兩個獨立的生產環境，代號分別為藍色和綠色。任何時候都只有其中一種會存在，圖 8-3 中存在的是綠色。

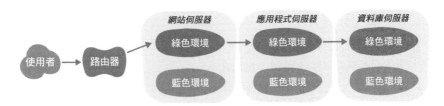

圖 8-3 藍／綠部署，感謝 Martin Fowler 提供圖片

發佈服務的新版本時，把具有新功能的套件部署到目前是離線狀態的環境（在這個範例中為藍色），並且在空閒時間進行測試。發佈流程僅僅變更路由器指向藍色環境；要轉回來就把路由器指向綠色環境。有一種更複雜的變化是會隨著時間，逐漸將流量轉到藍色環境。

更重要的是，有些公司無法在流量尖峰時間發佈版本，這使得部署流程非常痛苦，藍／綠部署讓部署流程能安全地在正常的工作時間完成，若有必要可以在預定發佈版本的數日之前。更簡單的發佈流程（如有必要就回溯），是可以由一小群人在流量離峰時間遠端執行。

有些組織使用主要和備份資料中心，作為藍色與綠色環境，在每次部署時驗證熱災難恢復過程是否能正常執行。不過，不需要從實體上特

別分成藍色與綠色環境。也可以是同一個實體設施上運行的虛擬或邏輯環境（特別是因為離線環境通常只佔用很少的資源）。

部署和發佈也能在功能或元件層級去耦合，而非系統層面，使用一種稱為「隱藏發佈（dark launching）」的技巧。Facebook 發佈經理 Chuck Rossi 在談到 Facebook 發佈流程時提到，所有未來六個月要推出的主要功能都已經在生產環境中 —— 只是使用者還看不到這些功能。開發人員以「功能旗標（feature flags）」保護新功能，所以管理者能基於每個功能，動態地授予訪問權限給特定使用者群組。以這樣的方式，這些功能可以先開放給 Facebook 的員工測試，再來是開放給少部分的使用者進行 A / B 測試（請參見第九章）。最後經過驗證的功能可以慢慢釋放給全部的使用者 —— 而且在系統高負載或是發現問題時可以關閉。切換功能也可以用來對單一平台的不同使用者群組，提供不同的功能集。

—— 技 巧

行動應用程式的隱藏發佈

新的行動應用程式不會直接在應用程式商店上架，先創建另外一個獨立品牌來部署並且進行驗證，通過驗證後才會以官方旗下的品牌發佈。

結論

對大批量開發與發佈流程來說，持續交付是一項替代方案。已經有許多橫跨不同領域的大型工程組織採用，包括嚴格管制的行業，例如，金融服務。儘管其發展是起源於網站服務，但這個工程模式已成功應用到套件軟體、韌體與行動開發。使企業能夠快速反應不斷變化的顧客需求，提高軟體的品質，同時降低發佈風險和軟體開發成本。

在實行持續交付上，文化也扮演很重要的角色。開發、營運和資訊安全團隊之間的互動，如果通常能達成雙贏，這樣的文化往往就能產生高績效組織。這種文化正是 Westrum 類型學所提到的「生產型文化」（請參見第一章）。

組織實作持續交付時，必須改變版本控制、軟體開發、架構、測試，以及基礎設施與資料庫管理的方式。圖 8-4 綜合自很多不同組織的研究[12]。

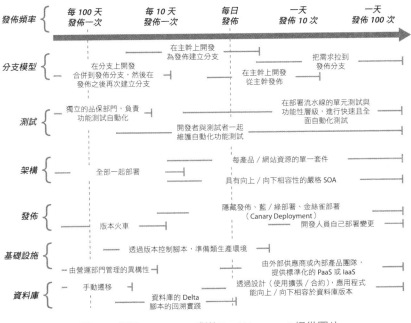

圖 8-4 部署 g-forces，感謝 Paul Hammant 提供圖片

當然，這些方面都是相互關聯的。例如，建立一個可維護的、全面的、自動化測試套件需要一個架構，允許軟體部署在開發人員的工作站上，這反過來會要求透過版本控制腳本，設定類生產環境。在現有系統的情況裡，找出要先從哪裡開始著手會是很複雜的。後續第十章會討論演化架構的變化。

我們強烈建議從實作全面的配置管理、持續整合和主幹基礎發展開始。同樣重要的還有和開發人員一起創造自動化測試的文化，再反過來根據需求提供測試環境。根據以往的經驗，嘗試解決第十四章所討論的發佈或營運問題，如果沒有配合持續整合、自動化測試以及提供自動化環境，就無法產生顯著的改善。

---

12 取自於 Paul Hammant 個人部落格：*http://paulhammant.com/2013/03/13/ facebook-tbd-take-2*。

讀者思考問題：

- 為了驗收功能，你對「完成」的定義是什麼？必須將功能 —— 至少是 —— 整合到主幹，執行自動化測試，並且從類生產環境獲得實證嗎？

- 你正在實踐本書所定義的持續整合嗎？用什麼樣的方式導入？

- 開發人員、測試人員和 IT 操作人員之間的關係是合作還是對抗？你可能會採取什麼措施來改善呢？

- 你的生產部署是痛苦的「大爆炸式」事件嗎？包含工作時間之外的計畫中斷嗎？你怎麼更改它們，才能在正常工作時間內完成更多的工作？

第九章

採用實驗性產品開發方法

> 定義品質的困難點在於，把使用者的未來需求轉換成可測量的特徵，使得產品可以設計與上市，最終得以使用者願意支付的價格提供滿意的產品。

— Walter Shewhart
品管之父

本書到目前為止，第三部分都在說明如何改善交付價值給顧客的速度。接下來，本章要把焦點切換到討論一致性 —— 如何利用開發能力，確保我們正在為顧客、使用者和組織，建立正確的事。

本書第七章說明了如何使用延遲成本來安排工作的優先序。在一般組織中，IT 基本上是服務提供者，要避免消耗寶貴的時間與資源在低價值的工作任務上，這是一種有效的方法。然而，在高績效組織裡，專案和需求並沒有丟給 IT 進行構建。反而是工程師、企劃人員、測試人員、營運人員和產品經理一起合作，為顧客、使用者和組織整體，創造高價值的成果。此外，這些團隊自身做的決定，還會考慮到組織更廣泛的策略目標。

本書第六章描述了改善型，這是一個用於流程改善的反覆演進方法，為下一次反覆演進設定目標狀態，然後讓團隊決定要以怎樣的方式，

才能實現這些目標狀態。本章提出關鍵創新，使用相同的流程來管理產品開發。取代把需求或使用案例放到待辦清單，讓團隊安排優先序的做法，本章改以衡量方式，在下一反覆演進達成我們想要的商業成果。這需要取決於團隊，能發想實現商業成果的功能，然後測試、構建那些可以達成預期成果的功能。以這樣的方式利用整個組織的技能和智慧，提出想法以最少的浪費和最快的速度，實現業務目標。

在大型企業裡執行的敏捷軟體，與大多數的架構不同。沒有專案層級的待辦清單，取而代之的是團隊創造與管理自己的待辦清單，並且負責協調以達成業務目標。根據專案層級的目標狀態定義目標，依據改善型的部分流程進行定期更新（請參見第六章）因此，達成業務目標的責任推進到團隊身上，團隊專注在業務成果而非衡量，例如，完成的故事數量（團隊速度）、撰寫的程式碼行數或是工作時間。事實上，我們的目標是輸出最小化，同時達到成果最大化：撰寫程式碼和工作時間越少，所達成的期望業務目標就越好。巨大又過於複雜的系統，和燃燒殆盡的員工，都是注重產出而非成果的徵兆。

有件事不會在本章提到（或者實際上該說是本書），就是規定團隊要用什麼流程來管理自己的工作。團隊可以 —— 也應該 —— 自由選擇對工作最好的方法與流程。事實上，在 HP 平台 FutureSmart 專案裡，不同的團隊成功地使用了不同的方法，而且沒有試圖把「標準」流程或是方法論強加在整個團隊身上。最重要的是，該團隊能夠有效地協同工作，實現目標狀態。

因此，本書不會提到一些標準的敏捷方法，例如，XP、Scrum 或是其他像看板這樣的替代方案。有幾本優秀的書籍，非常詳細地說明這些方法，例如，David Anderson 所著的《*Kanban: Successful Evolutionary Change for Your Technology Business*》[1]、Kenneth S. Rubin 所著的《Essential Scrum 中文版：敏捷開發經典》（*Essential Scrum: A Practical Guide to the Most Popular Agile Process*，Addison-Wesley 出版），以及 Mitch Lacey 所著的《*The Scrum Field Guide: Practical Advice for Your First Year*》（Addison-

---

1　請見參考書目 [anderson]。

Wesley 出版）。相反地，本書所討論的是團隊如何協作以實現目標狀態，然後設計實驗來檢驗自己的假設。

本章所描述的技巧需要組織各個部分之間有高度的信賴，包含產品開發價值流之間的信賴，和領導者、管理者以及回報給他們的人之間的信賴。還需要高績效團隊和短的交付時間。除非這些基礎到位（這部分已在前面章節描述），否則實做這些技巧是無法帶來預期的價值。

使用影響地圖為下一次反覆演進創建假說

改善型的反覆演進規劃流程，其所產生的成果（如第六章所述）是可衡量的目標狀態列表，這些目標狀態不僅是我們要在下一次反覆演進達成的，也是我們嘗試依循任務原則（請參見第一章）所要達成的意圖。本章將介紹如何使用相同的過程推動產品開發。在流程改善的目標狀態之外，反覆演進規劃流程還會以顧客與組織成果作為基礎，建立目標狀態來達成產品開發。對需求工程採用目標導向的方法，使得計畫層級的持續改善也能用在產品開發上。

產品開發目標狀態描述想要實現的顧客或業務目標，這是由產品策略驅動。這些例子包括增加每個使用者能帶來的營收、瞄準新的市場區隔、由特定有經驗的人解決已知的問題、增加系統績效，或是降低交易成本。然而，本書不會提出解決方案來達成這些目標，或是在計畫層級撰寫故事或功能（特別是沒有「史詩」）。反而是由計畫裡的團隊決定要如何實現這些目標。在大型企業裡實現高績效，有兩個主要的關鍵理由：

- 最初提出的的解決方案不太可能是最好的。更好的解決方案是透過創造、測試和完善多個選項，才能發現當前能解決問題的最佳方案。

- 唯有建立解決方案的人對使用者需求和商業策略兩者有深入的瞭解時，其所提出的想法才能讓組織大規模地快速移動。

計畫層級的待辦清單並不是驅動這些行為的有效方法 —— 它只是反映了
人類幾乎無法抗拒的傾向,指定「做事的方式,而不是想要的結果」[2]。

技 巧

取得目標狀態

目標導向的需求工程已經行之有年[3],但多數人仍然根據功能和效益定義
工作,而不是衡量企業與顧客成果。功能 / 效益方式代表了人們的天性,
傾向直接提出解決方案,但我們應該要深入思考,指定可接受的解決方
案需要具備哪些屬性。

如果已經有功能和效益,以及想要獲得的目標狀態,那麼最簡單的方法
就是自問,為什麼我們的顧客關心某個特別的效益。可能需要自問好幾
次「為什麼」,才能取得某些像是真正目標狀態的想法[4]。因此,很重要
的是確保目標狀態有可衡量的驗收準則,如圖 9-1 所示。

Gojko Adzic 提出一項技巧,稱為影響地圖(*Impact Mapping*),把計畫
層級的高階業務目標拆解成可測試的假說。Gojko Adzic 描述影響地圖
為「把由一群跨部門的利害關係人協同創造的範圍與基本假設視覺化。
透過回答以下問題,將討論期間產生的想法發展成心智圖:1. 為什麼?
(Why)2. 誰?(Who)3. 如何做?(How)4. 做什麼?(What)[5]」影響
地圖的範例,如圖 9-1 所示。

使用計畫層級的目標狀態,開始繪製影響地圖。從目標狀態開始,包
括狀態的意圖(從業務角度看,為什麼關心這個),依循任務原則,確
保每個朝向目標努力的人都瞭解他們做事的目的。還要提供明確的驗
收準則,判斷是否已經達到目標狀態。

影響地圖的第一層級列舉所有對目標狀態有興趣的利害關係人。這不
僅包含受到工作影響的最終使用者,還有組織內參與工作或受到工作
影響,或可以影響工作進度的人 —— 無論是帶來正面還是負面的影響。

2　請見參考書目 [gilb-88],第 23 頁。

3　更多目標導向需求工程(goal-oriented requirements engineering)的資訊,請參考書目
　　[yu]、[lapouchnian] 和 [gilb-05]。

4　這是 Taiichi Ohno 的老套作法,稱為「五個為什麼(the five whys)」。

5　請見參考書目 [adzic],1. 146。

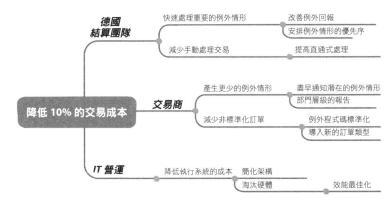

圖 9-1 影響地圖的範例，感謝 Gojko Adzic 提供圖片

影響地圖的第二層描述了利害關係人可能會以哪些方式，協助或阻礙達成目標狀態。改變這些行為正是我們致力要創造的影響。

到目前為止，都還沒提到通往目標狀態的解決方案。因為要在影響地圖的第三層，才會提出實現目標狀態的選擇權。首先，應該提出不涉及撰寫程式碼的解決方案 —— 例如，行銷活動或是簡化業務流程。由於建立與維護軟體的成本和複雜性，軟體開發應該始終是最後才採取的手段。

影響地圖提出的可能解決方案，不是最關鍵的實現結果。提出可行的解決方案只是幫助我們充分思考目標與利害關係人。這個階段提出的解決方案不大可能是最好的 —— 反而我們會預期交付工作成果的人可能會想出更好的選擇權，並且進行評估，以確定哪些最能實現目標狀態。可以把影響地圖看成是一系列的假設 —— 例如，在圖 9-1 中，假設標準化例外程式碼將減少非標準化訂單，就能降低處理非標準化交易的成本。

要讓這個工具能有效地工作，關鍵是讓合適的人參與影響地圖的分析工作。可能是一個小型、跨部門的團隊，包含企業的利害關係人、技術人員、設計人員、品保人員（如果需要的話），IT 營運人員以及支援人員。如果分析工作單純由企業的利害關係人進行，就可能會忽略檢查目標狀態背後的假設，還有從最貼近問題的企畫人員與工程師那獲

得一些想法。影響地圖最重要的目標是在利害關係人之間建立共識，所以如果不讓大家一起參與分析就失去意義。

取得目標狀態的優先序列表，以及技術人員和業務人員協作的影響地圖後，就是由團隊來決定通往目標狀態的最短路徑。

和許多標準方法比起來，這個工具在思考需求的方式上有幾個重要的區別。下面說明一些重要的差異及其背後的動機：

計畫層級沒有功能清單

功能是實現目標的簡單機制。借用 Adzic 所說的，如果用一組跟我們設想完全不同的功能達成目標狀態，這樣不能算是成功，反而要說是我們選擇了錯誤的目標狀態。指定目標狀態而非功能，使我們能對環境變化，還有朝向目標狀態努力時，從利害關係人那蒐集到的資訊迅速作出反應。可以防止反覆演進過程中發生的「功能流失（feature churn）」。最重要的是，這是有效利用人才的最佳方式；讓他們有機會追求融會貫通、自主性和目的，藉以激勵他們。

沒有估算的細節

瞄準一系列具有挑戰性目標的目標狀態 —— 換句話說，如果所有的假設都很好，所有的賭注也都獲得了回報，就會認為有可能實現這些目標。然而，現實很少會發生這種情況，意味著可能無法實現一些優先序較低的目標狀態。如果達成率經常過低，就需要考慮流程改善的目標，重新平衡目標狀態。保持短期反覆演進 —— 初始為 2 到 4 週 —— 使我們能調整目標狀態，回應反覆演進過程中發現的資訊。進而快速判斷是否在錯誤的道路上，避免在錯誤的方向上過度投資，並且盡量多嘗試不同的方法。

沒有「架構史詩（architectural epics）」

執行工作的人應該擁有完全的自由度，進行他們喜歡的改善工作（包括架構變革、自動化和重構），從而最好地達到目標狀態。如果想要推動的特定目標需要調整架構，例如，合規管理或是改善績效，就要把這些指定在目標狀態裡。

執行使用者研究

影響地圖提供了一些可能的解決方案,並且為每個候選解決方案提供一組假設。我們的任務是尋找目標狀態的最短路徑。先選擇一個似乎是最短的路徑,然後驗證解決方案與假設,看看是否能交付預期的價值(正如我們已經看到,功能往往不能達到預期值)。有多種方法可以驗證假設。

首先,以假設為基礎創建一個假說。Josh Seiden、Jeff Gothelf 於《*Lean UX*》一書中建議的範本,如圖 9-2 所示,據此作為捕捉假說的起點[6]。

> 我們相信
> [建立這個功能]
> [為這些人]
> 將達成 [這個成果].
> 我們會知道成功了,當看到
> [這個來自市場的信號].

圖 9-2 Jeff Gothelf 的假設驅動發展的範本

進行實驗來測試所提出功能的價值,以上述範本的格式,描述實驗需要的參數。其中成果描述的是我們致力要達成的目標狀態。

和敏捷故事的格式一樣,用幾句話概述「工作」(例如,想要建立的功能或想要變更的業務流程),讓我們回想在團隊裡有過的對話。指定一個人物形象(*persona*),在執行實驗時衡量其表現出來的行為。最後,指定實驗中衡量的信號。下一節要討論的線上控制實驗,稱為實驗的總體評價準則(*overall evaluation criterion*)。

建立假說之後,就可以開始設計實驗。這是一項跨部門的作業活動,需要設計、開發、測試,技術營運以及分析專家之間的協力合作,如

6　請見參考書目 [gothelf],第 23 頁。

果需要的話，可能還要有主題專家支援。目標是進行最少的工作量，
蒐集足夠的資料量，驗證或是否定我們據以建立假設的假設。有多種
類型的使用者研究，可以用來驗證假說，如圖 9-3 所示[7]。更多不同類
型的使用者研究，請參見 Laura Klein 所著的《*UX for Lean Startups*》
（O'Reilly 出版）。

使用者研究

圖 9-3 不同類型的使用者研究，感謝 Janice Fraser 提供圖片

實驗的主要成果是資訊：談到提出的工作是否能達到目標狀態，總是
會致力於減少不確定性。有許多不同的實驗方式可以收集資訊。請記
住，實驗中往往會產生負面或無法定論的結果，尤其是在不確定的情
況下；這意味著經常會需要調整、完善以及發展假說，或提出一個新
的實驗來驗證。

7　此圖由 Janice Fraser 所開發；引用自 *http://slidesha.re/1v715bL*。

利用實驗方法進行產品開發的關鍵是，先創建假說才能進行主要的新開發工作，這樣才有依據判斷工作是否交付預期的價值[8]。

線上控制實驗

在連線基礎的服務裡，可以使用一項強力的方法來測試一個假說，稱為線上控制實驗，或是 A / B 測試。A / B 測試是一項隨機對照實驗，目的在於發現一個網頁的兩種版本裡，哪種會產生較好的成果。執行 A / B 測試時，需要準備驗證頁面的兩種版本：一個是控制版（通常是現有版本），另外一個是要測試新作法的實驗版。當使用者第一次造訪網站時，系統會決定使用者屬於哪個實驗，每個實驗會隨機分配使用者是否看到控制版（A）或是實驗版（B）。實驗的設計要盡可能讓使用者與系統互動，以偵測控制版與實驗版兩者造成的行為差異。

大部分好的想法最終帶來的實際價值不是零就是負

A / B 測試的結果中，最令人大吃一驚的或許是多少明顯看似偉大的想法卻沒有改善價值，而且也無法提前分辨想法的好壞。如同第二章所討論的，Ronny Kohavi 從 A / B 測試所蒐集的資料顯示，60% 到 90% 的想法無法提昇我們意圖改善的指標；Ronny Kohavi 曾領導 Amazon 資料探勘與個人化團隊，現在是 Microsoft 的實驗平台總經理。

因此，如果不執行實驗測試新想法可能帶來的價值就完全投入開發，那麼我們所做的工作有 2/3 的機會，其成果不足零就是負 —— 對組織來說當然是負的，因為這項工作會產生三方面的成本。除了開發功能的成本，還有機會成本，也就是我們原本可以用來完成更有價值工作的相關成本，最後是系統加入新複雜度所產生的成本（其表現為維護程式碼的成本，拖累新功能的開發速度，而且往往降低營運穩定性和效能）。

儘管有這些可怕的後果，許多組織還是很難接受利用實驗來衡量新功能或產品的價值。一些企劃和編輯人員覺得這會挑戰他們的專業知識。管理高層擔心這會威脅到他們身為決策者的工作，以及失去對決策的控制權。

8　在許多方面，這種做法僅是延伸「測試驅動開發（test-driven development）」。Chris Matts 提出一個類似的概念，稱作「功能注入（feature injection）」。

> Kohavi 創造了「HiPPO（最高薪資者的意見）」這個名詞，Kohavi 描述他的工作就是「告訴顧客他們的新寶貝很醜」，還會帶身邊的塑膠河馬玩具給這些顧客，放鬆他們的情緒，然後提醒他們大多數看似「好」的想法並不能真的帶來價值，在缺乏資料的情況下，實際上根本無法分辨想法的好壞。

和人數夠多的使用者一起進行實驗，目標是收集足夠的資料證明我們關心的業務指標 A 與 B 之間，在統計學上的顯著差異，稱之為總體評價準則，或是 OEC（對比第四章的優先關鍵指標）。Kohavi 建議對顧客終生價值（*customer lifetime value*）進行最佳化與衡量，而非針對短期營收。對於網站，例如，Bing，他建議使用綜合因素的加權總和，例如，每位使用者每月停留網站的時間和訪問頻率，目的在於改善整體顧客體驗，並讓他們再度使用網站服務。

資料探勘只能發現相關性，A／B 測試則有能力可以顯示網頁的變更和我們所關心的指標變化之間，兩者的因果關係。一些公司，例如，Amazon 和微軟（Microsoft）通常隨時都有數百個實驗在生產環境中運行，每個新功能推出之前，都要使用這個方法進行測試。每個使用者造訪微軟（Microsoft）的搜尋服務網站 —— Bing，一次會參與 15 個左右的實驗 [9]。

利用 A／B 測試計算改善績效的延遲成本

Ronny Kohavi 在微軟（Microsoft）領導的團隊想要透過計算方式，瞭解改善 Bing 搜尋效能的影響程度。他們執行了 A／B 測試，看到「B」版本的使用者，會被導入人為的伺服器延遲。透過計算效能改善對營收影響的金額，發現「一個工程師提昇伺服器效能 10 毫秒，其所增加的營收會超過他一整年的年薪成本」。這種計算可以用來確認改善效能的延遲成本。

創造實驗作為 A／B 測試的一部分時，目標是所投入的工作量要遠低於把考量下的功能完全實作出來所需的工作量。確認實驗所能獲得資訊的預期價值，據此計算最多應該在實驗上花費多少金額，如同第三章所討論的（雖然通常實驗的費用會比這低得多）。

9　請參考 *http://www.infoq.com/presentations/controlled-experiments*。

在網站的背景下，以下是降低實驗成本的一些方法：

使用 *80/20* 的規則，不要考慮極端情況

預期構建 20% 的功能，可以提供 80% 的期望收益。

不要建立規模化

在繁忙的網站上進行實驗，通常只有少數比例的使用者會看到。

不要考慮跨瀏覽器的相容性

使用一些簡單的過濾程式，可以確保只有使用正確瀏覽器的使用者才能看到實驗。

不要考慮顯著的測試覆蓋率

待該項功能通過驗證後再增加測試覆蓋率。開發實驗平台時，良好的監測會比測試覆蓋率重要得多。

A / B 測試的例子

Etsy 讓人們可以在網站上賣手工藝品。他們使用 A／B 測試來驗證所有主要新產品的創意。舉個例子，一項產品負責人注意到，在某個賣家的店面尋找特定類型的物品卻出現搜尋結果為零的狀況，於是就想瞭解若此時網站有功能可以從其他賣家的店面顯示類似的物品，是否能增加營收。為了驗證這個假說，團隊實作了一個非常簡單的功能。使用配置檔案決定多少比例的使用者會看到實驗。

根據配置檔案裡的權重，點擊正在執行實驗頁面的使用者，會被隨機分配給控制群組，或是能看到實驗的群組。風險實驗只會被非常小比例的使用者看到。一旦使用者被分到某個群組，那麼後續訪問網站時都會被留在這個群組裡，因而網站能呈現一致的外觀給這些使用者。

進行安全型失敗的實驗

A／B 測試讓團隊可以定義約束、限制或門檻，以創造安全型失敗的實驗。在測試前，團隊可以定義一項關鍵指標的控制範圍，如果超過這個限制，就回溯或中止測試（例如，轉換率下降到低於設定的數字）。在進行實驗之前，與所有利害關係人一起確認、共享並同意這些限制，建立團隊可以安全進行實驗的邊界。

接著要追蹤與衡量使用者的後續行為 —— 例如，可能會想瞭解有多少人進入付費頁面。如圖 9-4 所示，Etsy 有一個工具可以衡量使用者在網站上的各個功能端點的行為差異，會指出何時到達 95% 信賴區間的統計顯著。例如，圖 9-4 中的「site—page count（網站／頁面計數）」，其下方的粗體字「+0.26%」表示對照控制版本，該實驗產生統計學顯著 0.26% 的改善。實驗通常會進行好幾天，才能產生統計學上的顯著數據。

圖 9-4　使用 A／B 測試衡量使用者行為的變化

一項業務指標要產生超過百分之幾的變化是很罕見的,通常可以歸因於 Twyman 定律:「如果統計資料看起來很有趣或不尋常,那麼就可能是錯的。」

如果該假說通過驗證,就可以完成更多的工作來打造功能,並使其規模化,直到功能最終都提供給網站的所有使用者。讓 100% 的使用者看到,就相當於是發佈功能 —— 這是第八章所討論的,也是部署和發佈之間差異的重要例證。Etsy 總是有很多實驗隨時在生產環境中運行。從儀錶板上可以清楚知道,規劃了哪些實驗,哪些正在執行以及哪些是完成的,這些都讓人們可以瞭解每個實驗指標的現況,如圖 9-5 所示。

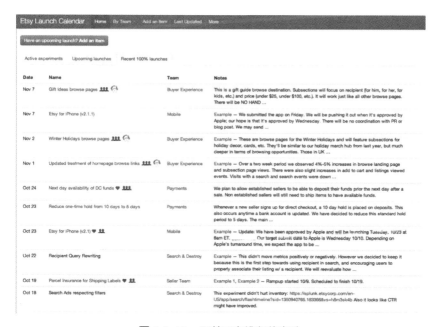

圖 9-5 Etsy 目前正在進行的實驗

A／B 測試的替代方案

雖然本章花了很多時間在 A／B 測試上，但它只是眾多用於收集資料的實驗技術之一。使用者經驗設計人員可以利用各種工具來獲取使用者的回饋意見，從低擬真度原型（lo-fi prototypes）到人種學研究方法（ethnographic research methods），例如，情境調查，如圖 9-3 所示。《Lean UX: Applying Lean Principles to Improve User Experience》一書中，討論了很多這類的工具，以及如何在假說驅動部署的背景下應用這些工具 [10]。

利用實驗方法進行產品開發的先決條件

說服人們蒐集 —— 而且關注 —— 來自實驗的真實資料是極度困難的，例如，A／B 測試。但利用實驗性、科學方法來創造顧客價值，正意味著進行工作和思考價值的方式。如同 Etsy 的 Dan McKinley 所指出的 [11]，在瀑布式的產品開發流程裡，無法進行實驗。如果在結束幾週（或月）的工作後試圖進行實驗，這是非常好的機會，有可能發現過去幾週（或月）進行的龐大批量工作，不是沒有效果就是讓事情更糟。這個時候就不得不捨棄所有已完成的工作，因為沒有辦法精確地識別每個導入的特定變更其所帶來的效應。

這是一個非常痛苦的決定，很多團隊在實踐中屈服於沉沒成本謬誤，採取此一決定時，過分重視迄今為止所投入的成本。因而忽略了資料，而且之所以部署該產品是因為擔憂擱置工作會被認為是完全失敗，而任何事物只要成功部署到生產環境裡就會被認為是成功的 —— 只要準時且在預算內完成。

如果想要採取一項徹底的實驗方法，就需要改變我們對工作成果的認知：不只是驗證想法，還有在運行實驗的過程中獲得資訊。此外，還需要改變發展新想法的思考方式；尤其是必須採取小批量工作，並且對打算驗證的想法，其背後每個假設進行測試。這會需要實作第八章說明的持續交付。

10　請見參考書目 [gothelf]。

11　請參見 *http://slidesha.re/1v71gUs*。

小批量工作會創造流量 —— 這是精實思維的關鍵要素。但小批量很難實現，肇因於哲學與技術兩方面。有些人對採取漸進式方法創造產品，抱有懷疑的態度。反對實驗方法的常見理由是，認為這會導致局部最佳化，從整體來看則是次佳的決策，也就是影響產品整體的完整性，讓一千次的 A / B 測試扼殺了產品整體的美觀。

如果團隊無法綜觀使用者經驗，就確實有可能落入一個醜陋又過於複雜的產品，但不是每個 A / B 測試都會產生這樣的結果。實驗不應取代產品願景。相反地，實驗的目的在於促進發展戰略與願景，快速地對真實數據做出反應，而且這些真實數據都是來自於顧客在自己的環境下使用產品的經驗。缺乏遠見和策略，A / B 測試無法奏效。產品經理、設計人員和工程師需要一起協作，記取設計思維的教訓，才能充分利用使用者需求的長遠眼光，建立產品的方向。

—— 技 巧 ——

何謂設計思維？

IDEO 的 CEO 兼總裁 Tim Brown 也是設計思維的關鍵人物之一，他表示，「作為一種思維風格，這通常被認為是一種能力，結合問題背景的同理心，產生見解和解決方案的創造力，理性地分析與找到適合背景的解決方案。」更多關於設計思維與精實使用者經驗的討論，請參見第四章。

採取實驗方法來進行產品開發有兩種阻礙。首先，設計實驗很棘手：必須防止不同實驗之間可能發生的相互干擾，應用警報檢測異常，而且要能讓實驗產生有效的結果。同時，盡量減少收集統計顯著資料時必要的工作量。

最後，對顧客和產品開發採取科學性方法，在每個產品的整個生命週期期間，需要產品、設計和技術人員密集地共同合作。這對很多企業來說是一個很大的文化變革，因為技術人員通常不會投入在整個設計流程裡。

這些障礙就是為什麼我們強烈勸阻各位，第三部分前幾章描述的基礎還沒到位之前，不要貿然採用本章所討論的工具。

創新需要實驗文化

Greg Linden 開發了 Amazon 第一個推薦引擎，他曾提出了一個假說，就是在使用者結帳時顯示個人化建議，可以說服他們做出衝動購買 —— 類似在雜貨店結帳通道旁的商品架，但改以演算法為每個顧客編譯個人化的貨架內容。然而，一位資深副總看到 Greg Linden 的展示後，卻深深認為這會分散顧客在結帳時的注意力。於是禁止 Greg Linden 對這項功能採取任何進一步的工作 [12]。

Greg Linden 違背了資深副總的意見，並且設計一個 A / B 測試投入生產環境。儘管這個功能的建立與上線時間有些緊迫，A / B 測試最終證實了人們在結帳時收到個人化的推薦，確實能提昇營收。

請想一下，你們公司的一名工程師在面對資深管理層的責難時，敢推動一項 A / B 測試投入生產環境嗎？如果實驗數據證明管理層的想法是錯誤的，有多大的機率會重新考慮這項功能，還是就石沉大海？如同 Greg Linden 所寫的，「創意必須來自四面八方。無論你是一個暑期實習生或技術長，任何好的想法都必須能尋求客觀的驗證，最好的測試就是暴露想法給真實的顧客。每個人都必須能夠進行實驗、學習和反覆演進。定位、服從和傳統都不應該有主宰實驗的力量。要讓創新蓬勃發展，就必須規範衡量的方式。」

立足於衡量與實驗的文化，不會與瘋狂想法、發散思維和演繹推理形成對立。相反地，這樣的文化會授權給人們追求瘋狂的想法 —— 易於蒐集真實資料，從中備份好的瘋狂想法，捨棄無用的想法。對於沒有能力執行低成本、安全型失敗實驗的組織，像這樣的瘋狂想法通常就只能被路過的河馬或決策委員會的平庸所踐踏。

軟體開發中最常遇到的挑戰之一是，團隊、產品經理和組織把焦點放在管理成本上而非價值。通常是花了過多努力在沒有附加價值的活動上，例如，詳細的前期分析、評估、範圍管理，以及梳理待辦清單。這些症狀是著眼於最大限度地提高利用率的結果（讓我們昂貴的人力保持忙碌）和輸出（衡量其工作產品）—— 而不是著眼於成果，最大限度地降低實現這些目標所需的輸出，並減少交付時間以便於在決策上取得快速回饋。

12　請參見 *http://bit.ly/1v71kmW*。

結論

大多數的想法 —— 即便表面上看似好的 —— 實際上傳遞零或負面的價值給使用者。專注於希望實現的成果，而不是解決方案和功能，進而把我們嘗試的目標，和可能進行的方法分開。然後，依循任務原則，團隊可以執行使用者研究（包括低風險和安全型失敗的線上實驗），以確定什麼才能真正提供價值給顧客 —— 和組織。

結合影響地圖、使用者研究和第六章提出的改善型，可以把敏捷軟體交付規模化，再將其與設計思維還有產品開發的實驗方法相互結合。讓我們能在大型組織裏，迅速地發現、開發和提供高價值、高品質的解決方案給使用者，充分利用組織中每個人的技能與聰明才智。

讀者思考問題：

- 當大量的努力已經投入在一個想法裡，但最終證明提供給使用者或組織的價值不大，甚至更糟時，你的組織會發生什麼？

- 對於正在處理的功能，已經有預期的顧客成果被量化嗎？你有衡量實際成果的方法嗎？

- 在更廣泛地發佈原型之前，有在原型上執行什麼類型的使用者研究嗎？你要如何更快且更低成本地得到回饋？

- 你最後一次親自觀察產品在現實生活中被使用或被討論，是什麼時候？

- 你能想到一個低成本的方法，測試待辦清單中下一件工作的價值嗎？

第十章

實作任務式命令

有更多的調整，就有更多的自主權可以授予。兩者會相互影響。

— Stephen Bungay
Ashridge Strategic Management Centre 主任

最優秀的管理者會設置適當的環境得到最大的成果，而不是試圖
控制他們的人。

— Reed Hastings
Netflix 創辦人

Netflix 的執行長 Reed Hastings 於 2009 年提出一份簡報闡述 Netflix 的
文化，名為〈自由與責任（*Freedom and Responsibility*）〉[1]。隨著組織變
得越來越龐大，根據其不斷發展、運作的系統，營運的商業環境，以
及「把事情做好」的能力，組織的複雜度也會隨之上昇。最終，企業
變得過於複雜以至於不能以非正式的方式管理，此時正規的流程就會
落實到位，防止組織陷入混亂。正規的流程能提供一定水準的可預測
性，但會放慢發展的腳步，對於原本就不能管理的事件結果，透過流
程也無法避免（例如，工作按照計畫進行，卻無法交付價值給顧客）。

透過流程控制來進行管理，在製造過程中的某些情況下是可以接受
的（這樣的系統適用於六標準差），但是卻不能適用於產品開發流程
—— 其結果是效率最佳化，代價是犧牲創新與適應不斷變化環境的能

1　請參見 *http://slidesha.re/1v71niI*。

力。便利貼之父 Geoff Nicholson 聲稱，3M 公司採用了六標準差（Six Sigma）的「封殺創新（killed innovation）」，是當時的首席執行長 James McNerney 的指示（原任奇異公司（GE），現任職於飛機製造商波音公司（Boeing））[2]。除非允許操作流程的人能進行修改，否則指令性的、規則基礎的流程會扮演阻礙持續改善的角色。最後，過度依賴流程往往會把願意腳踏實地、承擔風險以及執行安全型失敗實驗的人趕走。這類的人往往會在沉重、繁複流程的環境中感到窒息 —— 但其實他們才是創新文化的重要驅動者。

同樣地，隨著組織的發展，建立和操作這些系統的複雜性也會隨之增加。為了獲得全新功能而且快速推向市場，經常為更快的速度權衡品質。這確實是一個明智和理性的決定。但在某些時候，系統的複雜性限制了我們提供新的工作能力，讓我們陷入僵局。許多企業在生產環境中有上千個服務，包括在傳統平台上運行關鍵任務系統。這些系統經常是相互連接，牽一髮而動全身，很難只修改系統的一部分卻不用更動系統的其他部分，這在大規模創新的能力上顯然是個拖累。

以第一章所描述的任務命令原則為基礎，執行快速規模化的策略，這些組織和架構所重視的卻往往成為最大的阻礙。本章先提出一個執行策略美學，在網站時代管理組織與系統複雜性的例子：Amazon。然後，再提出組織、架構和領導原則，使企業能夠順利成長。

Amazon 的發展方式

2001 年，Amazon 有個問題：執行網站的系統 Obidos 過於龐大，像一塊大鐵板般的「大泥球」，無法進行規模化。限制的最大原因在於資料庫。然而，執行長 Jeff Bezos 卻把這個問題轉變成機會。他想把 Amazon 變成其他企業也能利用的平台，最終目的是能更好地滿足顧客的需求。考慮到這一點，他發了一份備忘錄給技術人員，指導他們建立一個服務導向的架構，Steve Yegge 總結[3]：

---

2 引用自 *http://zd.net/1v71quY*。

3 技術領導者的必讀經典好文，Steve Yegge 所撰的「platform rant（平台咆哮）：
https:// plus.google.com/+RipRowan/posts/eVeouesvaVX。

1. 所有團隊今後都要透過服務介面，露出資料和功能性。

2. 團隊必須透過這些介面互相溝通。

3. 不允許其他形式的流程間通訊：沒有直接的連結，不能直接讀取另外一個團隊的儲存資料，沒有共享記憶體模式，沒有任何後門。唯一允許的通訊是經由網路呼叫服務介面。

4. 這與採用的技術無關。HTTP、Corba、Pubsub、自訂的網路協定 —— 都沒有關係。執行長 Jeff Bezos 並不在乎。

5. 所有的服務介面，無一例外，從群組到外部化都必須被設計。也就是說，團隊必須規劃和設計，能把介面提供給企業以外的開發人員使用。沒有例外。

6. 不這樣做的人將被解僱。

Bezos 還雇用了西點軍校畢業的前美國陸軍遊騎兵 Ranger Rick 來執行這些規則。除了這些規則，Bezos 還強制推動另外一個重要變革：每個服務都要由一個跨部門的團隊負責，這個團隊會在服務的整個生命週期裡，建立與執行服務。如 Amazon 的技術長 Werner Vogels 所說的，「負責建立的人，負責營運」[4]。連同所有服務介面設計外部化的規則，這也帶來一些重要的成果。如 Werner Vogels 所指出的，這種組織團隊的方式「把團隊與軟體的日常營運連結在一起。讓團隊每日與顧客接觸。這種顧客服務的回饋循環對改善服務品質是不可或缺的。」

因此每個團隊可以有效率地參與產品開發 —— 即使是在基礎設施元件上工作的人，也是構成 Amazon 網路服務（Amazon Web Services）的一部分，例如，Amazon 的雲端主機 EC2。從專案基礎的資金與交付模式轉變成以產品開發為基礎，這是一項極其重要的轉變。

隨著組織發展，最大的問題之一是，維持人與人之間和團隊之間的有效溝通。一旦把人移動到不同樓層、不同的建築物，或是不同的時區，就會嚴重地限制溝通頻寬，變得非常難以維持共同的理解、信任和有效的合作。為了控制這個問題，Amazon 規定所有團隊都必須符合「兩

4　Amazon 轉型為 SOA 架構的必讀好文，由 Werner Vogel 所撰：
　　http:// queue.acm.org/detail.cfm?id=1142065。

個披薩」原則：團隊必須夠小，小到兩塊披薩就能餵飽整個團隊 ——
通常是 5 到 10 人左右。

限制團隊大小會帶來四個重要的影響：

1. 確保團隊對於正在使用的系統，有清晰、共同的理解。但是隨著
   團隊規模變大，每個人都想要知道發生了什麼事，其所需要的溝
   通量會以各種組合的方式增加。

2. 限制團隊正在處理的產品或服務的成長速度。透過限制團隊的規
   模大小，也限制了系統可以發展的速度。這也有助於確保團隊保
   持系統共識。

3. 或許最重要的是依循任務原則，讓權力分散化與創建自主性。
   「兩個披薩團隊（two-pizza team，簡稱 2PT）」會盡可能地自治。
   團隊領導者會與管理層一起決定關鍵的業務指標，再由團隊負責
   這些指標，稱為*適應函式*（*fitness function*），也是團隊實驗的總
   體評價準則。這樣該團隊就能自主行動，使用本書第九章所描述
   的技術，最大限度地提高該項指標。

4. 讓員工領導「兩個披薩團隊」可以在環境中獲得某些領導經驗，
   在這個環境裡，失敗不會產生災難性後果 —— 進而「幫助公司
   吸引和留住創業人才」[5]。

Amazon 策略的重要組成部分，是連結 2PT 組織結構和服務導向架構的
架構方法。

服務導向架構之簡介

服務導向架構的關鍵原則（service-oriented architecture，簡稱 SOA）是把系統
分解為元件或服務。每個元件或服務都會提供一個介面（也稱為應用程式介面
或是 API），讓其他元件可以和它溝通。系統的其他部分 —— 和建立系統的團
隊 —— 不需要知道他們消耗的元件或服務的建立細節。相反地，只需要知道介
面。這意味著，使用服務或元件的團隊，和建立與維護的團隊，這兩個團隊之
間不需要大量的溝通。確實，如果 API 有夠好的設計和文件，就不需要溝通。

5　引用自 *http://blog.jasoncrawford.org/two-pizza-teams*。

任何系統都可以用多種方式進行分解。了解如何分解系統是一門藝術 —— 隨著系統發展，理想的分解很可能會隨之改變。分解系統時，架構要遵循兩個經驗法則。第一、確保新增一個新功能時，盡量一次只改變一個服務或一個元件。這能減少介面的流失[6]。第二、避免服務之間的「繁瑣」或更細緻的通訊。繁瑣服務的規模化很差，而且很難模擬測試目的。

所有設計良好的系統都會拆分成數個元件。服務導向架構的區別就是它的元件可以相互獨立地部署到生產環境。系統的所有元件不再一起「大爆炸式」發佈：每個服務都有自己獨立的發佈計畫。這種架構方法對持續交付大型系統來說是相當重要的。必須遵循的最重要規則是：新版本發佈時，管理服務的團隊必須確保不會使消費者的使用中斷。

Amazon 利用軟體開發的重要的定律之一是 Conway 定律，在軟體開發規模化的同時，避免過度溝通使生產力消耗殆盡：「設計系統的組織…其產生的設計反映出這些組織的通訊結構。」應用 Conway 定律的方法是讓 API 的邊界與團隊的邊界一致。通過這樣的方式，可以把團隊分散在世界各地。只要每個服務是由單一、同地協作、自主性的跨部門團隊開發與執行，團隊之間就不再需要大量的溝通。

組織通常會嘗試對抗 Conway 定律。一個常見的例子是以功能拆開團隊，例如，把工程師和測試人員放在不同的地點（或者更糟的是，採用外包服務的測試人員）。另一個例子是，產品的前端由一個團隊開發，業務邏輯是第二個團隊，資料庫又是第三個團隊。由於任何新功能都需要這三個團隊進行，因此這些團隊之間需要大量的溝通，如果他們分別在不同的地點工作，就會帶來嚴重的影響。一般依照功能或架構層拆解團隊，會導致大量的工作重來、規格上的分歧，交接品質低落，人們閒置等待其他人完成工作。

Amazon 的做法肯定不是創造速度規模化的唯一方法，不過是一個很好的例子，說明了溝通結構、領導能力和系統架構之間的重要連結。

6　此主題的原始內容請見參考書目 [parnas]。

透過任務命令建立速度規模化

隨著組織的發展,在達成期望的系統層級成果上,非正規的流程和溝通管道會變得越來越無效。確實,在面對快速成長時,人們很容易忽視系統層級的成果。隨著組織的發展,人們進入了複雜的領域。特別是,複雜自適應系統的兩個特徵會越來越重要。第一,沒有哪個特權視角可以綜觀全局,理解整個系統 —— 就算是執行長辦公室也很難。第二、只依靠獲得的資訊和背景,每個人都只能瞭解到整個系統的一小部分。

因此,如果不在乎組織發展的方式,最後人們會以他們所看到的和獲得的回饋,對系統進行最佳化,這又或多或少會受到每天和人們互動的那些人影響。每個部門或小組會把自己的效益最佳化 —— 不是因為人們不懂思考或工於心計,而是因為他們很難看到自己的行動在整個組織內的影響。簡化的傳統企業結構圖,如圖 10-1 所示。

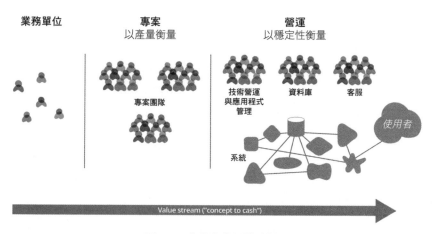

圖 10-1　傳統企業組織的例子

快速規模化的關鍵是,根據第一章所描述的任務命令模式,創造許多小型、分散、自主團隊。想成為真正的分散式組織,要依循輔助性原則:預設情況下,應該是由會受到這些決定影響的人們來做決策。更高層級的官僚應該只執行基層無法有效執行的任務 —— 也就是更

高級官僚的權力，應該附屬於各個基層團隊[7]。一些成功的大型企業多年來都遵循這個原則 —— 例如，Gore 公司、西南航空（Southwest Airlines）和瑞典的 Handelsbanken 銀行，所有這些公司的表現都一致地比市場的平均績效來得好。

我們的出發點是定義基本的組織單元 —— 一個最多只有 10 個人的團隊（根據 Amazon 的兩個比薩原則）。一旦團隊超過 10 人，群組的動態與協調會變得難以管理，而且很難做出一致的協商決定，讓團隊的每個人達成背景共識。

在企業環境中，團隊協作通常是為了實現計畫層級的目標，而且較大的產品和服務會需要多個團隊，或許包含專屬的行銷和技術支援人員。如同 Reed Hastings 所說的，目標是創建一個高度一致但耦合鬆散的團隊。使用第六章和第九章的改善型，確保團隊的目標是一致的 —— 也就是說，利用定義的目標狀態在計劃層面反覆演進，並且讓團隊協力合作，以實現這些目標。

以下為一些企業成功應用於建立個別團隊自主性的策略：

給團隊工具和權力，推動變更到生產環境

有些公司在許多情況下，例如，Amazon、Netflix 和 Etsy，團隊不需要提出申請單或是讓諮詢委員會審查，就能把變更佈署到生產環境裡。事實上，在 Etsy，這個權力下放到不僅僅是團隊，甚至是工程師個人。在推動變更之前，預期工程師會互相進行協商，某些類型的高風險變更（例如，資料庫變更或《PCI-DSS》持卡人資料環境的變更）需要外部管理。但在一般情況下，期望工程師會執行自動測試，並且徵詢團隊的意見，以確認每個變更的風險 —— 信賴工程師在這個資訊基礎上，會適當地自主行動。ITIL 支持這個概念，其形式為標準變更。所有隱藏發佈的變更（這形成 A / B 測試的基礎）都應該視為標準變更。作為回報，很重要的是團隊要負責支援他們的變更，更多資訊請參見第十四章。

7　如果讓這個想法有合乎邏輯的結論，最終會得出「自主管理模式（holacracy）」（請參見 http://holacracy.org/constitution）。一家依循「徹底分權模式（radically decentralized model）」的企業範例，是巴西公司 Semco，請見參考書目 [semler]。

確保團隊擁有人力，可以設計、執行和發展實驗

團隊必須有權力和必要的技能提出假說，並且設計實驗，讓一個 A／B 測試投入生產環境，收集結果的資料。既然團隊很小，這就意味著他們是一群跨部門的人：一些通才與一位或兩位深入的專家（有時也稱為「T 形」人才）[8]，和一些專業人員，例如，資料庫管理員、UX 專家和領域專家。這也不排除成立集中型的專家團隊，按照產品團隊的需求提供支援。

確保團隊有權力選擇自己的工具鏈

強迫團隊使用某個工具鏈，只是為流程和財務最佳化，而非為了工作的人。團隊必須能自由選擇自己的工具。但有一個例外是生產環境執行服務時所使用的技術堆疊（technology stack）。理想情況下，團隊會使用內部 IT 或外部供應商提供的平台或基礎設施服務（PaaS 或 IaaS），讓團隊能透過 API（不需要透過申請或電子郵件）就能根據需求自助佈署到測試和（可應用的）生產環境。如果沒有這樣的系統存在，或者是現有系統不適合，應該允許團隊選擇自己的堆疊 —— 但必須做好準備，以符合任何適用的法規約束，並承擔生產配套系統的成本。第十四章會更詳細地說明這個棘手的議題。

確保團隊不需要核准就能進行實驗

本書所描述的技巧能降低實驗成本，所以資金不應成為測試新想法的阻礙。在規定的上限內（例如，每次交易和每個月的限制），團隊應該不需要核准就能支出實驗費用。

確保領導者專注於執行任務命令

在成長中的組織裡，領導者必須持續簡化流程和業務複雜度，提高最小組織單位的效益、自主性和能力，並且在這些單位內培養新的領導人。

8　參見 1991 年 9 月 17 日，The Independent（London）報導，David Guest 所撰的〈尋找計算時代的文藝復興人才〉（The hunt is on for the Renaissance Man of computing）。

這種結構的團隊範例，如圖 10-2 所示。對於使用者安裝產品、行動應用和嵌入式系統，PaaS / IaaS 只是用於測試目的，發佈流程仍依照需求發生，而不是持續的。請注意，這個結構不需要回報人作改變。即使是每天都在跨部門功能團隊裡工作，人們仍然只要回報給傳統功能的管理者（例如，測試人員對測試主任）。企業經常浪費大量的時間進行不必要的、顛覆性的組織重整 —— 做得更好的，只是讓同一個產品或服務的人都坐在同一個房間裡（對大型產品來說，或者是都在相同樓層）。

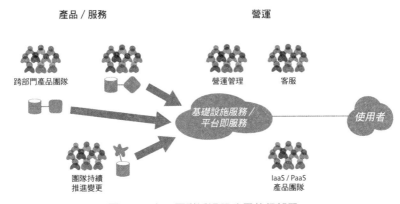

圖 10-2 產品團隊透過服務層執行部署

—— 警 告 —————————————————

確保獎勵和期望的行為一致

儘管報告結構對於反映團隊組織來說不是必要的，然而不良的管理可以輕易地摧毀協作，例如，獎勵人們最佳化功能的行為，而犧牲顧客成果或更廣泛的組織目標。這方面的例子包括，因功能「開發完成（dev complete）」獎勵開發者，而不是功能投入生產環境，或者是根據測試人員發現的錯誤數量來給予獎勵。一般情況下，因為產出獎勵人們，而非系統層級的成果，會導致公司機能障礙，已證實在知識工作背景下，金錢獎勵和獎金在任何情況下都會降低績效。關於激勵機制和文化，更多細節請參見第一章和第十一章。

創建小型、自主的團隊使其可以經濟地小批量工作。如果運行得當，這樣的組合能帶來幾個重要的好處：

更快的學習，改善顧客服務，在沒有附加價值的工作上花更少的時間

自主性與相互支持的企業結構結合，可以降低團隊之間的依賴關係，使其能更快發佈變更。想讓團隊可以建立新產品和功能的快速原型，進而收集顧客回饋，運行 A / B 測試，透過快速回應使用者在改善與錯誤修正方面的需求，來改善顧客服務，關鍵要素是團隊自主性。如果能快速了解使用者真正想要的價值，就可以停止浪費時間在建立沒有附加價值的事情上。最重要的指標是：我們可以多快學習？對這個指標來說，變更交付時間是很有用的代理變數，要改善這個指標，關鍵在於自主團隊。

更好地理解使用者需求

工作經由功能性壁壘移動的組織裡，使用者、企劃人員和創建產品的工程師之間，其回饋循環通常很慢而且嚴重失真。當團隊裡的每個人都可以建立小型實驗、推動實驗到生產環境，並且分析指標，團隊便能在日常基礎上與使用者有所接觸。

抱持高度動機的團隊成員

當我們可以設計實驗，或是把錯誤修正、改善提供給使用者，而且幾乎能立即看到結果，這是一個令人難以置信的授權體驗 —— 是團隊成員擁有自主性、精通和目的性的證明。我們知道歷經這樣工作方式的人，沒有人會想回到舊的做事方法。

易於計算損益

跨部門、顧客面向的團隊在其生命週期裡負責一個服務，因此更容易計算服務的損益（profit and loss，簡稱 P&L）。服務的成本就只是團隊消耗的資源成本，再加上他們的薪資。這使我們可以利用簡單的金額數字，就能識別出為公司產生最高利潤的團隊。請注意，這是獨立於內部計價系統之外的想法，如果實施內部計價系統，通常會需要高度複雜的業務，以計算非常精密的成本。

在不斷成長的新創事業裡採用任務命令原則,和應用在更傳統、集權式方法管理與決策的企業,完全是兩回事。任務命令徹底改變了管理的方式 —— 尤其是風險、成本和其他系統層級成果的管理。許多組織對風險與成本管理,採用通用的做法,在軟體發佈管理(IT 部門)與預算(財務部門)上利用集權式流程。在任務命令中,團隊有權力和責任於其特定背景下,適當地管理成本與風險。財務、專案管理辦公室、企業架構師、GRC 團隊,和其他集權式群組的角色都會發生轉變:指定目標成果,有助於促使目前的狀態透明化,並且提供需要的支援與工具,但不會規定如何管理成本、流程與風險。後續第四部分會討論精實方法如何用於治理與財務方面。

利用絞殺級應用模式不斷發展架構

如果企業架構是妨礙團隊執行實驗,以及防止快速回應顧客需求,則自主團隊能對顧客結果造成的影響極其微小。要同時啟用持續交付和權力下放,團隊必須能夠快速、安全地發佈變更。不幸的是,現實情況中,許多企業裡有數以千計的緊密耦合系統,很難只改變系統的任何一部分卻不牽動整個系統。常看到的一個依賴性是記錄系統,維護團隊每隔數個月才發佈一次更新,而且維護系統的代價很高。

技 巧

設計持續交付與服務導向的架構

持續交付和服務導向的架構是指發展可測試與可佈署的系統。可測試系統是指能夠快速對系統正確性獲得高度信心的系統,不依賴昂貴整合環境下的大量手動測試。可部署系統是指設計成可快速、安全和獨立地佈署變更到測試與生產環境的系統(在網站基礎系統的例子中)。這些「跨部門」需求的重要性和績效、安全性與可靠性一樣,但是卻經常被忽略或是被認為是次要性需求。

企業陷在泥濘大球裡的共同反應是,投資一個大型系統的置換專案。這些專案通常需要數月或數年才能交付任何價值給使用者,從舊系統切換到新系統往往是以「大爆炸式」執行。這些專案有非常高的風險會發生執行延後、預算超支和被取消的情形。重新設計系統架構不應

採用投資大型工作計畫的作法。應該是一個持續性的作業活動,作為
產品開發流程的一部分。

Amazon 並沒有在「大爆炸式」置換計畫中,更換龐大的 Obidos 架構。
相反地,他們利用一種稱為「絞殺級應用(strangler application)」的
模式,漸進式移動到服務導向的架構,同時又能持續交付新功能。如
Martin Fowler 所描述的,這種模式在新的應用中實作新功能,逐步地
置換系統,鬆散地耦合到現有系統,只有在必要時,才會從原來的應
用程式移植現有的功能[9]。舊的應用程式隨著時間被「扼殺」── 就像
被熱帶絞殺植物纏繞的樹(請參見圖 10-3)。

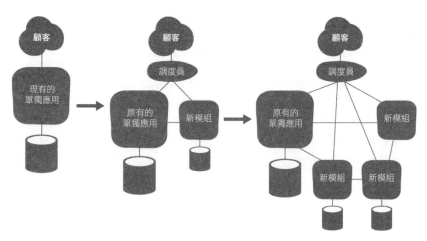

圖 10-3 絞殺級應用的演變

絞殺級應用程式應該使用本書前面介紹的方法。實作絞殺模式時,需
要遵循以下的重要的規則:

至少初期要從交付新功能開始

永遠都要設法滿足現有系統無法服務的需求,利用第七章說明的
延遲成本除以週期(CD3)來安排功能的優先序,以確保在最短的
時間內,交付最大量的價值。

9　請參考 Chris Stevenson 和 Andy Pols 的論文:*http://bit.ly/1v71GtR*。

除非是為了支援業務流程的變化，否則不要企圖串接現有功能

人們所做的最大錯誤就是以原樣移植現有功能。這往往是重現了多年前為服務業務流程而建立的複雜度，這是巨大的浪費。每當你被要求為業務流程的變更新增功能時，在實作程式碼支援新功能前，先去觀察整個業務從無到有的過程，並且尋找簡化的方法。會發現在業務流程中那麼多意外的複雜性，實際上是因為被迫使用正在更換的舊軟體所造成的！

快速提供初始版本

讓新應用的初始版本夠小，小到可以在數週或數月內佈署或是提供價值。建立第一個模組時，很難阻擋功能蔓延 —— 卻是不可缺少的。衡量初次發佈是否成功，在於多快可以使用，而不是有多少功能性。通常會使用「縱切（vertical slice）」法，橫跨整個技術堆疊，建立端到端的小型、漸進式功能。

可測性和可部署性設計

新應用的功能必須始終使用良好的軟體開發實踐來建立：測試驅動開發、持續整合、良好封裝、鬆散耦合的模組化設計。開發絞殺級應用程式是測試這種做法的好機會，所以要確保工作團隊熱衷於這些方法，並且有足夠的經驗保障成功。

讓新軟體的架構能在 PaaS 上運行

和營運人員攜手合作，推動軟體設計為「平台即服務」，如後續第十四章所述。如果運營團隊尚未準備好，與他們合作可以確保系統不會增加現有營運環境的複雜性。

以漸進式方法遷移，當然需要有所權衡。整體而言，在提供相同功能的前提下，相較於重新設計架構的「大爆炸式」，漸進式替換系統需要花更長的時間。然而，絞殺級應用程式從初期開始就能提供價值給顧客，持續演進以回應不斷變化的顧客需求，能以自己的速度前進，因此，總是會被優先採用。

企業架構通常是由昂貴、自上而下的計劃驅動「合理化」的架構，從老舊的系統遷移到現代化平台，並且刪除重複，創造單一來源的真實

資料。通常會以一張單一（大）的紙，用好看的圖來表示最終狀態。然而，最終狀態卻很少實現，因為組織生態系統（ecosystem）的架構總是變化得太快，甚至更難兌現最初承諾的效益。通常就是新增了新結構，但被認為要換掉的系統，實際上卻從未關閉，導致複雜性不斷增加，使得未來的系統愈來愈難以變更。

技 巧

透過指定目標狀態，建立架構一致性，而不是透過標準化和架構史詩

根據我們的經驗，對特定工具鏈或技術堆疊進行標準化，是既無必要也不足以實現企業架構目標，例如，使團隊能快速回應不斷變更的需求，建立規模化的高績效系統，還有減少入侵或資料被盜的風險。就像我們透過改善型驅動產品和流程創新一樣，也可以透過它驅動架構一致性。架構目標 —— 例如，期望的效能、可用性和安全性 —— 應該透過在計畫層級反覆演進地指定目標狀態來達到。依循任務命令，為企業架構的目標設定一個清楚的願景，但不指定如何達成目標，創建一個環境，團隊可以決定如何透過實驗和協作實現這些目標。更多標準化替代方案的說明和相關議題的細節，請參見第十四章。

接受我們將始終處於變化的狀態，透過絞殺級應用模式，緩慢地、漸進地前進，降低複雜性，我們就能做得更好。對於想要淘汰的系統，找到一種方法來衡量系統的表面積，讓團隊看見並且努力減少 —— 最終要消除這個系統 —— 同時持續提供價值給顧客。接受企業架構的演進和降低不必要的複雜性，是持續的、無止境的過程。

結論

組織想快速規模化需要實施任務命令。常見的方法是創建小型、高度一致但鬆耦合的團隊。然而，Melvin Conway 觀察到系統架構和通訊流之間已知的強耦合，

還以他自己的名字創造了 Conway 定律，要支持這種分散式組織，還需要發展一個系統架構。

從一個更傳統的集權式模式移動到本章所述的這種結構，其過程非常困難。必須慢慢地漸進式推動。需要改變現有的集權式流程 —— 特別是在預算編制、採購、風險管理、公司治理和發佈管理。這些會在本書最後的第四部分討論。

儘管變革很困難而且需要時間，但我們不應勸阻。關鍵是找到方法可以進行小型、漸進式改變，提供改善的成果給顧客 —— 然後繼續堅持。正如對企業架構應用絞殺模式一樣，也可以應用在組織文化和流程 —— 這是本書最後第十五章的主題。

讀者思考問題：

- 你的團隊可以獨立地運作實驗和達成顧客成果嗎？或是要依賴其他團隊才能完成任何事？

- 你能獨立地佈署系統裡的每個部分嗎？還是必須一次發佈所有變更？

- 不論是對單一團隊、元件／服務進行實驗或獨立佈署，所進行的最小工作量為何？

- 團隊的人們如何被獎勵？是鼓勵還是阻止他們和團隊的人或團隊以外的人相互合作？

轉型

每個人都想改變世界，卻沒有人想改變自己。

— Leo Tolstoy
俄國文學家

如果你從本書開頭一直看到這裡，應該已經獲得一個不錯的觀念，就是如何應用精實概念與原則創造優異的軟體產品，還有瞭解策略與文化對發展及開發新業務的重要性。若希望投入的力道獲得最大的回報，就需要讓精實原則與觀念落實於整個組織。唯有在這樣的環境下，才能讓我們在投資、探索新想法以及發展帶給顧客價值的想法方面，實現完整的價值。

我們隨手就能掌握這些概念，有效解決瞬息萬變的環境與激烈競爭的需求。然而，很難將精實觀念延伸到流程改善、COTS 應用，以及內部系統的進展與支援，特別是記錄系統。供應鏈之間的關係又進一步產生阻礙。和專利產品、專業能力或是客製化解決方案的供應商關係，本質上經常會抑制協力合作、快速回饋或是小型、漸進式變化。我們需要尋找供應商，其願意對待我們如同我們對待自己的客戶一般。必須鼓勵供應商傾聽我們的聲音、理解我們的需要與進行實驗。樂意與我們一起朝向改善的旅程。

在治理、風險合規（GRC）、財務管理、採購、供應鏈管理（vendor/supplier management）以及人力資源（徵人、升遷、薪資制度）等方面，許多傳統的方法不僅創造額外的浪費和瓶頸，還進一步增加問題

的複雜性。當整個組織抱持精實觀念，每個人都往相同的方向邁進，才能消除這些問題。

讓企業變得精實並不是一個人或是一個部門的事。只透過一個特殊的戰術專案小組是無法推動的。我們不能強制要求每個人從現在開始都照這個方式工作，並且期望他們能隨著每個實施的計畫調整。真正的精實轉型是堅定的、無懼的領導者鼓勵與讓精實思考散佈於整個組織的結果 —— 不僅是顧客面向的產品。在上位的人需要言行一致，成為大家的榜樣。需要拋開自我，傾聽並尊重相反的意見，以及建立組織所有層級間的信賴關係。對於新興事業的領導者，很重要的是讓精實概念與實踐成為組織的文化。

人們必須有權作出涉及風險的決策，和嘗試新想法，同時認知到他們對顧客和保持與整個組織策略一致性的責任。作為領導者，需要為每個人設定限制與背景，但要確保不會限制過嚴。當每個人團結一致，追求共同的目的，並且能與顧客心靈相通，把他們的需求放在第一，則絕大部分的人都可以指出什麼風險可以接受，而什麼不行。

當我們的擁護的價值觀與實際做法無法配合，就會發生衝突。這時，最重要的是有人可以做出示範，實踐我們希望在大家身上看到的行為。沒有適用於每個人的公式、指示或是儀式。每個人都需要每天花時間實踐，也可能是一天數次，反思自己的行動是否支持我們既定價值觀，努力推動我們朝正確的方向前進。

精實思維無法在集權式、命令與控制管理型態的組織中成長茁壯。儘管如此，仍然需要知道每個人在做什麼，維持組織的可視性與透明度。大型的組織不容易找到平衡點，必須意識到會需要不斷的調整。組織中的許多人會把這樣的文化轉變視為威脅，並且拒絕改變。命令與控制很簡單；我遵循規則，如果規則無法運作，那不是我的錯。然而，如果你要求我做決策，而且為決策承擔責任，還會因為我極可能犯下的錯誤而追究我的責任。那麼還是給我命令與控制吧！

如果我們成功創建精實企業，所有層級的每個人都可能會遭遇失敗和挫折。如果還沒成功，就意味著我們尚未創出一個高度信任、高績效的文化，還在持續用虛榮指標判斷績效，而非實際的成果。如果不

允許犯錯，以及接受變好之前可能會跌到谷底，就永遠無法擁有學習型組織的文化。

第四部分會集中討論在追尋企業永無止盡的轉型。提出在一些最常見的領域，我們看到精實概念和盛行的領導力與管理原則、實踐還有流程之間，無法相互配合的情形。這些落差顯露，當我們面對防止我們在交付價值給顧客上做得更好的障礙，或是在日常生活中被搶走滿意度和滿足感。我們希望讀者能有所啟發，找到方法克服這些困難，以及和其他人分享他們的成功和失敗。

第十一章

培養創新文化

公司的競爭與生存能力不在於解決方案本身，而是組織裡的人理解情況和開發解決方案的能力。

— Mike Rother

《Toyota Kata》作者

我們現在接受的事實是，學習是跟上變化的終生的過程。最緊迫的任務就是教會人們如何學習。

— Peter Drucker

現代管理學之父

你知道的，我對進展完全沒有意見。我只是反對改變。

— Mark Twain

美國作家

組織能力要適應不斷變化的環境，最關鍵的因素是文化。然而，無形的文化很難分析，甚至難以改變。每個企業都有自己獨特的文化，所以「有多少成功的文化就有多少成功的公司[1]」。第一章提出了一個高績效、生產型的文化特色。本章則要討論如何瞭解你的組織文化，可以做些什麼來改變它。

1　引用自《經濟人》（*The Economist*），第 410 卷第 8869 期，第 72 頁。

每個組織的文化會不斷改變。有新員工和領導者加入，也有人離職，策略和產品不斷演進與終止，以及市場板塊不斷移動。最重要的問題是：我們可以正向發展企業文化，以回應這些環境的變化嗎？

想瞭解如何影響組織文化，就需要瞭解它的基礎。我們引進組織文化模型，以討論如何衡量。依循策略來啟動組織變革，目標是使這些策略能自我維持。最後，考察個人與組織之間的關係，並討論如何僱用與留住「好」的人才。

建立文化模型與衡量文化

> 執行長們可以談論和閒聊文化一整天，但員工知道誰在瞎扯。
>
> ── Jack Welch
> 奇異公司前執行長

在《*The Corporate Culture Survival Guide*》一書中，Schein 定義文化是「一個群體知道解決外部適應和內部整合問題的假設，並且共享這個默契模式。因為運作得當而且有效，所以會教給新成員這個正確的方法，讓他們察覺、思考及感知這些問題。[2]」這個定義裡的「默契」部分很重要 ── 就是使文化難以言喻的原因。《*Your Startup Is Broken: Inside the Toxic Heart of Tech Culture*》一書的作者 Shanley Kane 提供了另一個角度，他評論說「真正的文化主要是由沒有人會說出口的事情所形成的…文化是關於權力機制、潛在的優先事項和信念、神話、衝突、社會規範執法、輸入／輸出群體的創造和財富分配，以及公司內部控制[3]」。

雖然文化是無形的，但是可以衡量，而且有一項大型的研究致力於這種任務。當然，每種方法論都是基於一個基本模式，所有模式都有其限制範圍。然而，這樣的測量是一個重要的方法，讓人們看見文化並且鼓勵人們重視文化。以下是投入文化衡量的例子：

2　請見參考書目 [schein]。

3　請見參考書目 [kane]，《Five Tools for Analyzing Dysfunction in Engineering Culture》和《Values Towards Ethical and Radical Management》。

- Karen E. Watkins 和 Victoria J. Marsick 開發出學習型組織構面問卷（Dimensions of the Learning Organization Questionnaire，簡稱 DLOQ），許多學術文獻已對此進行廣泛的研究。可以由此網頁取得免費的問卷調查資料（*http://www.partnersforlearning.com/instructions.html*）。

- Gallup 的 Q12 研究，透過問卷詢問員工所認為的「十二項最重要的問題」，以衡量員工的敬業度。可以由此網站（*http://q12.gallup.com/*）找到這十二個問題與更多參考資訊。

- 本書第一章提過研究報告《*2014 State of DevOps Report*》如何衡量工作滿意度和文化（使用 Westrum 模式），及其對組織績效的影響。分析顯示 Westrum 模型可以在知識工作背景下，預測工作滿意度和組織績效。更多資訊請參見（*http://bit.ly/1v71SJL*）。

技 巧

文化調查的可行性

無論是使用調查公司的服務還是自己調查，都要注意收集了多少資訊。為了得到真實答案，不要求人們透露個人隱私相關的資訊。以彙整的方式呈現結果。捕捉一些人口統計資訊可能會有用處，例如，可以發現性別或角色之間的結果變化，但前提是要有數量夠大的匿名資料。要留意的是，對於受訪者，資訊要如何運作才不會產生不良的影響。有一家大型企業的管理者反應部門的研究結果不好，所以會在下一次粉飾報告，讓他們自己看起來更好。

把薪資、績效評估和文化調查研究分開。提供綜合結果給所有員工，並確保管理人員安排會議討論結果，以計劃下一步的措施。每年或每半年執行一次調查，隨著時間提供比較與衡量變化的基準。

衡量組織文化，察覺問題是第一步。接下來，必須調查為什麼文化是以這樣的方式呈現。Schein 的模型可以有效應用在這個調查上，他把文化分為三個層次：人為因素、擁護的價值觀，和基本假設（如圖 11-1 所示）。

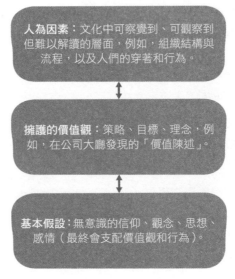

圖 11-1 組織文化層級

組織內所擁護的價值觀和觀察到的行為,兩者之間不一致是很常見的。
觀察到的行為是較佳的真實數值指標。誰因為什麼行為而獲得獎勵?
誰被僱用了、升遷了或是解僱了?而為了瞭解真實價值的性質和來源,
必須下降到基本假設的層面。這個層面很難剖析,但理解這個部分非
常重要。

Schein 提出默契假設的詳盡分類,其中最重要的是領導者與管理者對
員工抱有的信念。在他的經典管理著作《*The Human Side of Enterprise*》
中,Douglas McGregor 描述,他觀察到管理者們抱持著兩套截然不同
的信仰,稱為理論 X 和理論 Y。抱持理論 X 的管理者相信人們是天生
懶惰和不思進取,重視就業保障遠超過責任感;外在動機技巧(胡蘿
蔔加棍子)對處理員工是最有效的[4]。相反地,抱持 Y 理論的管理者相
信「員工可以也會把自己的目標和組織的目標連結在一起,Y 理論會下
放更多權力給員工,以老師和教練的身分發揮作用,幫助員工制訂他
們自己可以監控的獎勵措施和控制。[5]」

4　此篇文章以 Ricky Gervais 的著作為基礎,探索 X 理論組織與其生命週期的複雜性和娛
　　樂性,請參見 *http://bit.ly/1v71WJq*。

5　請見參考書目 [schein],第 64 頁。

正如本書第一章中所提到的,雖然外在動機,例如,獎金,對泰勒理論針對的例行性工作和機械式工作很有效,但應用在知識工作的背景下,實際上會降低績效。參與非例行工作的人要由內在動機來激勵,Dan Pink 歸納為,「1. 自主性 —— 主導我們自己生活和工作的慾望。2. 專精 —— 迫切希望讓某個重要的事精益求精。3. 目的 —— 嚮往進行超越小我的遠大服務。[6]」

特別有疑問的地方是,兩個型態的管理者都會產生和他們管理風格一致的行為反應,也都相信他們的方式是最好的。管理策略和 X 理論一致的人們,呈現的結果是員工被動、抗拒改變、不願承擔責任,而且「為經濟效益作出無理要求」[7]。但這是員工的理性反應,因為工作沒有滿足他們更高的需求。對這些員工來說,為了得到薪水,工作變成是要忍受的某件事。

領導者採用 Y 理論假設的組織裡,他們的工作是「創造條件,透過引導組織成員的努力,使他們能最佳地達成自己的目標,朝向企業的成功[8]」,不斷成長自己的能力,同時也提供價值給顧客和組織。除非抱持 X 理論工作態度的領導者和管理者,能採取 Y 理論的心態,並且透過行動證實他們的堅持,不然是無法讓人們的行為產生可察覺到的明顯差異。第一章的 NUMMI 故事就是很好的例子,證實了人們在心態和行為上的轉變。

文化很難透過設計改變。如同 Schein 所說的,「文化是如此的穩定,不易改變,因為它代表了一個群體的累積學習 —— 讓群體取得成功的思考、感覺、感知世界的方法。[9]」

6　引用自 *http://www.danpink.com/drive-the-summaries*。Pink 還引用了許多研究,最後證實外在動機會降低知識工作的績效。

7　請見參考書目 [mcgregor],第 42 頁。

8　請見參考書目 [mcgregor],第 49 頁。

9　請見參考書目 [schein],第 27~28 頁。

改變文化

Paulo Freire 於 1970 年出版了革命性著作《*Pedagogy of the Oppressed*》，其描述現今教學的主導模式。在這個模式中，學生被視為空的「銀行賬戶」，由教師以知識填滿 —— 在學習內容和學習方式上，學生並不是有發言權的參與者。這種模式的設計不會促使學生學習 —— 特別是不會學習獨立思考 —— 反而是在學習的過程中，抑制了學生獲取資訊和批判性分析的能力。教育系統以這種方式延續現今社會結構與權力等級。

同樣地，大部分的公司似乎把員工視為已經被填滿的銀行帳戶，不斷取出他們的技能與知識，為公司的目標服務。這在暗指當我們說員工為「資源」並且想瞭解如何提高其利用率和生產力，就很少會考慮員工的個人發展。這種行為是指在這種環境下，員工的存在主要是勞動力提供者，而不是創造價值的積極參與者[10]。相較之下，高績效的組織可以同時有效發展與駕馭人們的獨特能力。

以「銀行帳戶」的態度來對待員工的組織，往往也會以對待事物的方式來看待變革。太常見到組織利用一種有缺陷的方法，就是投資一項變革計劃，預期可以「修復」組織以適合我們的目的。組織變革被視為一項產品 —— 顧問賣出，領導層支出，組織的其他成員則依照指示消費。

這些變革計劃通常會把焦點放在重整團隊和報告結構，例如，送員工去上短期培訓課程，以及推出橫跨整個組織的工具和方法。但這些策略通常沒有用，因為這無助於改變人們的行為模式。如同 Mike Rother 在《豐田形學》（*Toyota Kata*）一書中所指出的，「組織的形式並不是決定性的因素，反而是人們如何表現的行為和反應。[11]」因此，取決於領導與管理的行為。這方面的一些例子有：賦予人們可以自主行動的權力，和信任他們會承擔風險嗎？人們會因失敗而被懲罰嗎？或者失敗能引發調查與改善系統嗎？獎勵還是不鼓勵跨部門的溝通？

---

10 此處的關鍵概念為「員工是可替代資源」—— 也就是，基本上員工可以相互替換。所以只要聽到員工被稱為「資源」，就是指這個概念。

11 請見參考書目 [rother-2010]，第 236 頁。

本書一開始討論的案例 NUMMI，可以看到一個破碎的組織，在發展新的領導和管理模式下重新改革。即便僱用的是原班人馬，NUMMI 還是能在品質和生產力上取得了非凡的水準，並且降低成本。《麻省理工學院史隆管理學院評論》（*MIT Sloan Management Review*）的一篇文章提到，Toyota City 的第一位美國員工 John Shook 回顧當時是如何達成文化變革的[12]：

> *NUMMI* 的經驗教會我一件事，這個方法之所以強大的原囚，在於改變文化的第一件事並不是改變人們的思考，而是改變人們的行為方式 —— 他們要做什麼。對於試圖想要改變組織文化的我們，需要定義：我們想做的事，我們想要表現和希望其他人表現的行為方式，然後提供訓練，接著再推動一些可以加強行為的必要措施。結果就能改變文化…在 *NUMMI* 改變文化的原因並不是「員工參與」或「學習型組織」，甚至是「文化」這樣的抽象概念。改變文化的是給員工方法，讓他們可以透過方法成功地完成工作。也就是清楚地傳達給員工他們的工作是什麼，提供培訓和工具，促使他們能成功地完成這些工作。

Shook 提供他自己對 Schein 模型的闡述，說明人們通常如何進行文化變革，和 NUMMI 採取的作法相反，如圖 11-2 所示。

NUMMI 在達成文化變革上有其優勢。重新雇用所有人力 —— 許多員工是剛被 Fremont 汽車裝配廠解雇。很難在沒有任何危機的情況下，實現持續、系統性的變革。在《*The Corporate Culture Survival Guide*》一書中，Schein 詢問危機是否為成功轉型的必要條件；他的答案是「創造文化是因為人類想避免不可預測性和不確定性，成人學習的基本觀點是，確實需要一些新的刺激來打亂平衡。思考這類刺激的最佳方法是失驗（*disconfirmation*）：一些認為或覺得不是原先預期的事，擾亂了我們的一些信念或假設…失驗會創造生存焦慮 —— 也就是如果我們不改變就要出事了 —— 或是內疚感 —— 亦即讓我們意識到沒有實現自己的想法和目標[13]」。

12　引用自 *http://bit.ly/1v720ZH*。

13　請見參見書目 [schein]，第 106 頁。

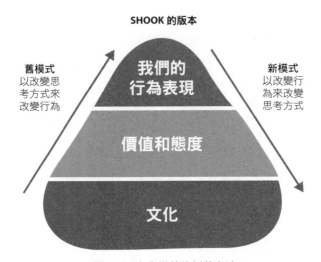

圖 11-2 文化變革的新舊方法
（2010 年，《MIT Sloan Management Review / Massachusetts Institute of Technology》，版權所有，Tribune Content Agency, LLC 出版。）

失驗來自於許多可能威脅我們生存的來源：經濟、政治、科技、法律、道德，或者乾脆說是沒有達成自己目的的體認。發生規劃外失驗的常見原因是領導者的行事方式違背其陳述過的價值。透過合資，有規劃的領導力活動，或者是藉由創造人為因素的危機，以受控制的方式來創造失驗。

一旦人們接受了變革的必要性，就會面臨恐懼，害怕他們可能無法學會變革所需的新技能和行為，或者說，可能會失去他們的身分狀態或一些顯著的部分 —— Schein 稱這種現象為學習焦慮。

Schein 的假設認為變革要成功，生存焦慮必須大於學習焦慮，然而，要實現這一點，「必須減少學習焦慮，而非增加生存焦慮」[14]。許多領導者和管理者犯的錯就是試圖增加生存焦慮來達到變革的目的。這樣會創造出恐懼的環境，反過來變成大量的精力花在推卸責任、逃避責任或玩政治遊戲。

---

14 請見參考書目 [schein]，第 114 頁。

減少生存焦慮最強大的系統工具是第六章說明的改善型。其設計能讓人們在追求明確定義的、可測量的組織目標時，安全地學習新的技能以及實驗新想法。重要的是打造一個高績效文化的環境，接受錯誤是一種學習的機會，建立系統和流程，以減少未來出錯時可能帶來的影響。

使失敗安全

組織面對失敗的態度為創造自適應的、彈性組織的關鍵 —— 不論失敗是變革或僅是決策造成的。組織理論學家 Russell L. Ackoff 教授指出，「我們對待錯誤的方式致使產生一種防止顯著改變的穩定性。」如果告知人們犯錯是不好的事，而且人們為此受到懲罰，那麼必然的結果是，他們將避免採取任何冒險的決定[15]。

在一個複雜的自適應系統，例如，一個企業，沒有人具有完善的資訊。每個決定都可能會帶來意想不到的後果，因為事後來看或許可以清楚地知道原因，但幾乎不可能預測前方將發生的狀況。每當有人要為已知的後果負責，就應該誠實地捫心自問，「如果我在同樣的情況下，是否可能會做出相同的決定？」通常答案是「會」。

與其因錯誤而懲罰人們，不如確保人們有必要的資訊來做出有效的決策，找出方法限制決策可能產生的負面後果，訓練人們從錯誤中學習。例如，在組織中，管理者和領導者如何回應失敗？失敗會導致哪種情形發生，是尋找代罪羔羊、公正還是調查？

擁有高績效文化的組織經常使用的一種實踐方法，就是在每個事件或事故後運行完善的事後剖析。事後剖析的目的是改善系統，在今後發生類似的情況時，人們有更好的資訊和工具可以應對，從而限制負面結果可能帶來的影響。

每個事後剖析開始進行時，所有參與者應該大聲朗讀以下的話，稱為回顧最高指導原則：「不論我們發現什麼，瞭解什麼和真實相信什麼，相信每個人在當下已經根據他們所知道的、擁有的技能、能力與可利

15　請參見影片：*http://youtu.be/MzS5V5-0VsA?t=6m*。

用的資源，在當時的情況下盡其所能做到最好[16]」。事後剖析應該致力於提供[17]：

- 從那些涉及和影響的角度來看，說明與解釋事件是如何發生的，包括事件的時間表和貢獻因素的列表。

- 為了更有效地預防、偵測人為因素（建議、補救、檢核列表、運行手冊更新等等），並對此做出回應以改善未來處理類似事件的能力。

事後剖析不應試圖找出一個單一的根本原因。認為每個事件都只有單一原因造成，這是對複雜自適應系統本質的誤解。正如安全性專家 Sidney Dekker、Erik Hollnagel、David Woods 和 Richard Cook 所指出的[18]：

> 對於事故如何發生的理解，在上個世紀經歷了重大的轉變。事故最初被視為一系列事件的結論（其中包含「人為錯誤」的原因或起因）。然而，這正逐漸被系統性觀點所取代，其認為事故的出現是來自於人們在組織和技術活動背景下的複雜性。這些活動一般集中在預防事故，但也涉及到其他目標（產量、生產、效率、成本控制），這意味著始終在資源限的壓力下（例如，時間、金錢、專業知識），所以可能會出現目標衝突。事故的出現來自於條件和事件匯合所造成的結果，通常與追求成功有關，在這個組合裡，每個事件都是必要，但綜合在一起卻反而會觸發失敗。

每次失敗是多種事情出錯的結果 —— 往往是無形的（Dekker 稱複雜的自適應系統為「不知不覺陷入失敗」）[19]。每個事後剖析都應該要導致多個逐步改善的想法。還必須安排後續工作，測試這些改善是否有效，最好運行一個演練，模擬類似的故障，如後續第十四章所描述的。

---

16 請見參考書目 [kerth]。

17 此兩項要點是取自 John Allspaw 的文章：*http://bit.ly/1e9idko*。如果各位對 Knight Capital 如何在 30 分鐘內失去 4.6 億美金的故事有興趣，這篇文章絕對值得一讀。

18 請見參考書目 [dekker]，第 6 頁。

19 複雜系統故障的簡要指南，請參見：*http://bit.ly/1F7O3Mg*。

沒有人才短缺

在高科技產業，經常聽到「人才荒」和尋找「好人才」的困難[20]。在本節中，我們將拆除這類言論背後的假設。透過觀察一個特定的角色 —— 軟體工程師 —— 檢視何謂「好人才」，然後再進展到一般情況的討論。

普遍相信最佳和最糟的工程師之間，存在巨大的差異[21]。事實上，「很難用經驗證據來支持」何謂 10 倍差距這樣的數字（說得客氣一點）[22]。然而，一旦你知道這個說法爭論的真相，其實就是關於組織環境中，個人生產力衡量的有效性或實用性。

個人生產力是最常見的衡量是產量 —— 在受控制的條件下，完成標準化任務所花費的時間。這種方法的前提是建立在泰勒主義的觀點之上，其中管理者定義要完成的任務，員工嘗試盡可能快速地完成這些任務。因此，老派的指標，例如，用每天完成的程式碼行數和工作時數，來衡量的軟體工程師個人的生產力。這些措施的缺陷是顯而易見的，如果我們考慮到理想的結果：盡可能用最少的程式碼行數，解決問題和建立簡化、共通的流程，還有顧客互動，以降低 IT 系統的複雜度。最有生產力的人是那些找到巧妙的方法來避免撰寫任何程式碼的人。

在許多組織中，過分擔心個人之間的差異是徒勞的。如果有一件事是我們應該從第一章的 NUMMI 案例學習的話，那就是相較於個人之間的差異，更重要的是領導力和組織文化。記者兼作家 Malcolm Gladwell 寫到，「人才神話是假設人們讓組織變聰明。但通常、往往是其他的方法…我們的生命明顯是由個人輝煌所豐富。一個群體寫不出偉大的小說，而委員會也提不出相對論。但企業透過不同的規則運作。不只是創造；執行和競爭並協調許多不同的人的努力，在那些任務最成功的組織裡，系統才是明星。」如同 W. Edwards Deming 所指出的，「一個糟糕的系統總是會打擊好人才。」

20　本節標題取自於 Andrew Shafer 的簡報：*https: // www.youtube.com/watch?v=P_sWGl7MzhU*。

21　引文的原始內容請見參考書目 [sackman]，關於這個訴求的強大討論和辯論，請參見：*http://bit.ly/1v72hvu*。

22　有效推翻現有研究和資料，請見參考書目 [bossavit]，第五和第六章。在拆除現有的研究和數據上，做一個有效的工作。

我們可以理解和解決複雜問題的速度 —— 就是這項關鍵技能,所以還是需要人而非機器 —— 很多時候是環境所決定的,或取決於個人的技能和能力。如果限制人們的機會,這樣就幾乎不能責怪他們無法學習和解決問題!像是組織的功能性壁壘把員工彼此隔離,也不會與顧客接觸,週期時間長而延遲回饋,聚焦在完成指定的工作,而不是實現顧客成果,還有長時間的工時,使得人們沒有時間嘗試新的想法和技術,甚至相互交談。

有鑑於組織文化對個人表現有這樣的主導作用,那麼還應該關心所有個人的特殊技能和態度嗎?與其採取「銀行賬戶」的看法,專注於人們現有的能力,更重要的是考慮他們掌握新技能的能力 —— 特別是在技術領域裡,有用的知識和技能會迅速地改變。

Stanford 大學的心理學教授 Carol Dweck 花了多年的時間進行學習、發展和動機的心理研究。她的研究發現,可以利用一種方法判斷人們在學習新技能上的程度有多好。Dweck 發現學習能力取決於我們對這個問題的信念:能力是與生俱來的,還是可以透過後天學習?由此可以觀察到,人們的行為會落在兩個極端之間的連續區間[23]:

> 在定型心態下,學生認為他們的基本能力、智慧與才華只是固定的特徵。能力是定量的而且不會再改變,於是他們總是努力讓自己看起來聰明,從不讓別人發現自己是愚蠢、沒有能力。在成長心態裡,學生瞭解他們的才能和能力可以透過努力、良好的教學和持久性來發展。不必認為每個人是相同的或任何人都可以成為愛因斯坦,但相信每個人都可以變得更聰明,如果持續在這些方面努力。

Dweck 藉由一系列的實驗說明,心態決定了我們如何確認目標,如何應對失敗,什麼是我們對努力和策略的信念,什麼是我們對他人成功的姿態(圖 11-3)。在面對失敗的態度方面,特別重要的是心態。具有定型心態的人害怕失敗,因為他們相信這會使他人看見自己天生的局限性,而具有成長心態的人面對的風險較小,因為他們透過失敗看到機會,進而學習和發展新的技能。

23　引用自 *http://bit.ly/1v72nmV*。

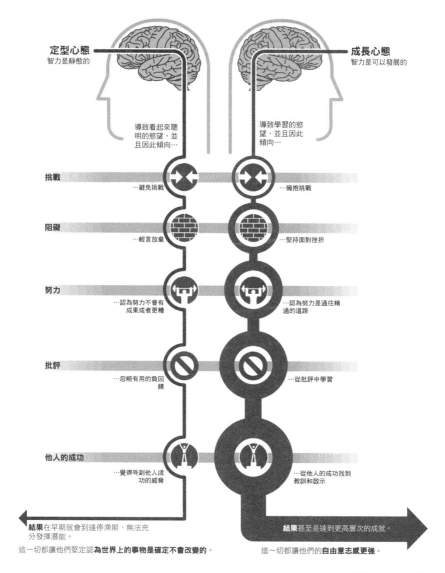

圖 11-3 Figure 11-3. Dweck 提出的兩種心態，感謝 Nigel Holmes 提供圖片

好消息是，我們可以改變自己的信仰，如 Dweck 最有趣的實驗之一所示[24]。其實驗顯示，如果獎勵員工是因為他們把努力投入解決有挑戰性的問題，則會改變他們走向成長心態。另一方面，如果讚美和獎勵員工是因為他們部署現有技能的能力，就會建立定型心態。對於管理者和人資部門，這一點意義重大，特別是在績效考核的背景下。

可以肯定的是在組織裡，人們的行為和態度 —— 也就是組織文化 —— 會影響組織裡個人的心態，進而是影響學習能力。因此，組織文化決定的不僅是員工的生產力和績效，還有獲得新技能、面對失敗和新挑戰的態度，及其目標。讓人們延伸需要學習新技能的目標，同時提供他們支援、訓練和彈性時間，以減少學習焦慮，並且創造一個文化，在此文化中獎勵協作，失敗會導致反思和改進，而不是責備 —— 所有這一切都是為了灌輸員工成長心態，必須成為組織變革的關鍵目標。

Dweck 的實驗告訴我們，組織裡確實存在兩種人「A 型員工」和「B 型員工」。「A 型員工」就是有成長心態的人，他們加入團隊後，會試圖發現如何讓團隊成功，努力在流程裡獲取新技能。相反地，有定型心態的人 —— 也就是真正的 B 型員工 —— 是組織變革和持續改善的最大障礙。這樣的人會抵制試驗，說別人的做法是「不能適用於這裡的。」他們還可能僱用認為能力比他們差的人，以避免自己的地位和身份被挑戰。雖然這樣的人有能力改變自己的思維，但他們會有不良的企圖去改變文化，阻礙高績效團隊。想在變革持續期間降低學習焦慮，必須進行廣泛宣傳，表示組織會提供支持和資源，幫助人們掌握新技能，如果願意學習，沒有人會失去工作，而那些希望離開的人，則會收到一份慷慨的遣散費。

最終，組織領導者最重要的責任是建立文化，這會以他們對待他人的方式呈現。例如，Dweck 認為儘管 Steve Jobs 本人的能力具有成長心態，但是他對待其他人是定型心態：「Steve Jobs 希望其他人是完美的，所以很多人害怕去見他，怕他覺得這不以為然，而無法獲得他的核准[25]」。

24　實驗收錄於（*http://gladwell.com/the-talent-myth*），為全篇都值得一讀的好文。Dweck 的研究也為如何撫養小孩帶來重要的意涵，特別是女孩經常被稱讚「好」或「非常好」，會使其建立定型心態。雖然這只是一個實驗方式，但其中隱含的偏見卻互為因果。參考影片連結：*http://bit.ly/1zkRLOK*。

25　引用自 *http://bit.ly/1v72nmV*。

Google 如何招募員工？

Dweck 的實驗讓我們重新思考這件事。不應該只在人們已經擁有的技能基礎上就聘僱他們。科技需要的技能改變得如此快速，這樣的作法在軟體產業裡特別短視。也不應該使用腦筋急轉彎或者考試成績，Google 的資深人力副總 Laszlo Bock 描述說「雇用準則毫無價值…無法預測任何事。[26]」Google 做了大量的研究，找出在科技背景下，招募人員的有效流程是什麼。前三項準則是[27]：

- 學習能力，包含「在執行中處理」以及「彙整不同資訊」的能力。

- 領導力，「特別是危機處理的領導力，而不是傳統的領導力。傳統的領導是，你曾經是國際象棋俱樂部的主席嗎？你曾是銷售副總嗎？ Google 並不在乎個人如何迅速到達某個位置。他們關心的是當面對一個問題，身為團隊的一員，是否能在適當的時候介入並且領導。同樣重要的還有是否能退一步並且停止領導，讓別人去做嗎？因為在 Google 這個環境裡，作為一名有效率的領導者，關鍵是必須願意放棄權力。」

- 心態。「成功的聰明人很少經歷失敗，所以他們沒有學會如何從失敗中學習…反而會犯基本的歸因錯誤，就是產生好的結果，是因為我是天才。如果產生不好的結果，是因為某個人是白痴，不然就是因為我沒有得到資源或者是市場轉移。」

Bock 接著觀察到，在 Google 最成功的人們「立場強硬。辯論激烈。狂熱於擁護自己的觀點。但當你發現一個新事實，他們也會嘗試，在事情改變的時候也會說，喔，好吧，你是對的。」這反映到研究機構 Palo Alto Institute for the Future 其研究主任 Paul Saffo 的忠告，他說「面對不確定的未來，仍應向前邁進」，人們應該要「有自己的意見，但不堅持己見。[28]」

Google 的招募策略是自由奔放，大幅擴展了合格申請者的人才池。與其尋找能精確地符合工作所需技能和經驗的「紫松鼠」，不如說應該尋找可以迅速獲得必要技能的人才，這樣的人才會把獲取的技能投資在能夠使他們做到這一點的環境裡。

26　引用自 *http://nyti.ms/1v72xuz*。

27　引用自 *http://nyti.ms/1v72sHl*。

28　引用自 *http://bit.ly/1v72zTg*。

培養人才

要解決「人才荒」的問題，可以透過建立一個環境，讓人們在工作上學習，以及雇用有成長心態的人。企業想要有超越新創公司的競爭優勢，投資在員工發展上是少數的機會之一（其餘為研究和開發，以及選擇性追求地平線三，如第二章所述）。有許多方式可以讓企業投資在人們身上：

幫助員工創建和更新的個人發展計劃

為了幫助員工掌控自己的發展，並確保管理者知道如何幫助他們，很重要的是員工、員工的管理者以及提供回饋給員工的人，都要瞭解員工的職業目標。創建並定期更新簡單的個人發展計劃是員工發展的基礎。

把績效評估和薪資考核分開

績效評估的目標是為員工提供機會，員工在朝向個人目標發展的同時，瞭解其工作進展上的回饋意見，再與員工的直屬管理者討論，進而更新員工目標。結合績效評估與薪資考核，尤其是實踐「員工排名」這樣的作法，是基於外在動機的舊思想，會鼓勵員工競爭，而不是相互配合，並且降低員工的敬業度。

促進定期回饋

員工應該定期共享非正式的回饋，以幫助對他們彼此朝向個人目標邁進。良好的回饋是即時的，為接收者效益著想的，並且在得到同意時給出。在正式流程中（例如，績效評估、正式譴責或離職面談），沒有人應該聽到尚未收到的非正式回饋。

提供員工培訓資金

員工應該透過不同的管道學習，而且應該要很容易獲得讓他們買書的資金，參加會議和培訓，或從事其他活動，幫助他們朝向個人發展目標邁進。在適用稅法規定的限制之內，用於這筆支出的條件應盡可能寬鬆。

給員工時間追求自己的目標

很多創新組織保留時間給員工，讓他們進行想做的工作。1948 年以來，3M 公司允許員工花 15% 的時間在自己的專案上。這個措施的結果所帶來的創新之一就是便利貼 [29]。2004 年 Google 創辦人 Sergey Brin 和 Larry Page 在 IPO 的公開信中寫到，「我們鼓勵員工，除了正常的專案外，要花 20% 的時間在他們認為最有利於 Google 的工作上。這會賦予他們更多的創造性和創新性。許多我們的顯著進步都是以這樣的方式產生的。例如 AdSense 的內容和 Google 新聞都是在這「20%」的時間裡成型。大多數的風險專案以失敗告終，但經常教會我們一些東西。其他獲得成功的，則成為有吸引力的業務。[30]」

Norman Bodek 講述一個關於 Taiichi Ohno 的故事，關閉 Toyota 子公司倉庫的事：「擺脫掉這個倉庫，而且一年內我會回來看看！我想看到這個倉庫改裝成機械修理倉庫，希望看到大家訓練為機械人員。[31]」Bodek 回報 Ohno 的命令實現了，一年內倉庫已經被改裝為機械修理倉庫，員工再培訓。為了符合二戰後的標準，日本公司要為人民的生活提供工作，Toyota 預計重新培訓人們，在其職業生涯做不同類型的工作。Toyota 員工瞭解他們工作的一部分是學習新技能。Toyota 為此提供必要的培訓和支持，移除創建學習型組織和組織變革最嚴重的障礙 —— 大量的學習焦慮。最重要的是，當人們受到尊重，並且給予機會追求自主性、專精和目的，會變得非常積極地創造價值。員工工作滿意度是組織績效的最佳預測。

消除隱性偏見

造成科技業的「人才荒」，另一個主要的因素是，大量合格的人才決定不進入該領域或過早退出。看看你的技術團隊，請特別注意女性這一塊，人數嚴重偏少，就像在美國和歐盟對待非白人的情況。有鑑於

29　請參考 *http://solutions.3m.com/innovation/en_US/stories/time-to-think*。

30　引用自 *http://investor.google.com/corporate/2004/ipo-founders-letter.html*。

31　請見參考書目 [bodek]，第 29 頁。

「數學和科學領域裡，固有資質在生物性別上的差異是很小或不存在的[32]」。而這同樣適用於種族差異，是什麼原因導致人數嚴重偏少的？

許多招募人才流程的研究，普遍都致力於擇優雇用，顯示我們內隱的性別偏見發揮了強有力的作用，拒絕擁有適當資格的女性。2012年進行的一項研究中，研究人員找了來自全國各地的127美國位生物學、化學和物理學教授，給他們理工科本科系大學生的工作申請資料，應徵科學實驗室經理的工作。這些應徵資料都是相同的，但被隨機分配男性或女性的名稱。要求參與的教授對學生的「能力和僱用能力，以及薪資和他們會提供學生的指導程度來評分。[33]」結果如圖11-4所示。也許最有趣的是，男性教授和女性教授都展現了相同的偏見，說明這不是故意的或明確的，而是「內隱或無意的偏見」，反覆暴露普遍文化所產生的，刻劃女性是能力不足。其他不同領域的研究也顯示了相同的結果，和類似種族差異的效應[34]。

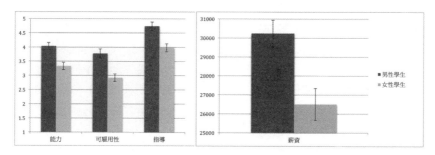

圖11-4 性別隱性偏見對招募的影響

這些隱性偏見不只發生在招募或性別上。隱性偏見和獲取資源的不平等，其影響作用於我們的教育[35]和職業生涯的每一個階段，在科學、

---

32 參考書目 [moss-racusin] 中引用多項最近的研究，請見參考書目 [ceci]。

33 請見參考書目 [moss-racusin]。

34 例如，參考書目 [bertrand] 和（http://www.eurofound.europa.eu/ewco/2008/02/FR0802019I.htm），均就「潛在性種族偏見（implicit race bias）」引用參考書目 [cediey]；（http://bit.ly/1v72MG7）則是就「盲選效果增加交響樂團的女性人數」，引用參考書目 [goldin]。

35 加州大學柏克萊分校（University of California, Berkeley）最近重新設計了計算機科學的課程介紹，因而在選課人數上產生106位女性和104位男性的結果：請參見：http://bit.ly/1v72O0L。

技術、工程和數學（STEM）領域中導致白人男性多位於統治地位[36]。
2001 年至 2006 年期間，由公平競爭環境研究所（the Level Playing
Field Institute）在美國對 19,000 人進行代表性的調查，發現美國企業純
粹由於不公而導致管理人員和專業人員主動離職，每年所導致的成本
是 640 億美金。受訪者舉出企業有下列行為：粗魯無禮，在類似或更
高的程度讓員工覺得誰是教育程度較低或缺乏經驗的，他人搶走工作
功勞，給定的任務通常被認為低於自己的工作水準，感覺被排除在團
隊之外，還有被定型[37]。

我們可以做些什麼呢？以下是精選出來、已被證明是有用的策略[38]。
進一步閱讀，請參考 Freada Kapor Klein 的《*Giving Notice: Why the Best
and Brightest are Leaving the Workplace and How You Can Help them Stay*》：

確保公平的薪資

由於不可能在個人之間作精確的比較，所以反而是透過職務角色
檢查薪資。比較特定角色中（如 UX 分析師或資深工程師），白人
男性的平均薪資和人數偏少群體的平均薪資。更正發現的任何差
異。Netflix 的年度薪資考核流程會遵循一個簡單的規則：每位員
工的薪資調整到「業界薪資最頂端的水準」，確保他們的薪資「可
能比 [其他公司] 給的還多；和置換新人員一樣高的成本；如果有
其他地方更高的薪資，就盡可能付給員工薪資，讓他們留下[39]」。
如果全面實施，對於歷史上的弱勢群體，這種做法已經糾正薪資
不平等現象的影響。

建立招募人員和升遷的目標條件

改善型可以而且應該用來作為努力的一部分，以增加多樣性。僱
用和升遷代表性不足群體的目標條件，是使用這個工具的一個適
當例子。一個大型企業希望提高女性在資深管理職位的人數。為
了避免正面歧視的指控，他們並沒有創造職位配額，但他們確實

36　在一般情況下，高薪職業往往是以男性為主。

37　請見參考書目 [klein]，第 7~8 頁。

38　關於「女性為什麼離開高新技術產業以及如何處理這樣的狀況」，其精采總結請參見：
　　http://bit.ly/1toep4k。

39　引用自 *http://www.slideshare.net/reed2001/culture-1798664*。

為女性比例，在候選人清單上強加目標條件（例如「該職位候選人的 50% 必須是女性」）[40]。類似的方法可以用於招募人員和團隊組合。

監控任職、升遷的速度和工作滿意度

收集白人男性的平均任期資料，和少數群體的人們相比。看看不同的群體要多久才能取得升遷。找出每個少數群體的比例，至少有一人向他們匯報。分析工作滿意度調查，以揭示人口統計資料之間的差異。少數群體具有較高的員工流失，較長時間的才能升遷，和更低的工作滿意度，都是組織中隱性偏見的明確（最好）的指標。

定期檢討政策、互動和人力資源流程

隱性偏見不只是發揮在招募人才的作用上 —— 還瀰漫在企業環境裡。舉個例子，女性更容易在績效評估獲得的嚴厲的回饋資訊（單詞「使人厭煩（abrasive）」幾乎完全使用在對女性的回饋上）。類似的模式對其他少數群體也是顯而易見的回饋[41]。必須要建立明確的政策，有公開的領導，並定期設定可接受行為的期望，以及確保用適當的行為建立模型，在不當行為事件中要採取行動。聘請外部專家來審查互動、政策以及人資流程、提出建議，並定期回傳監測執行情況和審查進展情況。

結論

在高績效組織裡，員工享受倍感自豪的日常工作，領導者和管理者都致力於支持員工追求組織目標。沒有組織可以做到完美，而那些做得最好的不斷努力變得更好。

要創造這樣的環境，必須轉變組織裡每個人的行為，從管理高層開始。如同 John Kotter 所觀察到的，「多數的員工、或許整體管理層的 75% 和幾乎所有的高層管理人員，都需要相信相當大的變化是絕對必

40　引用自 *http://bit.ly/1v72Rtt*。

41　請參見（*http://bit.ly/1v72Q8Rs*）及（*http://bit.ly/1v72WNz*）。

要 [42]」。精實思維的本質是理解這種情況不只是在危機中，而是一直存在的。真正的精實組織，其習慣是改變、改善和發展。

改變文化是透過組織中所有人刻意、反覆銘記實踐來實現。領導者和管理者必須促進員工發展上的投資，創造支持人們一起工作的環境，不斷改善流程、知識，並交付價值給顧客。最後，很重要的是領導者建立行為模型，希望組織的其餘部分採納。領導者的行為違背他們的話 —— 特別是當他們的地位受到威脅或處於緊張時期 —— 將會失去員工的信任。

讀者思考問題：

- 您的組織會發出匿名調查（至少每年一次）以衡量工作滿意度和文化的其他指標嗎？朝著工作滿意度、多樣性和真正的文化變革的目標，發佈彙整結果來估計進度嗎？會討論結果並採取行動嗎？

- 出問題的時候，會發生什麼？為了改善系統，從事故發生到學習，是否有一個系統化的過程？還是管理者會聚焦於指責？

- 員工成長的長期投資上，你的組織會做什麼？

- 貴公司把文化變革看成連續的還是基於事件的？要移動到一個連續的模式，你可以開始實踐什麼？

- 您的組織會聘請那些有特殊技能和經驗，或有能力和態度來學習相關技能的人，以幫助團隊取得成功嗎？

- 您的組織是否投資在減少和消除系統隱性偏見的效果嗎？如何衡量你的進展？

42　請見參考書目 [kotter]，第 51 頁。

第十二章

在 GRC 流程應用 「精實思考」

所有事物都需要闡述。在任何時間裡，不論盛行哪種闡述，都只能說是力量所造成的結果，不能說是真理。

— Friedrich Nietzsche
德國哲學家

信任不僅僅是關於真實性，或者甚至是始終如一。也是關於友好和善意。我們相信那些在心裡考慮我們最佳利益的人，不信任那些對我們在意的事充耳不聞的人。

— Gary Hammel
倫敦商學院客座教授

我們經常聽到精實創業原則與技術，還有本書建議的做法，因為治理的緣故，永遠無法適用於大型企業的運作流程。「這不會符合監管要求。」「那並不適合我們的變革管理流程。」「我們的團隊不能存取伺服器或生產環境。」這些只是眾多理由裡的幾個例子，但由此看出，人們已經駁回改變他們工作方式的可能性。

聽到這些反對意見，我們認知到人們不是真的在談論治理；他們指的是目前用於管理風險和合規的流程，並且把這些流程和治理混為一談。就像組織內的其他流程，既有的治理、風險與合規（governance, risk, and compliance，簡稱 GRC）[1] 方法，也必須持續改善目標，以確保對整體價值的貢獻。

許多大型企業組織已經能夠運用精實工程實踐，並且發展本書前面章節所描述的實驗文化。這些企業和別人一樣，都要遵守相同程度的合規和審查。因此，我們知道這是可以達成的。

本章的目標是引導你通過 GRC 迷宮，特別是因為它涉及管理所需的概念和轉變為精實企業的實踐。對於尚未在工作中接觸過 GRC 的人，有時對這個領域缺乏理解，因此，本章會先提出一些背景，讓你對 GRC 團隊有基本的認識。據此會比較容易討論如何才能改善 GRC 流程與控制，讓產品團隊不斷地探索，改進其工作。本章也提供了幾個例子，說明精實概念和原則如何應用於改善 GRC 流程，從而獲得更好的治理和降低整體風險，同時還能滿足合規。

本章的整個篇幅裡，所指的是「GRC 團隊」。為了清楚起見，本章的討論和實例都會集中在強力影響技術如何使用於組織內部的團隊；比較常見的是專案管理辦公室、技術架構、資訊安全，風險和合規，以及內部稽核團隊。

瞭解治理、風險與合規

本書第一部分的介紹中，曾提到領導者的首要責任是引導整個組織實現目標，在必要時調整方向。這就是*治理*。不幸的是，組織內部的「治理」一詞常常被誤用，和管理理論、模型，與專為滿足過去時代需求而設計的流程混為一談。

*治理*就是保持組織在正確的軌道上。這是董事會的首要責任，但應用於所有的人和其他為組織工作的實體。運用於組織所有層級需要依循以下觀念和原則：

1　典型 GRC 流程包括，存取控制、解決方案交付（專案管理）、變更管理、以及降低 IT 使用風險的相關活動。

責任

每個人都要為日常工作的活動、任務、以及決策負責,並且為決策如何影響提供價值給利害關係人的整體能力承擔責任。

權力或當責

瞭解誰有權力和責任來影響組織內的行為,以及瞭解其如何運作。

可視性

每個人在任何時候都可以根據目前的真實資料,檢視該組織及其各個部分所達到的成果。反過來映射到組織的策略目標與目的。

授權

在適當的層級賦予權力,以提昇交付給利害關係人的價值 —— 賦予權力給處理決策結果的人們。

風險是曝光我們運行某事時,發生不愉快的可能性。我們每天都在管理風險,不管是對工作、家庭還是娛樂。既然不可能消除所有風險,所以管理風險時,要考慮的問題反而是,「你願意伴隨哪種風險?」當你採取措施來降低某個領域的風險時,不可避免地會在另一個領域裡引入更多的風險。一個經典的例子是,限制開發團隊存取的硬體,以及強迫他們依靠一個獨立集中式的基礎設施團隊,來設置測試或實驗的存取與環境。對伺服器支援團隊來說,這或許能有效降低系統不穩定的風險,但會提高延遲交付的風險,因為團隊必須提交要求給其他團隊,然後等待他們兌現要求。

合規是遵守法律、產業法規、具有法律約束力的合約,甚至是文化規範。符合規定的目的通常是為了保護利害關係人在個人隱私、人身安全和金融投資方面的利益。受到法律、法規或合約的約束時,合規是一定要遵守的。如果不遵守,會增加罰款的風險、停止營運,或損壞聲譽。明知卻有計畫地歪曲組織的合規,在極端的情況下會面臨刑責。

> ## 管理不是治理
>
> COBIT 5[2] 清楚地解釋了治理與管理之間的區別。
>
> 治理是確保利害關係人的需求、條件和選擇權會進行評估，進而確定要達成的均衡且認同的企業目標；透過優先序和決策設定方向；相對於認同的方向和目的，監控績效與合規。
>
> 管理是規劃、建立、運作與監控活動，需和治理主體設定的方向一致，以達成企業目的。

例如，治理涉及創建願景與目標，以一定的速度實作技術變革，以取得商業上的成功。其定義衡量的方式，判斷我們是否在朝向實現目標的正確方向上。管理層決定該組織將如何實現願景。在技術變革的情況下，治理還會涉及交付團隊的結構、邊界以及授權哪個層級行使決策。這是單一、適合所有狀況、自上而下推動的流程嗎？或是有賦予團隊自主權，以及授權團隊無須等待高層許可就能作出決定嗎？良好的 GRC 管理能維持平衡，實施充足的控制以避免發生事故，又能允許創造性和實驗，不斷提昇交付給利害關係人的價值。

採取演進式方法管理風險

實施 GRC 結構與合規流程時，經常會經歷的難題是想把它們作為刻在石頭上的座右銘，而非一些應該要改變、修改和改善的東西。想擁有良好的治理，GRC 流程的變革必須隨著時間調整，回應組織與其所在市場環境裡不斷變化的需求。

如果運行得當，透過有效的風險管理，GRC 管理流程能提高價值交付。我們的意圖是改善溝通、可視性和理解誰在做什麼、何時做、如何做，

2　如參考書目 [COBIT5] 所述，COBIT 的正式意思是「資訊與相關技術的控制目標」（Control Objectives for Information and Related Technology）。其致力於企業 IT 治理方面，提供端到端的業務觀點。稽核人員以及風險與合規團隊使用該架構和相關工具，對於如何管理交付價值中的技術運用，創建與評估適合的治理方式。更多資訊請參見網頁：*http://www.isaca.org/cobit/pages*。

以及為什麼做，還有完成工作所獲得的成效。這和產品交付團隊努力實現的目標一致。所以問題就變成：尋找各種方法提高生產力，以及提昇給顧客與組織的價值時，為什麼 GRC 流程會被視為阻礙？

不幸的是，許多企業內部的 GRC 管理流程，是在命令與控制典範內設計和實施。這些高度集中式的流程，被視為專業 GRC 團隊的職權範圍，但是 GRC 團隊不會為他們強制執行的流程結果而被追究責任。這些團隊頒布的流程和控制通常衍生自一些熱門的架構，不考慮其應用背景，也不考慮這些架構對受到影響的工作整體價值流的衝擊。他們的步調往往無法跟上技術的變化，以及接受透過更輕量和更快反應的手段，達成期望的成果。這會迫使交付團隊完成無法增加整體價值的活動，因而創造瓶頸，以及提高無法及時交付的整體風險。

把精實原則應用到 GRC 流程

正如本書所提到的其他內容，把精實原則應用到 GRC 流程 —— 和隨之而來的結果 —— 在每個組織裡都不一樣，取決於業務性質和在哪裡營運。沒有適合所有情況的作法（如同 ITIL[3] 和 COBIT 等著名架構所解釋的）。然而，精實原則和概念可以應用到任何 GRC 管理流程：使價值流可視化、增加回饋、放大學習、授權團隊、減少浪費和延遲、限制進行中的工作、小型且漸進式的變更，以及持續改善，達到更好的成效。

GRC 團隊的職責是負責推薦和提供諮詢意見，如何降低風險並且符合適用的法律與法規，但組織的其他部門只想完成工作，越早越好，因此這兩者之間自然存在著緊張關係。有時存在著緊張關係也是不錯的，會激發創意的火花，但只有參與其中的各方都知道要努力滿足共同目標，最終也用相同的標準衡量時，才能產生良好的創造力。當緊張關係很差時，其結果就是協力合作、可視性和合規都隨著變差，個人和團隊暗地裡想出一些方法來規避 GRC 流程。這會導致進行決策時，面臨資訊不充足或不準確的情況，進而削弱了整體治理。

3　ITIL（資訊技術基礎設施函式庫 / Information Technology Infrastructure Library，請參見 *http://www.itil-officialsite.com*）是一個發展超過 20 年的架構，依據來自公共部門和私人企業的經驗，提供一套 IT 管理的實踐建議。大多為 IT 管理和從業人員所使用。

GRC 的團隊的目標和目的，通常會導致所有團隊更多的工作。但也會帶來一些好處。前期注意風險、威脅和控制，對生產的最後一道步驟，可以少去很多痛苦。還有證明我們有足夠的控制措施已經到位，在稽核過程中這是非常重要的，有助於保持合規。面臨的挑戰是找到適當的控制平衡，允許團隊快速前進，並保持合規相關風險下降到可接受的程度。

從顧客角度定義 GRC 流程的價值

為了從像存取控制、技術變更管理和解決方案交付生命週期等這些 GRC 流程中獲取價值，始終必須先對組織的目標、價值觀和流程的預期成效達成共識。不論我們和哪個團隊有關，都需要以共同的角度來看，日常工作如何對上述這些在組織層級達成的共識做出貢獻。這意味著 GRC 團隊需要承擔責任，為合規和風險管理活動的成效（好的和壞的），以及對團隊及時交付能力的影響。同時，產品交付團隊需要理解這些為合規與治理建立的流程與控制，其語言、意圖和目的。唯有這樣，這些通常被視為意見相左的團隊，才能「停止愚蠢的戰鬥，並且做得更棒」[4]。

因此，GRC 團隊必須把自己視為產品交付團隊的成員，瞭解精實工程採用的技術和技巧的能力，幫助團隊利用這些能力提供符合合規的證據，也不會造成浪費與瓶頸。與此同時，整個交付團隊需要開始關注 GRC 團隊所使用的語言和架構，瞭解 GRC 團隊正在努力實現的目標到底是什麼。

由於很多 GRC 流程和管理實踐方式與團隊工作脫節，所以會看到 GRC 團隊與交付團隊之間，導致大量的浪費和破壞性的緊張關係。一般情況下，GRC 團隊專注於執行和衡量合規（例如，透過詢問「每個人都有依循架構裡描述的活動嗎？」），而不是在改善成效（「我們正在做的事，不僅能符合合規，還能持續及時提供價值嗎？」）。

4　引用自 Jesse Robbins，*http://www.infoq/presentations/Hacking-Culture*。

── 技 巧 ──

在風險管理，避免「那豈不是太可怕了。如果」

Douglas Hubbard 在《如何衡量萬事萬物》（*How to Measure Anything*）一書中，引述 Cybertrust 公司 Peter Tippet 的論述，「他發現一種在 [IT 思維] 方面盛行的思考模式。他稱這種方法為『如果…豈不是很可怕』。在這個架構裡，IT 安全專家會想像一個特別災難性事件發生。不管發生的可能性，都必須不惜一切代價避免。Tippet 觀察到：「因為每個領域都有『如果…豈不是很可怕』，造成所有的事情都需要完成。這樣就失去優先序的意義」[5]。

在投資組合上排定工作的優先序時，不能把減輕「壞事」的工作跳到最前面。相反地，應該使用影響地圖（請參見第九章），考慮其影響與發生概率來量化風險，然後用延遲成本（請參見第七章），權衡緩解工作相對於其他工作的優先序，平衡工作減輕。以這樣的方式，利用經濟架構來管理安全性和合規，而不是使用恐懼、不確定和懷疑的方式。

GRC 團隊是以「我們是否符合合規？」來衡量；產品團隊是以「使用技術我們可以多快交付價值？」來衡量。這兩者都是錯誤的，因為從單獨功能的角度來衡量一個團隊的績效，而不是組織的淨值。允許 GRC 團隊強推流程，並且強迫監控所有的選項，當然很容易符合法規。然而，當團隊績效衡量沒有和組織層級一致時，即使滿足合規，還是會在提供價值給利害關係人上，做出非常糟糕的決定。這真正很諷刺，因為大多數已經建立的相關法律和法規，其意圖在於保護和改善利害關係人的價值。

規則基礎的方法導致風險管理劇場

當 GRC 團隊不採取以原則為基礎的方法，而是規定團隊必須盲目地遵守規則，熟悉的結果是風險管理劇場：一場昂貴的表演，表面上看起來是管理風險，但實際上增加了意想不到的負面後果的發生機會。

我們曾在一家大型的歐洲企業工作，變更核准過程中涉及開發商的部分，要填寫包含七個選項卡的電子表格，再透過電子郵件發送給另一個國家的變更管理者，再由此管理者決定是否批准。如果沒有批准，這個變更就不能繼續進行，

或是表格沒有填寫完全，也會被退回。變更管理者並沒有真正瞭解電子表格的內容；核准前，他只能依靠與開發商對話，確定什麼是可能的風險和規劃的緩解活動是否恰當。開發者知道這個情形，所以花最小的工作量來填寫電子表格，往往只是修改以前提交表格上的日期和標題，然後就送出一個新的請求。變更管理者也知道開發者們這樣做，但是對他來講沒差，只要文件流程有符合規定。但這對於風險管理方面當然是沒有價值，同時又增加團隊不必要的痛苦。然而，把變革要求文件化的「證據」，才能符合合規。真正的價值是在團隊的對話，以及變更進行之前所完成的緩減活動中實現。

當產品團隊拒絕風險管理劇場，共同的反應是，這是一些流行架構要求的，例如，ITIL 或是 COBIT，或者是法律和規範需要的，例如，《Sarbanes-Oxley》。然而，也有少數例外，既不是架構也不是法律規定的特別程序。例如，很多人認為職責分工[6] 是因為《Sarbanes-Oxley》法案第 404 項所要求的，因此組織在整個 IT 系統和環境的存取上建立縝密的控制，來符合對這個原則的解讀。事實上，不論是在法案裡 —— 還是法案創建的 SEC 規則 —— 都沒有提過職責分工這件事。

如果發現預期要遵守的流程，會降低我們進行工作的績效，就值得去實際接觸建立流程的人，與其討論建立的意圖。回到第一章討論的任務原則，並以此為契機，進而合作、建立關係和發展共識。可能會驚訝地發現，你能和 GRC 團隊進行富有成效的對話，討論如何以不同的方式實現其目標，或者確實了解你的工作是否還在法律和規定的範圍內。如果你被告知某個特定的過程是某些規範「要求的」，請禮貌地詢問在哪裡可以找到關於這項規範的更多資訊。在許多情況下，繁重的規則和 GRC 流程只是某個人對法規的闡述，而不是法規本身強制要求的。

繪製價值流圖、創造流量和建立拉式系統

在 GRC 流程還有產品交付團隊的目標和方法上達成共識，才能真正開始實現組織層次目標的協作。如同第七章所討論的，價值流圖是一項強大的工具，可以讓我們檢視目前的狀態，並確定需要改進的地方。在 GRC 流程的背景下，重要的是把這些放在交付團隊的作業活動之上，以及瞭解這會如何影響團隊完成工作的能力。

---

6 「職責分工」要求至少要有兩個人負責完成任何端到端的交易，這個概念的用意在於防止因個人而引起的錯誤和蓄意活動。另一個接近的做法是，至少要再由一個人負責偵測和控制，否則沒有任何一個人可以完成交易。

大多數的 GRC 流程都是單獨設計且應用於控制上，例如，必要的核准、限制存取、職責分工、監控和審視活動。這些都是為了提供可視性和透明度，瞭解誰在什麼時候做了什麼，以怎樣的權力。更重要的是，GRC 團隊常用於創建流程的架構，都是在強調改善組織的整體效率和效益。不幸的是，考慮大型的端到端價值鏈時，許多流程和控制帶來的效果卻完全相反。

錯誤的控制會中斷流動

透過屏障的應用，控制在本質上可以是預防性。此外，控制也帶有偵測性 —— 在事件發生後進行監控和檢視，對於發現的潛在異常，例如，錯誤、遺漏或惡意行為，提出適當的反應措施。

許多人錯誤地以為預防性的控制更有效：如果我們能設立屏障或奪走人們做事的能力，問題就不會發生。現實情況是，人們需要完成事情。如果你試圖阻止他們，很多人就會發揮創意，想出辦法繞過任何已經設立的屏障。然後為了應付這些反應，反而要對一切進行封鎖，這鼓勵了人們私下創造更多隱密的解決方案以完成工作，進而煽動風險行為，造成顛覆性的文化。有一個很好的例子是團隊會共用一個有高級權限的使用者帳號和密碼，以存取不同的環境。但更好的做法是在每個團隊成員的帳號下給予他們存取的權限，然後監控他們利用這些權限的情況。

太多的預防性控制措施可能帶來一個更悲慘結局，團隊不再關心工作品質，採取像自動化模式般地制式工作，放棄一切把事情做好的努力。

在錯誤的層級上執行，預防性控制經常會導致不必要的高成本，迫使團隊：

- 等待其他團隊完成一些可以輕易自動化的瑣碎任務。

- 從大忙人那獲得核准，但是這些人並沒有充分理解決策涉及的風險，因而成為瓶頸。

- 創造大量準確度可疑的文件，而這些文件在完成不久之後就過時了。

- 把大批量的工作推給別的團隊和專門委員會，等待他們進行核准與處理。

如果預防性控制的執行不正確且不一致，就不再有效。必須持續監控以確保正確地應用預防性控制，並且沒有失去它的意義。缺乏監督與導致糾正的措施，執行良好的偵測性控制，例如，持續監控、早期頻繁的驗證與審視，和非常明顯的成效衡量，會比預防性控制的效果更好。

雖然依靠預防性控制可能造成安全的假象，但在適當的層級應用還是很有價值，而且在某些情況下，會是最好的解決方案。然而，預防性控制不應該單方面應用，不僅要跟其他控制連結，還要以適當的粒度水準。必須始終考慮他們對團隊完成工作的能力所造成的影響。

因此，在交付團隊流程之上，分析治理流程的價值圖時，必須仔細檢視所有控制，並且詢問以下兩個問題：

- 是否符合控制的意圖？

- 是否真正的促進了組織整體效益和效率？

我們需要仔細審視授權給團隊的程度。目標是把核准的決定授權給正確的層級，盡可能地給團隊權力，使團隊能夠繼續前進。這包括定義邊界，確保團隊知道如何以及何時決定升級落在他們權力範圍以外的決策。還需要確保文件保持在合理的水準，確保文件完成後是可存取的、易於理解，和在需要的時候更新，最好是自動化更新。

「信任，但要查證」[7] 是 GRC 圈裡正慢慢廣為接受的概念。與其防止團隊存取環境和硬體做什麼壞事，不如信任人們做正確的事，賦予團隊存取和控制他們每天需要使用的系統和硬體。然後，透過發展良好的監控和頻繁的審查程序，確保有觀察到預先建立的邊界，驗證團隊不是濫用職權，並且有完整的可視性和透明度內建於團隊的工作裡。

7　此句話源自於俄羅斯諺語，因為美國前總統 Ronald Reagan 而廣為人知。

在合規活動上降低回饋循環

符合資訊安全的合規，在很多交付團隊中已經是眼中釘。在大爆炸式交付方法的精神裡，安全團隊是在最後一刻才參與進來 —— 在上線的前幾天 —— 為安全漏洞和必要的合規，執行最終的程式碼審查。

資訊安全界現在意識到這種做法是行不通的。大多數的產品具有太多的複雜性，要完成一個有意義的審查，需要投入龐大的工作量。即使以這樣的方式發現漏洞或其他合規方面的違規行為，通常也來不及做太多補救。比起生產時發現有漏洞並且承諾後續修正，要在一個脆弱的系統裡修復漏洞或是等待變更，反而風險更大。

為了滿足合規並且降低安全性風險，很多組織現在納入資訊安全專家，作為跨部門產品團隊的成員。他們的角色是幫助團隊辨識可能的安全威脅，以及需要什麼程度的控制，才能把安全威脅降低到可接受的程度。從一開始就諮詢這些專家，並且在產品交付的各個環節裡緊密結合：

- 致力於設計隱私和安全性。

- 開發可以納入部署流水線的自動化安全性測試。

- 配對開發人員和測試人員，幫助他們瞭解如何防止程式碼基底產生常見的漏洞。

- 把測試安全性更新佈署到系統的流程自動化。

這些資訊安全專家還建立自己的環境，以執行強制程式碼審查和安全性測試，同時也不會妨礙團隊執行其他正在進行的工作。

作為團隊的工作成員，資訊安全專家幫助縮短安全性相關的回饋循環，降低解決方案的整體安全性風險，改善其他團隊成員在資訊安全方面的協作與知識，而他們自己也學習到更多程式碼和交付實踐方法的背景。如此一來每個人都是贏家。

當我們透過改變治理流程，為團隊建立更好的流動時，GRC 團隊也會受益。利用和 GRC 團隊協作一起設計的控制，產品交付團隊才能把真正的合規證據嵌入日常工作和工具之中，遠離只是做風險管理的表面功夫。就如同我們在功能性和績效品質做的，內建合規證據於日常工作之中，這樣大部分的工作完成後，也不必再進行大批量檢查。

GRC 團隊所帶來的實際效益是，可以在任何時候，無須中斷團隊的整體工作流程，就能從產品交付團隊拉出合規相關的資訊，除非是發生

一些不良或超出預料的事情。由於交付團隊理解稽核人員要求控制的意圖，因此可以從流程裡提供符合意圖的證據，年度稽核也就不會那麼痛苦。

實施控制以降低風險時，可以利用一個經濟架構（例如，第七章所討論的延遲成本），量化我們所做的經濟權衡。使我們可以相對於其他工作，安排 GRC 工作的優先序 —— 從而在適當的時間，為企業進行合規需要的工作。

案例研究：在 Etsy 實作《PCI-DSS》

Etsy 是線上的手工與古董市集，其 2013 年的商品銷售毛利超過 10 億美金。在 Etsy 的高度信任文化裡，開發人員通常都能實現他們的變革想法 —— 事實上，新工程師到職訓練的一部分，就是讓開發人員使用自動佈署系統，在剛到職的前幾天，把自己的個人資料更新到上線的網站。Etsy 也允許工程師在系統的所有部分上工作 —— 以及存取系統。

然而，既然 Etsy 處理信用卡交易，就要遵守業界標準《PCI-DSS》，在管理儲存或傳輸信用卡支付人資料的系統上，這是相當慣用的（這些系統稱為持卡人資料環境，或 CDE）。例如，CDE 必須在實體上隔離，在 CDE 系統上工作的人必須採取職責分工。

職責分工通常會解釋為開發人員不應存取生產環境的資料庫，以及不自己部署變更到生產環境。這兩個需求和 Etsy 的一般作法衝突。以下說明他們如何處理，以滿足《PCI-DSS》的合規要求。

1. 使合規要求的影響最小化。理解沒有通用的合規解決方案，在架構系統上把不同合規需求的相關重點分開。

Etsy 的主流工程文化是創新速度最佳化。然而，信用卡處理這個領域裡，使用者安全性資料是最重要的。Etsy 認知到系統的不同部分有不同的關注，需要不同的處理方式。

Esty 最重要的架構設計是從系統其他部分去耦合 CDE 環境，把《PCI-DSS》規定的範圍限制到另一個分開的區域，防止他們「洩漏」到所有的生產系統。形成 CDE 的系統在實體、網路、程式碼以及邏輯基礎設施層級上，都與從 Etsy 的其他系統分開（而且屬於不同的管理）。

此外，設立一個全權負責的跨部門團隊來建立與操作 CDE。同樣地，只讓《PCI-DSS》規定的範圍限制在這個團隊。

2. 建立及限制架構與法規的爆炸半徑。

Esty 總是先自問,「如何能對我們的理想的架構和文化,進行最小可能的變更,同時又能達成需要遵守規定的合規?」然後才採取漸進式、反覆演進的方式,實施和驗證這些變更。

例如,雖然《PCI-DSS》規定職責分工,但這不會阻止跨部門 CDE 團隊一起在同一個空間工作。當 CDE 團隊的成員要推動一個變更到生產環境,會先建立一個申請單,請技術主管核准;不然,程式碼提交和佈署流程就會和 Etsy 的主要環境一樣,完全自動化。由於職責分工都在本地完成,所以沒有瓶頸和延遲:由團隊之外的另一個人核准變更。

3. 採用補償性控制。

尊重法規試圖達到的成果是非常重要的,同時也承認有很多方法可以實現這些成果。例如,《PCI-DSS》允許組織實施「補償性控制」—— 一種旨在創建相同結果的解決方法 —— 有合法的技術或業務限制,避免執行特定的控制[8]。

《PCI-DSS》的案例中,應該與合格安全稽核人員(qualified security auditor,簡稱 QSA)以及收單銀行聊聊,對於技術和業務影響無法接受的控制,討論其他可能的替代方案。例如,第八章所述,Esty 使用的佈署流水線,就提供了一套強大的補償性控制,這些控制也提供其他系統一個職責分工的替代方案。

在產品開發使用精實原則和持續交續的優勢是,實現更細緻、自適應的風險管理方法。以小批量工作,能追蹤系統裡,從程式交付到佈署的每個變更,量化每個變更的風險,並且適當地管理。

達到良好的 GRC 目標的最佳途徑是,把合規和風險管理嵌入產品團隊的日常活動,包括系統與 UX 的設計和測試。隨著組織脫離命令與控制典範,以及 GRC 團隊採取協作方法進行風險管理,我們就會開始在 GRC 團隊的知識領域裡,評價他們為值得信賴的顧問和專家。對於很多 GRC 團隊來說,這需要在角色、責任和企業組織內的行為,做出重大的轉變。從警察角色轉換成做出貢獻的團隊成員,和產品團隊一樣以相同的成效衡量,而不僅僅是合規的角度。

8　請參見 *http://bit.ly/1v732EU*。

結論

良好的治理需要所有人專注於發現改善價值的方法，和提供準確資訊做為決策的基礎。從董事會和管理高層的領導力和方向開始，依賴員工有承擔責任的能力，進而在工作上做出更好的決策。良好的治理需要開放、信任和透明的文化。

GRC 結構和流程必須由 GRC 團隊和每日交付價值給顧客的產品團隊，雙方協作開發。識別必須遵守的法律和法規的意圖，GRC 團隊可以和產品團隊協力合作，決定最適合改善價值交付的方法。首先，創造性地使用系統架構、流程管理、範圍邊制、應用補償性控制以及新技術，和 GRC 團隊一起探索要如何使限制性控制的負面影像最小化。然後再發展我們的學習，持續改善流程，為所有利害關係人提供更好的管理和成效。

讀者思考問題：

- 你的產品團隊如何檢視當前的 GRC 流程？你的組織在風險管理上進行表面工夫的程度有多高？

- 發展整個組織的 GRC 語言和架構的共識，領導者要採取什麼行動？

- 你的 GRC 結構（政策、組織和流程）會妨礙產品團隊執行流程改善嗎？或是需要團隊為任何流程變更尋求核准嗎？如果是，你會如何支援團隊改善流程，同時又維持合規？

- 如何使 GRC 團隊與產品交付團隊協力合作，成為整個價值創造過程中可信任的團隊成員？

第十三章

發展驅動產品創新的財務管理

堅持預算原則不應凌駕於好的決策之上。

— Emily Oster
美國經濟學家

當前，你的公司有 21 世紀的線上業務流程，20 世紀中的管理流程，而這一切都是建立在 19 世紀的管理原則之上。

— Gary Hamel
倫敦商學院客座教授

前言

在許多大型企業裡，財務管理流程（financial management processes，簡稱 FMP）圍繞著專案典範設計。採取產品基礎的創新方式，會帶來阻礙。在小型團隊之間，協力工作是相當簡單的事。然而，在頗具規模的企業裡，發展終究會因為組織僵化而受到阻礙，集權式 FMP 所驅動的交付和採購流程，限制了創新規模化的選擇權。本章要解決一些 FMP 造成的問題，特別著重於預算編制流程。強調解決組織經歷的問題，作為財務管理流程的結果，因此，這會需要財務團隊的協助。請

開始與財務團隊建立良好關係，並且協力合作，以改善顧客和業務成果。

要成功轉為精實企業，關鍵核心在於針對所有管理流程、實施的不利行為，以及目前對持續改善和創新造成的阻礙，確認這幾者之間的相互依存性。長期以來的信念認為強大、集權式的控制能提供有價值的效率，這點很難讓人捨棄。在低複雜性和技術進展緩慢的年代，這樣的管理方式確實運作得很好，然而，現在卻變成阻礙我們快速適應新的機會。在這樣的背景下，蒐集資訊、溝通，與監控所有僵化的集權式流程，其所投入的資源和精力遠大於獲得的效率。強力控制的集權式預算流程還鼓勵了競爭，而非內部的協力合作行為。這是需要團隊合作的創新，卻適得其反。

許多大型跨國組織長期抱持的信念，認為管理財務流程的最佳方式是命令與控制，但現在他們丟棄這個信念並且讓自己轉型。若有興趣進一步瞭解這個主題，推薦閱讀《*Beyond Budgeting*》[1]、《*Implementing Beyond Budgeting*》[2] 和網站（Beyond Budgeting Round Table）[3]。

隨財務的戰鼓起舞會降低創新

定義成功的關鍵是規劃、預算、預測和監控，特別是對股東的承諾。最近新制定或修訂過的法規和標準有愈演愈烈的需求，認為需要集中和控制這些流程，例如，《Sarbanes-Oxley》法案和國際財報標準（International Financial Reporting Standards）。這些法規原本的用意是在於改善財務報告的透明度和能見度，還有提昇做出更好決策的能力。然而，經由年度預算的做法，集權式的控制與決策卻容易創建出相反的結果。

1　請見參考書目 [hope]。

2　請見參考書目 [bogsnes]。

3　Beyond Budgeting Round Table 官網：*http://www.bbrt.org*。

本章要思考企業內的組織化財務管理實踐,一般認為這些實踐方式是阻礙創新的因素:

- 商業決策立足於集權式的年度預算週期,只有在極端狀況下才會考慮例外。把預測、規劃和監控合併成單一的集權式流程,每年執行一次,導致每個重要活動都無法得到最佳結果。

- 以達成目標預算的能力,作為衡量個人、團隊和整個組織的主要績效指標,只能瞭解員工執行流程的能力有多好,而不是過去一年來員工達到的成效。

- 商業決策立足的財務報告結構是資本 *V.S.* 營業費用。這會局限以最小可行產品的方式開始創新的機會,最小可行產品能讓組織逐漸發展或在任何時間捨棄一個想法。成本報告的資本性支出 / 營運成本模式(CapEx / OpEx)大部分是基於有形資產,和以專案為基礎;這個模式不太適合使用資訊進行實驗,也無法隨著時間學習、持續改善產品。

這些實踐方法結合在一起,會迫使我們為了財務部門的最佳化和報告週期,安排關鍵業務決策和年度工作計畫的時程,進而限制組織內產生業務創新的時間與方式。在持續交付價值給顧客上,這樣的步調會跟不上我們的能力與需求。大型、資金充足、臃腫的工作計畫,不僅令人懷疑能提供多少價值,同時還可能因為沒有資金進行探索與測試假說,進而喪失嶄新、意想不到的機會。應該花在創新上的時間,卻反過來耗費在管理與報告預算上。

從年度預算週期中解放

在財務狀況及組織整體績效上,集權式預算流程通常用於規劃、預測、監控和報告。這樣的方式提供了所有的資訊,從營收目標報告到稅務規劃與資源配置。然而,在產品開發的背景下,傳統年度預算週期易於:

- 降低交付價值所花費實際成本的透明度 —— 配置成本的原則,是根據功能成本中心或是資金來源,而不是從端到端的產品觀點。

- 捨棄來自於實際工作人們的決策 —— 由管理高層建立與強制執行詳細的目標。

- 把執行詳細核准、追蹤和費用證明流程所創造的價值,和導致的直接成本分開。

- 以取悅老闆或是產出的能力來衡量績效 —— 而不是以實際的顧客成果來衡量 —— 獎勵那些達成目標預算的人,卻忽視整體與長期成本。

然而,許多大型企業已經發現能達成良好財務管理目標的替代方案,用以取代傳統集權式預算流程。圖 13-1 強調分離出預算目標的重要性,以及建議一些可能的方法。

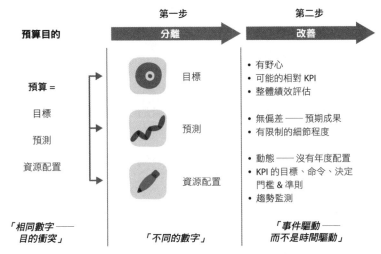

圖 13-1 達成預算目標的方法圖,感謝《Implementing Beyond Budgeting: Unlocking the Performance Potential》一書的作者 Bjarte Bogsnes 提供

停止把良好的財務管理和「預算」混為一談

我討厭年度預算的怒火，就像一千個太陽。

—無名氏

預算應該把為了達成一個目的而作廢或需要的資金都計算進來：「花在這個活動上的預算上限是多少？」所以不會定義實際上要做的事 —— 這是屬於策略。因此，預算不是如何達成策略的計畫，也不會預測或衡量我們為顧客提供價值上的成功。把這些基本活動放入預算編制過程中，就會失去焦點。

有預算是一件好事，尤其是當我們已經設置了一些延伸的財務目標。對創造力、協力合作和創新，財務限制會是強有力的催化劑。特別是在探索領域方面，正如本書第二部分所描述，有目的性地減少局部領域或產品的資金，允許團隊自己決定利用現有資金的最佳方式，可以激勵創新。然而，如果只是減少資金、告訴團隊目標是什麼，還有要如何達成目標，這個方法不會有效。

根據第十章中所描述的輔助性原則，負責管理分配資金的責任應該下放到最低的適當層級 —— 一般來說，是實際執行工作的人。提供團隊清楚的定義，告訴團隊底線在哪裡，但需要信任團隊，和給予團隊機會去做決策。如同《*Implementing Beyond Budgeting*》一書所述，歐洲石化巨頭 Borealis 公司在採取這種方式時，原本預期成本將會上漲。但相反地，成本卻下降了[4]。雖然 Borealis 已經有良好的定位，也有支持改革的文化，但財務長 Bjarte Bogsnes 把大部分的成果歸因於使用作業基礎會計原則[5]，這使成本驅動因子有更好的能見度：由負責活動的團隊產生財務成本報告，而且願意為更好的成本管理承擔責任。

偉大的規劃謬誤就是認為在為下一個年度制定詳細的前期財務計劃後，只要堅持執行計畫，一切就會如我們所規劃的進行，這個規劃謬誤的狀況在集權式預算流程裡特別明顯。制定這類的計劃只會浪費時間和

---

[4] 請見參考書目 [bogsnes]，第 90 頁。

[5] 作業基礎會計（Activity-based accounting）是核算活動成本和監控活動的一種方法，包含追蹤資源消耗和計算最終產出的成本，請見參考書目 [CIMA]。

資源，因為產品開發不僅在於發現還要執行。成本隨時在變，新的機會不斷出現，一些規劃好的工作也會發生變化，以致無法產生預期的結果。在今日全球化的世界裡，科技快速地發展，不可預測性不斷增加，如果還認為準確、精密的計畫是可以實現或是可取的想法，這並不是很明智的心態。

更好的做法是設定高層級的長期目標，仔細地管理更多可預見的未來，不斷調整短期計劃，才能更接近我們的目標。要採用這個方法，可以實施後續第十五章所說明的**策略佈署**。策略佈署採用第六章所提出的改善型整合方法（Improvement Kata meta-method），根據第一章所描述的任務原則，從上而下地擴展到整個組織。Bjarte Bogsnes 在《*Implementing Beyond Budgeting*》[6] 一書中提出類似的方法，稱為「行動野心（Ambition to Action）」。

技 巧

以滾動預測代替年度預算

滾動預測是一項很有用的工具，有助於改善財務規劃和降低對預算的依賴。每完成一個時期，就把另一個時期加到預測的最尾端，所以未來的預測總是會涵蓋相同的時間長度。最尾端不會提供太詳細的資訊，只會包含已知成本線的項目，以及估計項目在那個時期內可能會發生的問題。在滾動預測裡，基於目前的準確資訊，把焦點放在不遠的未來。不要花太多的時間追逐更遠未來的細節，因為太遠的未來可能以未知的方式不斷改變。

採用這個方法時，請記住，預測的目的不是定義目標或管理資源。除非是使用可以同時設定目標和管理資源與績效的方法，例如，策略佈署和行動野心，最終才能以滾動預算來代替滾動預測，Bogsnes 描述這是「多一點動態，但也會多四倍的工作量」[7]。

6　行動決心（Ambition to Action）是源自於 Kaplan 和 Norton 的平衡計分卡方法，請見參考書目 [bogsnes]，第四章，第 114 頁起。

7　來自於私下交流的資訊。

把執行良好財務預算所需的活動，從年度預算流程裡分離，就更能理解目前的狀況。專注於發展決策流程，和發展滿足設定目標所需的調整。這樣的轉變是從「是否有足夠的資金做被交代的事？」變成「這是真的需要做的事嗎？」

讓年度財政週期與資金決策分開

以傳統的年度財政週期決定資源配置，會鼓勵阻撓發展創新與實驗能力的文化。並且不斷地把資金投入在不可能提供價值的活動和想法上。必須意識到創新會持續產生成本，而我們不僅無法定義這個成本，也無法提前一年進行全面規劃。在提供創新所需的資金上，需要實踐輕量級的流程，以紀律規範停止投入任何無法產生成果的工作。

對於特定生產線項目或是新行動，如果當年度流程是獲得資金的唯一途徑，就幾乎不可能因應新資訊而改變方向。相反地，每年都必須花很大的精力提出最佳的業務計畫，盡一切可能爭取最多的預算，而不是誠實地說實際需要的是什麼。在這個一年一度的預算審查期間，所有提案中只有那些具有引人入勝故事的計畫才能取得預算，按照原本的計畫執行。其餘的提案會被砍掉，或者放進待辦清單，等明年再考慮，繼續積累延遲成本。

相反地，一些公司正在採用稱為「動態資源配置」的方法，如圖 13-2 所示。這個方法為資金決策建立更頻繁的檢核點，進而降低每次決策的風險。所有的決策都是以過去的實務經驗為基礎，因此更容易做出決策。如果運作得當，不僅可以讓更多團隊更頻繁地取得資金，而且風險更低，帶來更好的結果。因而鼓勵更多的創新，降低大型規模行動所伴隨的財務風險。

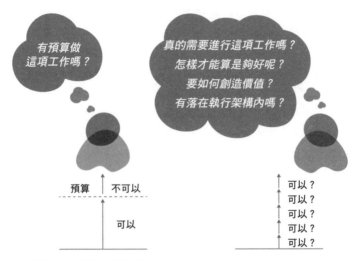

動態資源配置

不同的心態 —— 成本意識，關注所投入的每一分錢

圖 13-2 動態資源配置，感謝《Implementing Beyond Budgeting: Unlocking the Performance Potential》一書的作者 Bjarte Bogsnes 提供

本書所討論的產品開發模式能與動態資源配置相互配合，而且頗具成效。萌生一個新想法後，要先從探索階段開始。依據產品團隊的營運成本，衡量新想法的探索成本。定義底線條件：一個小型團隊，在已知的時間內探索新想法，能利用的最大資源量為 X。一旦團隊取得新想法能交付價值的證據，就提供更多的資金，進入下一階段的發展領域。進入地平線三，目標是利用可選擇性原則，管理投資（三條地平線與可選擇性的更多資訊，請參見第二章）。目標是在多個選擇權上，投入有限的資源，預期大多數的想法會失敗，少數則會帶來巨大的成功。

團隊成功離開探索領域並且形成規模化，接著就會開始實踐第六章所描述的持續改善，不斷地減少交付過程中所產生的浪費。很重要的是避免「獎勵」團隊透過降低營運成本、縮減團隊大小與拆散團隊等方式來達成績效改善。在激勵團隊的瞬間，卻也同時扼殺其創新的心態。相反地，只要團隊能維持高績效，成本控制在建立的底線範圍內，就應該讓團隊花更多時間探索新想法，無須浪費時間在繁複的文件、審查與核准流程上。建立輕量級流程，核准小量的額外資金，支持發展新想法，保持這股氣勢，順勢而為。

利用產品典範而非專案典範,更易於計算每個產品或每個服務的損益。只要計算團隊建立和運作一項產品或服務的成本,亦即其交付和運作的成本。這樣的做法更容易發現一些問題,例如,產品或服務相關的成本超過其所提供的價值,或是沒有取得預期的邊際利潤。要建立橫跨多個產品的功能時,可以利用延遲成本的觀念進行投資決策(請參見第七章)。

當價值主張和產品的開發與支援成本隨其生命週期產生變化,就調整負責運作與強化該產品的團隊組成。最終當產品提交的價值開始超過其成本,就要事不宜遲地淘汰掉這個產品。因此,需要一項投資的情況,通常是為了淘汰掉一些產品和服務 —— 所以又可以再次利用延遲成本進行投資決策。但這需要管理高層買單:就我們所知,一家《財星》雜誌公布的全球前五百大企業在提供獎金給副總級員工時,其所依據的原則是當年淘汰掉的服務數量,用意在於致力減少系統的複雜性與鼓勵創新。

和企業層級的行動相比,更小型、更簡單、涉及更低風險的局部行動應該適用於更少的審核和更輕量的核准流程。同時還需要配合持續的流程與界定清楚的準則,以判定何時要停止投入資金。成立另外一個團隊,負責報告資金決策的成果,可藉此分散審核與監督的權力。這也能彙整為企業層級的報告。對於一些大型的企業行動,仍然會希望維持高層級的集權式控制,但應該在任何時間點裡盡量降低發生這樣的情況。一些投入資金模式的範例,請參見表 13-1。

表 13-1. 投入資金模式的範例

關係複雜度	焦點	需要更改的頻率	投入資金的模式
簡單,一對一	顧客面向	快速 —— 一天、每天或每週數次	週期短 —— 2 週 小型團隊 提供少量的資金 利用臨時性的基礎設施

關係複雜度	焦點	需要更改的頻率	投入資金的模式
二或三個產品團隊間的相互依存性	中間價值 —— 產品團隊之間共同產生的業務價值	中等 —— 2 到 3 週	週期短 —— 2 到 4 週 小型的混和團隊 提供少量的資金 初期會利用臨時性的基礎設施
企業層級	核心營運 —— 例如，ERP、CRM、大數據、報告	較慢 —— 一年低於 4 次	週期長 —— 3 到 6 個月 從小型團隊開始發展，隨著時間建立更大規模的團隊 每 4 到 6 週持續對決策投入資金 提供充足的資金支持改變核心基礎設施

擺脫高度集權式的年度預算週期，並不意味著縮減對良好財務管理的責任。許多大型的全球公司已經開始脫離大型集權式預算，改以其他方式管理成本，例如，Handelsbanken、Maersk 以及 Southwest Airlines[8]。這些公司開始分散營運財務的權責，並且把權力下放到個別的業務單位：

- 資深管理階層不會為新的會計年度，設定所有成本和營收的目標。

- 關鍵業務不會以預算作為決策的基礎。

- 不以達成預算的能力來衡量團隊和個人。

每個人還是有其目標存在，並且負責提高自己所能交付的價值。然而，這些目標並不是從高層發佈強制執行，而是由團隊自己制定，並且與組織層級的目標和指標一致。

探討作業基礎會計原則

資源消耗應直接與產生價值的活動綁在一起。傳統上，成本完全以功能性成本中心追蹤，例如，IT，因此很難了解到底是什麼因素驅動這

8　請參見 *http://www.slideshare.net/LESSConf/11-12-what-is-bb*。

些成本。參與產品開發的 IT 部門與團隊，經常被視為成本中心，獨立於業務之外進行管理與控制。傳統的想法是，採購更便宜的 IT 服務供應，不但要降低成本，還要能提供同樣良好的成果。如果事情有這麼簡單的話，各位可能現在就不會閱讀本書了。現實是業務驅動了 IT 和產品開發的成本，因此不能單獨管理。

作業基礎會計（或成本）讓我們能把服務與活動的總成本，分配給產生這些成本的業務活動或產品。這使我們對產品提供的真正財務價值，有更好的理解。然而，就跟所有的商業模式與方法一樣，作業會計也不是萬能的。需要非常小心，不要追求不必要的精密度，而創建了複雜的模式和流程，使其成本超過所能提供的價值。我們的目標很簡單，就是獲得更好的資訊，以調整計劃和活動，進而提高價值 —— 先以小型計畫開始，直到獲得足夠的經驗證據，足以作為決策的基礎時就停止。

利用作業基礎計算成本做出更好的決策

這是在前一家公司工作時發生的故事，剛好可以用來說明提供價值給顧客時，如何利用作業基礎會計更清楚地瞭解技術支援的方式。

在試圖削減成本時，財務管理委員會為下一個會計年度制定了不切實際的目標。他們在現有的預算目標上遇到困難，例如，伺服器成本，並且無法理解為何不能降低人員的水準，又同時支援更多的人員與系統。為了讓他們能理解這樣的情況，我們轉為使用作業基礎會計原則，把成本分配給業務活動（營運、營收管理、行銷、顧客關係、供應鏈管理等等），而非目前的預算項目（IT 人員、軟體、硬體、IPS、伺服器等等）。由於財務管理系統不是以這樣的觀點設定，再加上時間緊迫，所以我們運用手邊現有的資源，電子表格、現有的營運數字、兩個人、兩天內、IT 資深管理人員所提供的全面資訊，以及大量的食物和飲料。

重點不在於提供百分之一百的準確度或精密度：只要 90~95% 的準確度就已經足夠了。目的是給管理層一個重點：IT 成本和服務客戶與組織成本的相關性。

幸運的是，我們已能清楚知道業務活動相關的 IT 服務與成本。所以能直接把許多成本對應到業務產品或服務。例如，互動語音辨識軟體的所有相關成本都是歸到顧客支援中心。其他成本，例如，電子郵件服務，就必須由各個業務單位共同承擔，所以我們以各單位的人員數來衡量，依照比例分攤成本給各單位。我們還分配了特定成本給自己的部門 —— 部門服務管理、我們本身消耗公共服務相關成本。

這項努力的輸出結果是一系列的圖表，說明了業務活動如何推動 IT 成本。當我們提出這些資訊給財務管理委員會，而非傳統的預算費用項目，管理層能更放心地做決策，支持（或不支持）我們提交的預算計畫。最重要的是，每個人都更清楚地瞭解歸屬於業務產品與服務的真正成本，也能更好地計算汰換系統的延遲成本。

避免使用預算作為績效評估的基礎

或許我們在預算上犯的最大錯誤就是利用它們作為績效的關鍵指標——個人、團隊或整體組織受到獎勵與表彰，是因為堅守預算的能力。遵守分配的預算只能說明，我們花的成本和賺的營收是否如同所規劃的。如果告訴團隊能花的預算比工作需要的成本還多或少，那麼團隊不是找到方法達成預算目標，就是花大量的時間證明為何無法達成。然而，這阻礙了我們關注最重要的問題：是否在正確的層級規劃、設定合理的目標、取得更高的效率或提高顧客滿意度？產品正不斷改善或即將陣亡？財務狀況比之前更好嗎？

當財務結果達到良好的底線目標，亦即獲利時，最有效的做法是均分獎金與獎勵——不只是管理與行政高層，還有組織內的每位員工。如果工作團隊的貢獻沒有獲得認可，獎勵又被認為是基於不公平的流程，最終團隊的惰性和推託會削弱整個組織。反之，當表彰與獎勵是由所有的人共同分享，員工會傾向於追隨優秀的領導者，讓組織變得更好。

財務激勵所帶來的正面影響：以西捷航空為例

過去的 15 年裡，北美的航空公司中財務最成功的一家是西捷航空（WestJet）。其創辦人瞭解到，想要取得成功，非常重要的是為所有員工創造責任與歸屬感文化。為了建立這樣的文化，他們明確提出策略和目標，篩選和培養員工符合良好的文化和價值觀，並建立所有員工都能受益的財務獎勵。

西捷航空每年有兩次機會，把公司利潤的一部分分享給全體員工，依照基本工資的比例分配。同時邀請員工參加利潤分享派對，由團隊的管理者親手將支票交給成員——不論何時都盡可能地面對面，這讓管理者能親自感謝每位員工的貢獻。

此外，西捷航空讓員工可以認購公司股份，上限為其年薪的 20%，然後還會根據員工做出的貢獻，配股到員工名下。2012 年，超過 85% 的員工參與了這項計畫，成為西捷航空的股東。

這些財務激勵措施幫助所有的員工 —— 從客服中心人員到管理層，都能對公司形成真正的責任意識與歸屬感。每個員工都知道，他們每天日常工作所進行的決策以及對待客人的方式，都會對西捷航空的整體收入產生直接的影響；員工也會親自分享自身決策所帶來的獎勵，或造就的負面結果。

這個方法幫助西捷航空在艱難、高度管制的行業裡，維持了將近 20 年的獲利。2013 年底，西捷航空的年度財報顯示，營運 18 年以來第 17 年持續獲利[9]。

停止讓商業決策立足於資本性支出 V.S. 營運費用

關心資本性支出（CapEx）與營運費用（OpEx）的報告，對組織來說很重要。適當地公佈組織在各個項目的費用，能帶來租稅優惠與正面積極的財務影響，所以組織會相當重視這個部分。基本前提是把軟體系統資本化，將系統視為創造組織未來收益的資產。這會對資產負債表產生顯著的影響，進而影響組織的市場價值。

不幸的是，這種區別通常用來作為關鍵業務的決策基礎。把其他複雜的元素注入到創新決策和資金投入裡。所有和工作相關的成本都必須對應到這兩者之一，傳統上管理這兩種成本的流程是假設團隊的工作只能歸類到其中一種，不能同時有兩種成本。

傳統流程還掩蓋了成本真正的歸屬單位，提高了營運成本。將專案全面資本化，使我們能在較長的時間內攤提這些成本，降低對短期內利潤的影響。然而，許多專案初期就被資本化的項目，在專案結束前後會立刻對營運費用造成負面的影響。核准資本化專案時，並沒有把為了支持系統不斷增加的複雜度所衍生的長期營運成本計算進去（因為這些本來就是不同類型的成本）。持續支持與淘汰產品和服務是營運費用的問題。最後，營運成本團隊會卡在證明日益增長的成本，而正是資本支出決策造成的臃腫和複雜性，導致這些成本的發生。

9　請參見 WestJet 官網資料：*http://www.westjet.com/pdf/greatWestJetJobs.pdf*、*https://www. westjet.com/pdf/global-reporting.pdf*，以及 2013 年的財報資料：*http:// bit.ly/1v73i6N*。

如果我們認真看待創新，資本屬於哪一類應該不是那麼重要。開放、坦率的討論，是建立在端到端產品成本的真實證據上，也應該作為業務決策的基礎。在進行業務決策後，應該由會計人員決定產品開發投入的資金要分配到資本性支出或是營運費用。

首先讓我們來看探索領域。大多數的想法最後都無法提供價值，或是帶來負面價值 —— 但資本性支出適用於提供長期價值的資產。因此，可以合理認為所有的探索活動都是營運費用。雖然我們還是需要團隊定義他們打算消耗的資源量，但每當他們有新想法想要嘗試，應該不需要每次都取得進一步的核准，只要是落在團隊定義的成本上限範圍內。

移動到開發領域，財務和產品團隊需要經常互相討論，決定如何分配資金。我們決定用追蹤方法判斷資本性支出與營運費用，進而避免增加複雜度與不必要的浪費。這應該要夠容易，讓每個人都能理解運作方式，對長期的價值主張提供相當準確的闡述。最後，把成本分配到資本性支出，簡單來說就是定義團隊資源（或時間）裡有固定比例會花在開發資產上，而這些資產是屬於生命週期夠長，長到足以被資本化的。以下是一些與資本性支出資金決策相關的議題，可以和財務人員討論：

- 如何建立彈性模式，能以資本性支出與營運費用原則為基礎，分配投入的資金，又能避免使用制式和嚴格的流程，要求每個人同時為所有的資金參與競爭？

- 除了規劃的專案成本，哪些要素會影響資金運用決策的審查和嚴謹：複雜性、時間估計、團隊規模、營運成本的淨效應，或是有任何其他可能的因素？

- 為了降低局部機會的延遲與整體的回應時間，我們要如何管理局部行動 V.S. 企業行動？

- 如何安排資金投入決策，才能適應更短的時程，以及讓更多團隊取得預算？

- 與活動量相反，如何以服務中產品提供的實證，做進一步的資金的決策？

在這些討論中，很重要的是要考慮產品規劃的生命週期。從技術上來講，只有當產品規劃的生命週期符合或超過軟體產品目前的折舊年限，才需要將軟體資產資本化 —— 大多數企業目前使用三年攤提。然而，如果保持不變，認為所有的系統都只有三年的壽命似乎不太實際。這帶來了一個有趣的問題。哪個才是風險低又更負責任的做法？

- 在營運費用下把軟體產品開發完全分類？或者

- 將成本資本化，如果產品在折舊攤提完以前就被淘汰，就要把這個狀況寫下來？

可能沒有單一明確的答案；由於每個組織都不一樣，所以需要考慮許多變數。

修改 IT 採購流程以提供更好的價值

W. Edwards Deming 在 1982 年出版了《轉危為安》（*Out of the Crisis*）[10]，根據美國公司的需求提出十四項管理轉型要點，以提高他們的業務成效。其中第四點提到，「不要再以標價優勢作為業務採購的依據。反而是要將總成本最小化。朝向任何項目都跟單一供應商採購，建立長期的忠誠度與信賴關係。」

然而經過了三十幾年，我們看到許多組織還是沒有掌握到這個原則的真正含義。無法量化總成本，把產品和服務視為替代商品，認為任何供應商都能輕易地製造我們需要的產品或服務。採購流程因為有合約存在，所以可以建立長期的合作關係，但這樣的方式卻很少用在建立協力合作與信賴關係上[11]。最終的結果是，採購政策、流程和實務做法，合起來阻礙我們經由軟體交付改善所提供的價值。

10　請見參考書目 [deming]。

11　在第 1 章的 NUMMI 故事中，通用汽車採用豐田生產系統時面臨的一些問題與供應商相關，供應商沒有協同工作的習慣，所以無法因應業界的結果，協助提高零件的品質和規格。這個狀況非常類似把開發外包時面臨的問題，就是在合約結束時，發現交付的產品與用途不合。

因此，我們犯的第一個錯誤就是認為大量的前期規畫工作，可以對不能提供預期價值的情況，進行風險管理。在許多大型企業裡，管理者在導入任何第三方軟體交付服務時，必須預先定義所有預期的產出，提出委外服務建議書（request for proposal，簡稱 RFP）。供應商會根據建議書提供詳細的回應，說明他們確切能提供的預期產出與需要的成本，其計算方式通常是每小時的產出率與成本乘上期望邊際利潤。然後，根據供應商的回應與採購小組的簡報進行決標。

這種痛苦又過度詳細的合約過程，會帶來數種負面的效應：

就管理產品開發風險，這不是一種好的方式

這會讓我們誤解，以為真的知道自己需要什麼 —— 換句話說，在構建系統的同時，我們無法明確知道使用者覺得有價值的東西，也不會遭遇到任何明顯、非預期的複雜性。

對現有供應商有利

組織現有配合的供應商更容易接觸組織的人們，所以更能知道如何符合組織的預算與目標。由於和新供應商進行採購流程很辛苦，所以即使是平庸的供應商，也很容易自動取得續約。尋找新供應商所伴隨的感知成本和風險，通常被認為會比和現有供應商續約來得高。

對大型服務供應商有利

大型公司會雇用人力專責處理委外服務建議書，提供豐富的內容，不僅具有詳細的說明還有許多檢核選項，但卻幾乎不會對成果造成特別的影響。

抑制資訊透明度

經常以延遲成本來判斷成功，卻很少考慮與整合相關的成本、業務流程的改變，或持續增加的營運成本。也很少看到組織思考供應商所提供的產品對端到端價值交付的影響。例如，以單元成本來看，海外交付表面上看起來很便宜。然而，如果把增加的溝通與出差成本考慮進來，還有時差所造成的反應延遲和重新修改，

相較於和組織同地協作的供應商，海外供應商很容易花更長的時間 —— 在整體成本幾乎相同的情況下。

不準確的規劃

規劃謬論（請參見第二章）往往會造成供應商和管理者對人力與工作需求量的估計過於樂觀，因為他們都瞭解只有合約價格在決策中所佔的權重最高。此外，供應商還知道得標之後，可以利用需求變更來賺錢。

忽略成果

合約履行能力的衡量，是看合約期間供應商能否以約定的價格提供約定的服務。通常不會提到交付服務所帶來的成效。不管結果如何，供應商通常都能獲得進一步的支援、修改與改善服務的合約。

技 巧

如果你卡在一份長期、專案基礎的合約裡，指定合約結束前供應商要提供一個解決方案，為了降低風險，可以利用提前支付款項為誘因，讓供應商逐步提供能運作的軟體。刺激供應商提供可運作的軟體，可以讓我們提前投入生產，從而獲取顧客對解決方案價值的回饋。反過來也能以測試結果為基礎，調整產品開發的方向。

傳統採購流程所犯的第二項錯誤是，假設所有服務裡投入交付的人力品質與交付的軟體品質是相等的。歷經痛苦的我們，許多人都非常清楚現實狀況不是這樣。有很多因素會決定供應商提供的成效有多好，但其中影響最小的其實是成本。供應商的錯誤發生率與修正率是多少？解決方案相關的維護工作有那些？解決方案裡有多少行程式碼（越少越好）？雙方的合作關係有多密切？是否能信賴供應商？儘管我們能從供應商的其他客戶那獲得一些見解，嚴峻的考驗是實驗。我們需要測試合作關係和衡量結果 —— 修改讓第三方服務供應商參與的流程。

英國政府改變 IT 採購流程，以鼓勵創新

英國政府在 2014 年的年初，宣布要大幅改變 IT 服務決標和合約管理的規則[12]。這些改變用意在鼓勵在 IT 服務部門的競爭，以及幫助政府成為服務供應商眼中更有智慧的顧客。他們相信透過限制大型 IT 合約與擴大潛在供應商的來源，能在 IT 服務上達到更好的成效。

為了讓中小型企業更容易對政府 IT 合約進行投標，英國政府的 IT 服務採購流程宣布了四項主要的變革：

- 除非有特殊情況，所有合約的金額都要在 1 億英鎊以下。

- 現有服務提供合約裡配合的公司，不能在同一個政府部門提供系統整合。

- 新合約的委託期間最多為 2 年。

- 不自動續約。

英國政府希望透過更創新、更有成本效益的數位解決方案，更有效率、更迅速地回應公共需求。擴大候選供應商的範圍，並且針對過時、昂貴技術或無法提供價值的合約，創造更多評估和談判的機會。

敏捷宣言說，與其在合約上進行協商，不如與顧客協作。需要持續與供應商合作，產生高品質的成果。把需求扔給供應商並且期望數個月之後，產品或服務就會神奇地出現，這樣的心態是無法達到最佳的供應商關係和產出結果。我們必須參與進來，管理供應商合約與關係，鼓勵彈性以及尋求和不同供應商進行實驗合作的機會，這樣才能評估他們是否能稱職、有能力提供價值。

結論

組織圍繞財務循環持續安排資金投入的決策，在改善創新能力上會面臨嚴重的障礙。需要越過集權式預算典範，在財務預測、規劃與報告流程中導入流動。如果想從精實原則中獲得更多的效益，這會是必要的。

---

12 請參見 *http://bit.ly/1v73rXY*。

讓資金投入決策脫離年度預算週期，停止擔憂其是否為資本性支出或營運費用。做出更好決策的方式，就是知道做什麼與何時投入資金，才能創造我們想要的成果。我們仍然需要小心地管理成本，但可經由更短的規畫、預測與監控週期，還有讓相關成本歸屬到驅動他們的業務活動，以達成更好的結果。在驗證想法上限制資源與時程，有助於更自在地削減不會成功的想法。然後，將資源引導到探索產品和服務的新想法。

最後，要支持創新與實驗，需要修改採購流程與規則。長期的信賴關係要建立在共識上，雙方都希望提供更好的價值，否則組織永遠都會被一些遺留下來的舊系統和產品所阻礙，有些甚至經常在發佈前就已經過時。

讀者思考問題：

- 你的產品團隊需要耗費大量的時間在尋求核准與資金，才能開放地實驗新想法和技術嗎？你能在年度期間的任何時候獲得與新技術開發工作相關的資金嗎？或是受限於年度週期？

- 你的成功投資準則為何？專案的時間和預算是否充足？或者你會試圖衡量顧客與組織成果？

- 一整年下來，花在管理團隊預算上的時間有多少？包含檢視報告與證明誤差。

- 對於詳細成本，會規畫到多遠之後？以及多久規劃一次？很容易就能在計畫內持續調整與報告嗎？

- 分配資本性支出和營運費用的流程，會阻礙人們做出負責任的投資決策嗎？如果是，能否採取簡單、低風險的實驗，找出其他不同的方法？

第十四章

轉化 IT 為競爭優勢

> 大多數員工為組織創造的價值，無法以成本中心模式為其定義、建立模式和衡量。

> — Ken H. Judy

企業 IT 部門面臨各種相互衝突的強勢力量。第一優先是維持現有關鍵業務系統的持續運作，即使這些系統已經老化而且越來越複雜。再來是不斷增加的壓力，要求他們加速提供新產品和新功能。最終 IT 在傳統方式上被視為成本中心，提升效率成為經常性的壓力（通常會演變為成本削減）。

這些顯然是相互矛盾的目標，往往會導致惡性循環。不管是降低系統的複雜性，還是要汰換系統，這兩者都需要投資。然而，投資經常意味著大型與耗時多年的專案，經常因為不斷上升的成本和／或管理層的人事變動，導致專案終止或無法完成部署。在這種複雜性不斷上升，又需要提昇更多效率的情況下，IT 根本無法有效率地管理規劃內的工作。不斷增加的變更需求，遇上了不健全的 IT 環境，無疑是雪上加霜，不僅產生了計劃外的工作，更進一步降低 IT 的產能。

本章會討論一些策略，促使 IT 能迅速地回應不斷變化的業務需求，改善 IT 服務的穩定性，以及降低 IT 系統與基礎設施的複雜性。這裡的許多策略是來自於 DevOps 運動，目標是要在節奏快速、高度後果的環境下，安全地推動規模化。

重新思考 IT 心態

企業長久以來把 IT 看作是成本中心與內部的推動力，而非競爭優勢的創造者。所以如同 Nicholas Carr 曾提出的輕蔑說法，多年來正統作法一直認為「IT 無足輕重（IT doesn't matter.）」[1]。即使是推動精實的實踐者，有時也會把 IT 當作「不過是一個部門」。《Inspired: How to Create Products Customers Love》[2] 一書的作者 Marty Cagan 更創造了「IT 心態」這個名詞，描述 IT 只是「業務」的服務供應商（請參見圖 14-1）。

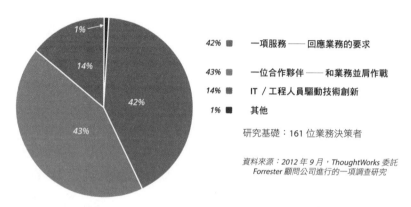

「談到要提供哪種業務服務或產品時，軟體開發提供者對你的影響程度？」

42% ■ 一項服務 ── 回應業務的要求

43% ■ 一位合作夥伴 ── 和業務並肩作戰

14% ■ IT／工程人員驅動技術創新

1% ■ 其他

研究基礎：161 位業務決策者

資料來源：2012 年 9 月，ThoughtWorks 委託 Forrester 顧問公司進行的一項調查研究

圖 14-1 業務領導者如何看待業務 ── IT 關係

藉由典型的專案模式來投資與管理 IT 專案，讓這個問題更加嚴重。IT 專案的工作完成後，一般會移交（或丟）給 IT 營運去維護，所以管理 IT 專案的人也不太有動機去思考他們的設計決策會帶來怎樣的長期影響 ── 很大的動力反而是，通常要在緊迫的時程裡，盡可能提供更多的功能性。這樣的狀況導致軟體很難操作、變更、部署、維護以及監控，不僅增加營運環境的複雜性，反過來又讓更多 IT 專案難以提供[3]。《Architecture and Patterns for IT Service Management, Resource Planning, and

---

1　原始文章出處：*https://hbr.org/2003/05/it-doesnt-matter*。Nicholas Carr 進一步的評論和討論，請參見 *http://www.nicholascarr.com/?page_id=99*。

2　請見參考書目 [cagan]。

3　Evan Bottcher 部落格裡有一篇標題充滿詩意的文章〈邪惡的專案，必遭摧毀〉（Projects Are Evil and Must Be Destroyed），對這些問題有更詳盡的描述，請參見 *http://bit.ly/1v73umC*。

*Governance: Making Shoes for the Cobbler's Children》*一書的作者 Charles Betz 提到[4]：

> 專案階段是 *IT* 作業裡最容易理解的部分，但經常在達成 *IT* 最佳化時犧牲流程的其他部分，進而也犧牲了整體價值鏈。*IT* 專案管理的挑戰是，特定專案經常把更廣範圍的價值鏈目標視為「不是這個範圍裡的」，而且也不會追究專案增加整體系統資訊熵的責任。

IT 營運 —— IT 部門內的一部分，或許也是最大的成本中心 —— 每天都經歷著這些決策所帶來的後果。特別是，他們還必須讓這些經過整合的系統保持正常運作，這些建立多年的系統，不僅難以置信地複雜，而且還一團混亂，因此往往傾向於避免更動。由於 IT 營運的第一優先是穩定性，其表現出來給大家的印象就是一個說「不」的部門 —— 但從他們所面對的問題來看，這是一個完全合理的反應。

IT 營運部門有兩個主要機制能扭轉全局：變更管理流程與標準化。變更管理流程的目的在於減緩變更帶給生產環境的風險，並且符合法規要求，通常會需要團隊在部署每個變更到生產環境前，對變更進行審核（ITIL 術語中稱此為變更諮詢委員會（Change Advisory Board in ITIL terminology））。標準化則是用於管理生產環境的不均一性、降低成本以及防止安全漏洞；要求生產環境（通常開發環境也是）使用的所有軟體都要經過核准。

結果這些流程造成生產環境的變更率大幅減緩，團隊不能選擇他們想用的工具。在某些情況下，如果這些限制能實際提昇生產環境的穩定性，或許也能算是可接受的折衷方式。然而，從資料上來看，完全不是這麼回事。事實上，IT 部門的營運與組織其他部門的關係，其背後的許多假設都已經不再合理。

研究報告《*2014 State of DevOps Report*》對全球超過 9,000 位受訪者進行調查，瞭解高績效組織的創造因素、IT 實際上對業務是否重要，以及影

---

4 請見參考書目 [betz]，第 300 頁。

響 IT 部門績效的因子 [5]。這項研究的第一個主要成果是，利用一種有效的統計方法衡量 IT 績效。高績效 IT 的組織能達成高產量與高穩定性；高產量是衡量變更完成的時間與部署頻率；高穩定性是衡量在服務中斷或事件引起服務品質下降後，服務恢復正常所需要的時間。此外，相較於中等與低績效的組織，高績效組織在變更上的失敗率低於 50%。

資料顯示高績效 IT 的組織能達到更高的產量與穩定性。比起低績效 IT 的公司，擁有高績效 IT 組織的公司，在獲利能力、市場佔有率和生產力上，都可能超過原本設定目標的兩倍。

與高績效 IT 組織高度相關的實踐方式有（提高產量與穩定性）：

- 以版本控制的方式保持系統配置、應用程式配置與應用程式的程式碼。
- 記錄與監控系統所發生的錯誤警示。
- 開發人員將大型功能拆解成小型、逐步的變更，每日合併到主幹程式碼（如第八章所述）。
- 開發人員與營運人員會定期互動，達成雙贏成果。

還有其他兩個強力因子能有助於預測高績效 IT。第一是高度信任的組織文化（如同第一章所述）。第二是輕量的同儕審查變更核准流程（peer-reviewed change approval process）。許多組織都會設立一個獨立的團隊，負責核准即將投入生產的變更。資料顯示這樣的外部流程會明顯降低產量，但對穩定性卻幾乎沒有負面影響。所以同儕審查變更核准的機制（例如，雙人程式設計或由其他開發人員審查程式碼）和變更諮詢委員會一樣，能有效建立系統的穩定性 —— 但明顯後者的產量較佳。

雖然這項資料支持了一些高績效公司現行的做法，例如，Amazon 和 Google，但這直接違背了以往的認知 —— 就是認為職責分工是管理風險的有效途徑。Westrum 在安全文化的研究顯示，沒有一種流程或控制方法可以彌補人們不在乎顧客和組織所造成的後果。與其建立控制方

5　請見參考書目 [forsgren]；報告下載網址：*http://bit.ly/2014-devops-report*。

式彌補病態型文化所造成的後果，不如建立生產型文化，讓人們願意對自己的行為結果承擔責任 —— 特別是在顧客成果方面。

有一項簡單卻影響深遠的指示，可以促進這個行為：

1. 負責建立的人，負責營運。建立新產品和服務的團隊也必須負起營運和支援的責任，至少要等到產品和服務穩定下來，可以預測營運和支援的負擔為止。透過這樣的方式，更容易確保衡量運作服務的成本和服務所能提供的價值。

2. 把集中式 IT 轉變成產品開發組織。提供內部與顧客面向的產品和服務時，應該利用本書所說的產品開發生命週期與策略。

3. 投入資源降低現有系統複雜性把步驟一獲得的產能投入持續改善工作，目標是降低變更對現有服務造成的成本與風險。

自由與責任

為了降低 IT 營運的負擔，重點是將支援新產品、服務與功能的職責，移轉給原本負責建立的團隊。想達到這點，就需要給團隊自主性，讓他們發佈和營運新產品與新功能，以及授權團隊負責支援。

Google 團隊開發新產品時，服務上線前都必須通過「生產準備就緒審查（production readiness review）」。通過審查後，產品團隊會先負責上市初期的營運工作（類似 ITIL 的早期營運支援）。數個月之後，等服務穩定下來，產品團隊可以要求營運人員 —— 在 Google 稱為網站可靠性工程師（Site Reliability Engineers，簡稱 SREs）—— 接管服務的每日營運工作，但服務移交前必須通過「交接準備就緒審查（handover readiness review）」，確定系統已經做好移交的準備。如果系統交接後遇到嚴重的問題，就會把支援責任再轉回產品團隊，等系統穩定後，必須再通過另一次的交接準備就緒審查，才能再次移交給營運人員[6]。

6　請參見 Tom Limoncelli 的影片：*https://www.youtube.com/watch?v=iIuTnhdTzK0*。還有參考書目 [limoncelli]。

如同第十二章所討論的,這個模式需要產品團隊在整個開發流程中,和組織裡其他負責合規、資訊安全與 IT 營運的部門合作。特別是集中式 IT 部門會負責:

- 提供明確與最新的文件,說明新服務上線的必要流程與核准方式,以及上線之後團隊如何存取這些服務。

- 監控服務的完成時間和其他服務層級協議(SLA),例如,核准軟體套件、提供基礎設施(例如,測試環境),以及不斷地縮短這兩者的時間。

對於還在持續開發的服務,開發人員和營運人員要共同承擔以下責任[7]:

- 隨時待命以回應服務中斷的情況。

- 持續設計和發展監控與警示系統,以及系統依賴的指標。

- 應用程式配置。

- 架構設計與審核。

除非是在高風險變更的情況下,不然通過同儕審查後,工程師就能自己讓新功能的程式碼變更上線。但即使變更上線了,工程師還是要待命以隨時提供支援。許多新的程式碼變更(特別是高風險的變更)在推出後會先「隱藏」(如第八章所述),不是先在生產環境中關閉,就是作為 A / B 測試的一部分。

由於(如果成功的話)能大幅降低營運人員回應支援的工作量,因此有些人將此模式稱為「無營運(no-ops)」[8]。事實上,團隊在公有雲運作所有服務的模式帶出一個合乎邏輯的結論,產品團隊在整個服務生命週期間,能完全控制 —— 或負責 —— 建立、部署以及運作服務(Netflix率先在規模化上使用這個模式)。但這會導致營運人員的強力反彈,因為他們擔心會因此失去工作。「無營運」這樣的標籤明顯具有挑釁性,也有一些問題;在本書描述的模式裡,實際上是提高對營運技能的需

7　取自 John Allspaw 的網路文章:*https://gist.github.com/jallspaw/2140086*。

8　這個名詞是由 Forrester 的 Mike Gualtieri 所創,請參見其部落格文章 *http://bit.ly/1v73wLd*;Etsy 的 John Allspaw 與 Netflix 的 Adrian Cockcroft 對此的回應則請參見 *https://gist.github.com/jall spaw/2140086*。

求，因為交付團隊必須為自己的服務負起營運責任。許多 IT 人員進入建立、發展、營運和支援組織產品與服務的團隊。確實，傳統的營運人員要經歷一段時期的緊張學習和文化變革，才能在這個模式中成功——不過這對自適性組織中的所有人員來說都是如此。

必須承認且接受這些變革會嚇到很多人。所以組織一定要提供支援和訓練，幫助希望度過這個轉換期的人。還必須清楚一點，本書所描述的模式並不是要把人們當成冗員——而是每個人都要樂意去學習與改變（請參見第十一章）。至於不願意學習新技能和在組織內轉換新角色的人，應該慷慨地提供他們一筆遣散費。

集中式 IT 組織卸下建立和支援新產品與服務的重擔後，就可以將釋出的人力和資源專注在營運和發展現有服務上，並且建立工具與平台，支援產品團隊。

建立和發展平台

集中式 IT 最重要的角色正是支援組織的其餘部門，包含管理資產（例如，電腦與軟體授權），還有提供服務（例如，通訊、使用者管理與基礎設施）。不論組織的績效高低，在這方面都是一樣的。差異之處只在於管理和提供這些服務的方式。

傳統上，公司依賴外部供應商開發的套件（例如，Oracle、IBM 和微軟），作為公司內部的基礎設施元件，例如，資料庫、儲存設備與運算能力。現今幾乎所有人都正邁向公用運算典範（utility computing paradigm），稱為「雲端運算（cloud）」。很少公司能避開這一步，但許多朝向這方面發展的公司卻又無法正確地執行。

想要獲得成功，IT 組織必須採取下列其中一個途徑：把基礎設施或平台當成服務外包給外部供應商（IaaS 或 PaaS），或者是組織內部自己建立與發展。

與公司內部自己管理基礎設施相比，轉移給外部雲端供應商會帶來不同的風險，但許多說要建立「私有雲（private cloud）」的理由，多半是經不起考驗的。領導者對於引用成本和資料安全的反對理由，應抱

持懷疑的態度：支持公司的資訊安全團隊會比 Amazon、Microsoft 或 Google 更好，這合理嗎？或者是組織能採購到更便宜的硬體嗎？

由於非法入侵企業網路現在已是稀鬆平常的事（有時還是政府資助的），因此，認為資料躲在企業防火牆背後就能更安全，是很荒謬的想法。想有效地保障資料安全，唯一的方法是強大的加密，再加上金鑰管理與存取控制的嚴密環境。選擇在雲端運作或是放在企業內部網路都一樣有效。許多組織已經把 IT 營運外包多年，甚至美國中央情報局（CIA）也是把資料中心一部分的建立和執行工作外包給 Amazon[9]。許多國家正在修改法規，明確規範資料可以儲存在外部供應商管理的基礎設施上。

有兩個很好的理由讓我們對公有雲保持謹慎的態度。第一項風險是供應商鎖定（vendor lock-in），透過仔細地選擇架構能減輕這點可能造成的影響。第二項風險是資料主權問題（data sovereignty）。任何把資料儲存在雲端的公司，「其資料保護方式會受到託管伺服器所在國家與公司所處當地的法律約束，兩邊的法律可能會導致資料主權的衝突。這些法律義務的重疊含意取決於國家的特定法律，和政府之間的關係與協議」[10]。

不過，也有一些令人信服的理由說服組織轉移到公有雲供應商，例如，更低的成本與更快的發展。特別是公有雲能讓工程團隊根據需求立即建立自己的基礎設施。明顯降低開發新服務與發展現有服務的時間與成本。同時，許多聲稱已經實作「私有雲」的公司，工程師仍然需要提出申請單，才能要求測試與生產環境，並且要花數天或數週的時間才能提供服務。

任何雲端實作專案，如果不能讓工程師利用 API 立即建立環境或部署，就必須視為失敗的專案。私有雲實施成功的唯一準則，就是大幅提升整體 IT 的績效，利用上述提出的產量與穩定性指標進行衡量：改變交付時間、部署頻率、恢復服務所需的時間，以及改變失敗率。這反過

9　請參見 *http://theatln.tc/1v73AuB*。

10　引用自 *http://bit.ly/1v73C5K*。

來能帶動更高的品質與更低的成本，還有釋放資金，轉而投入新產品開發和改善現有的服務與基礎設施。

如果不利用外部供應商的服務，替代方案就是公司內部自己開發服務交付平台。服務交付平台（service delivery platform，簡稱 SDP）可以自動完成所有與建立、測試和部署服務相關的例行性活動，包括基礎設施服務的配置與日常管理。這也是部署流水線運作的基礎，用於建立、測試和部署個別服務。針對設計與運作服務交付平台，《The Practice of Cloud System Administration: Designing and Operating Large Distributed Systems》一書是很棒的指南 [11]。

然而，已經成功建立服務交付平台的公司（按上述標準），一般來說都不是透過傳統的 IT 途徑 —— 購置、整合和運作商業套件 [12]。相反地，這些公司是使用本書所描述的產品開發典範，建立和發展服務交付平台，偏好利用開放原始碼的元件作為基礎。這個方法需要大幅重組與重整 IT，專注於探索新平台，與公司內一部分的顧客一起測試平台（如第二部分所討論），目標是交付早期價值和產生優於外部供應商所提供的績效。應利用第三部分描述的原則，採用跨部門產品團隊，發展經過驗證的產品，再以上述的 IT 績效指標衡量產品是否成功。

為災難做好準備

選擇自己管理服務交付平台的公司，必須極度重視業務連續性。Amazon、Google 和 Facebook 會定期在生產系統中導入錯誤，測試其所建立的災難復原流程（disaster recovery processes）。在這些演練中，會有一組專門的團隊負責規畫和測試災難情境，Amazon 稱這些演練為「遊戲日（Game Day）」，在 Google 則稱為「災難復原測試（Disaster Recovery Testing，簡稱 DiRT）」。

11　請見參考書目 [limoncelli]。

12　這影響 Toyota 在購買機器上的處理方式。Norman Bodek 的報告指出，「Toyota 和他的主要供應商通常不會購買工作需要的機器，反而會選擇自己做『未來可能會需要的所有事物』，因此有 90% 的機器是他們自己製造的，以滿足當時特別工作的需求。」請見參考書目 [bodek]，第 37 頁。

這類的演練通常還會包括，中斷資料中心的實體電力，和中斷辦公室或資料中心的光纖網路連線。演練會帶來真實的後果，但發生無法控制錯誤的事件時是可以恢復的。預期人們在受到影響的服務下運作時，還是要符合服務層級協議（service-level agreements，簡稱 SLAs），而且要小心規劃中斷所造成的影響，不能超過營運服務必要的底線。最重要的是，每次演練後要進行非指責性的事後剖析（請參見第十一章），過一段時間後再測試提出的改善計畫。

Google DiRT 演練計畫經理 Kripa Krishnan 評論說，「想要 DiRT 式的事件成功，首先需要組織接受系統與流程錯誤是一種學習方式。事情將會出錯。發生錯誤時，要把焦點放在修正錯誤上，不因複雜系統造成的錯誤譴責個人或團隊⋯我們設計一些測試，讓來自數個團隊、平常可能沒有一起工作的工程師，透過測試彼此進行互動。藉由這樣的方式，要是真的發生大規模災難，這些人也已經建立了強而有力的工作關係」[13]。

Netflix 把這樣的邏輯發揮到極致，執行一套稱為「Simian Army」的服務，這套服務由「Chaos Monkey」主導，定期關閉生產伺服器，以測試生產環境的恢復能力。跟 Netflix 的許多其他系統一樣，「Simian Army」背後使用的軟體也是來自開放原始碼，可以在 Github 上取得。如果組織沒有勇氣每年至少執行一次真實的故障導入演練，就不應該發展自己的基礎設施服務業務 —— 至少不要在關鍵任務系統上。

最後，自己發展基礎設施服務的組織，必須給內部顧客選擇權，決定是否使用這個服務。企業依賴 IT 營運提供的服務和資產標準化，管理支援成本，例如，維護一份列表，包含具有經過核准的工具與基礎設施元件，團隊可以從中選擇他們所需要的。然而，目前的一些趨勢正在挑戰這個模式，例如，員工攜帶自己的設備來工作（攜帶自有行動裝置，簡稱 BYOD），還有產品開發團隊使用非標準的開放原始碼元件，例如，NoSQL 資料庫。我們已經看到在一些情況中，為了在效能、可維護性與安全性上達到顧客要求的水準，必須使用開放原始碼的元件，但卻遭到 IT 營運部門的抵制 —— 強制產品在現有的套件上執行，結果浪費了大量的時間與金錢。

13　引用自 *http://queue.acm.org/detail.cfm?id=2371297*。

解決這個問題的正確方法是允許產品團隊使用他們想要的工具和元件，但要求團隊對其所建立的產品與服務，承擔管理和營運的風險與成本。重複 Amazon 技術長 Werner Vogels 所說的，「負責建立的人，負責營運」。回想第七章中對最佳績效的精實定義：「以該組織不會產生不必要費用的方式交付顧客價值；沒有延遲的工作流；該組織完全符合所有地方、州和聯邦的法律；該組織滿足所有顧客的需求定義；員工擁有安全的工作環境且受到尊重。換句話說，工作設計應該是消除延遲、提高品質和減少不必要的成本、工作量與挫折」[14]。因此，阻礙最佳績效的流程，都應該成為組織的改善目標。

管理現有系統

不論是公司內製或是供應商提供的服務交付平台，都必須確保標準化和降低運作新系統的成本。然而這無助於降低現有系統的複雜性。大量的現有系統才是企業 IT 部門快速發展的最大限制之一。

營運部門必須維護成千上百個現有服務，即使是提供一項相當簡單的新功能，也會涉及多項系統，任何對生產環境的變更都充滿風險。為這樣的變更建立整合測試環境，其成本相當昂貴 —— 即使只重現一部分的生產環境也需要投入大量的工作（為了測試目的重現生產環境，很難說需要投入多少力道和需要的細節程度）。再加上功能性壁壘、外包，以及應付多個優先序的分散式團隊結構，很快地就會發現我們動彈不得，根本無法進行任何變更。

本節會提出三個策略以減輕這個問題所造成的影響。短期策略是建立優先序的透明度，和改善使用這些系統的團隊間的溝通。中期解決方案是在難以變更的系統上建立虛擬層，為整合環境的系統創建測試替身（test doubles）。長期解決方案是逐步重建系統，其系統架構目標是建立更快規模化的能力。

短期解決方案 —— 建立優先序透明度與改善溝通 —— 非常重要而且極具效果。IT 必須服務多個利害關係人，且其之間存在的優先序經常相

14　請見參考書目 [martin]，第 101 頁。

互衝突。通常贏得最高優先序的人,不是在組織內聲量大的就是關係好的,並不是以經濟模型來決定,例如,延遲成本(如第七章所討論)。所以很重要的是,組織所有層級都要對目前的優先序有共識。簡單的做法是每週或每月進行一次利害關係人會議,包含 IT 的所有顧客,用一頁的篇幅,發佈排定優先序的項目列表。負責耦合系統的團隊間,不可或缺的是定期進行溝通。

耦合系統需要頻繁溝通

一家大型旅行社想要持續在網站上提供新功能。然而,這必須調整一個舊的預訂系統。這個預訂系統每六個月才更新一次,所以依賴預定系統的變更經常會延遲推出。這家旅行社也因而損失了大量的機會成本。

為了減緩這個問題,這家旅行社採取了一個簡單的方式,就是改善團隊之間的溝通。負責網站的產品經理會定期與預訂系統的計畫經理開會,比對雙方接下來的發佈項目,關注這些項目之間有沒有相依性。他們會互相協調進度,幫助彼此準時提供新功能,或是延後暫時無法提供的功能。

中期解決方案是找到方法模擬那些不常變更、卻又必須一起整合的系統。有一種技術是把這些系統的版本虛擬化。另一種技術是建立測試替身,為了測試目的模擬一套遠端系統(請參見圖 14-2)[15]。請牢記一個重點,目標不是要完整、忠實重現真實的生產環境。目標是在邁入完整階段的環境之前,盡早發現大多數的主要整合問題並且進行修正。

模擬遠端系統或是在虛擬環境下執行,這兩者都可以整合和執行系統層級的實驗,讓我們定期驗證變更(例如,每天一次)。降低在適當整合環境下必須要進行的工作量。

長期的解決方案是構建系統,促使更快速地移動。特別是這意味著可以依照我們的需求,隨時獨立部署部分系統,不必經由複雜編排的部署。然而,這需要仔細地重新設計架構,利用本書第十章所述的絞殺級應用模式(strangler application pattern)。

15　更多資訊,請詳見 *http://martinfowler.com/bliki/SelfInitializingFake.html*。

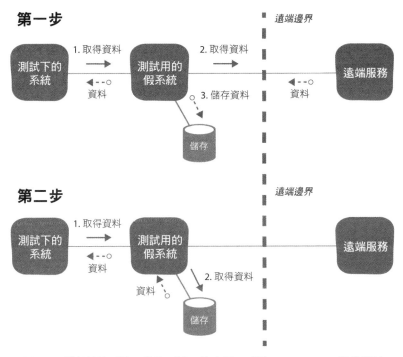

圖 14-2 模擬遠端系統,做為測試目的之用,感謝 Martin Fowler 提供圖片

啟動這個流程的第一步是繪製服務和服務之間的相互連結。以創新的生命週期(請參見第二章)和每個服務提供給組織的價值為基礎,分別在兩個軸上繪製價值和生命週期,建立價值鏈圖(*value chain map*),使每個產品與其之間的相依性視覺化(請參見圖 14-3)。價值鏈圖的建立方法,先找一個產品然後在新的價值鏈圖上方,把產品放在適當的位置。接著繪製服務和服務之間的連結。在白板上利用便利貼,就可以快速、低成本地完成這項分析 [16]。

---

16 請參見 *http://blog.gardeviance.org/2013/09/why-map.html*。

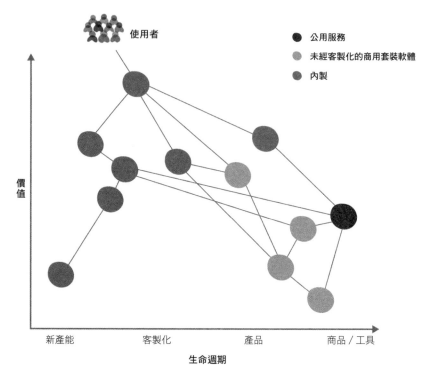

圖 14-3 價值鏈圖，感謝 Simon Wardley 提供圖片

下一步是依循以下這些原則，建立價值鏈圖的「目標（to-be）」版：

- 使用「軟體即服務（software-as-a-service，簡稱 SaaS）提供所有的「公用」服務，例如，薪資作業、供應商管理、電子郵件系統、版本控制等等。如果有系統無法轉移到雲端，應改用商用套裝軟體（commercial off-the-shelf software，簡稱 COTS）。

- 如本書其他部分所述，提供競爭優勢的策略服務和應用，應自訂軟體開發。極力避免使用套裝軟體建立這些產能。

- 記錄用的系統往往是最難變更的，其結合商用套裝軟體與老舊的系統，包括大型主機系統。通常需要合併與一定數量的虛擬層，才能降低維護與整合的成本。隨著時間發展，若有必要可以扼殺這些系統。

應用商用套裝軟體時，非常重要的一點是不要對套件進行客製化。雖然特別強調這一點是不夠的，但本書還是要再次強調，要求商用套裝軟體提供客製化的功能會帶來許多相關的問題與風險。尤其是當組織做了客製化這件事，就會停不下來 —— 商用套裝軟體只要進行客製化後，其建立和維護的成本就會隨著時間變得極其昂貴。一旦客製化超出一定程度，原本的供應商往往就不再支援這個套件。這不僅讓客製化套件的升級需求變成非常痛苦的工作，也很難對經過客製化的商用套裝軟體系統進行快速又安全的變更。

相反地，應該變更業務流程以配合商用套裝軟體的現成功能。任何時候選擇以商用套裝軟體作為基礎的解決方案，都會有一串等著實作或是修復錯誤的列表。應該一直把列表裡的這些項目作為業務流程變更管理活動的輸入。與其變更商用套裝軟體來配合現有的流程，變更業務流程的成本更低也更有效率。如果你已經走到客製化的路上，那麼使用商用套裝軟體下一個主要發佈會是一個轉換道路的機會，藉此轉移到一個全新、未經客製化版本的套件，如同澳洲最大的電信商 Telstra 所做的，從一個重度客製化的安裝版本 Remedy，轉移到完全只有供應商提供版本的套件[17]。

從目前的狀態到「目標」的狀態，這中間的轉變可能需要花上數年的時間。和所有大規模變革一樣，正確的進行方式就是把大型工作計劃拆解為一個個的小步驟，逐步推行，在改善顧客與業務成果方面提供了最大的優勢。

17　請參見 *http://bit.ly/1v73C5K*。

Suncorp 的簡化計畫

由 Scott Buckley、John Kordyback 提供

澳洲 Suncorp 集團有一項野心勃勃的計劃，就是廢除傳統的一般保險政策系統，改善核心銀行平台，以及啟動卓越營運計劃。Suncorp 業務系統的新任執行長 Matt Pancino 說，「Suncorp 淘汰重複與過時的系統，致力於降低營運成本，再將這些省下來的費用轉投資到新的數位通路」。

實現簡化計畫的必要策略是精實實踐和持續改善。Suncorp 成功地投資在自動化測試架構上，以支持快速開發、配置、維護和升級系統。這些技術對於使用新技術平台的人來說很熟悉，特別是數位產業，但 Suncorp 的成功之處是把敏捷與精實方法應用到「大型主機系統」上。

交付實踐

Suncorp 對保險業務使用的系統進行調整，把以往大型、複雜的保險政策大型主機系統整合到新系統，以支持橫跨整個組織的共通業務流程，並且透過直接通路推動更多的保險銷售。這個「建構基礎」計畫提供了核心主機政策系統的功能測試架構，敏捷交付實踐，和以網路服務為基礎建立系統整合的通用方法，其中一些關鍵部分，之前就已經準備就緒。

簡化計畫的第一年期間，測試就延伸到整合兩項系統：新增數位通路的大型主機政策系統和定價系統。開發不同系統的同時，也發展了自動化驗收準則。在新的定價與風險評估系統裡整合多種政策類型，這樣的做法也大幅縮短測試時間。自動化測試還透過不同的通路，支援顧客政策的管理與驗證，例如，線上或電話客服中心。

每天夜間會進行核心功能的回歸測試，和開發內容保持同步，支援功能測試和系統到系統的整合。在端到端業務情境下發現問題時，數小時或數天內就回應解決方案，而非像一般的大型企業系統要花幾週的時間。

成果

在這個過程中，Suncorp 把原本 15 個複雜的人壽保險系統縮減為 2 個，並且淘汰 12 個老舊系統。不僅技術升級一次完成，還推廣到旗下所有品牌。Suncorp 的顧客面向網站採用單一程式碼基底的做法，支援所有不同品牌和產品。進而能更快回應顧客需求，也不用再讓團隊各自負責一個網站。

從業務的角度來看，更簡單的系統讓 580 項業務流程得以重新設計和簡化。團隊現在可以依據需求提供全新或經過改善的服務，不用再單獨改善每個品牌的需求。因此縮短了推出新產品與服務的時間，例如，APIA 為顧客提供的健康保險，或是澳洲汽車保險公司（AAMI）提供的道路救援。

Suncorp 對核心系統簡化與管理的成功投資，意味著可以在所有顧客接觸點上增加投資。在技術與商業實踐兩者上，Suncorp 都提高了簡化的速度，促使大多數的品牌現在能使用共同的基礎設施、服務和流程。

2014 年 Suncorp 的年報指出，「簡化計畫使得集團整體在成本基底上更靈活，有能力根據市場和業務需求，在資源與服務上達到規模化。預計簡化作業在 2015 年能省下 2.25 億美金，2016 年節省 2.65 億美金」[18]。

結論

想在產品週期更短的世界中競爭，就需要讓集中式 IT 成為業務部門值得信賴的合作夥伴，而不是訂單成本中心。反過來看，IT 要在改善穩定性與品質、降低成本的同時，達成更高的產量。現有企業 IT 環境的複雜性，再加上為了保持營運環境而必須進行大量規劃內和規劃外的工作，都是實現這些成果的主要障礙。

考慮到新工作對 IT 營運的影響，我們只能開始解決這些問題，並將其視為產品開發生命週期組成的一部分。為了管理新產品、服務和功能帶來的額外複雜性，必須從專案基礎模式轉為產品中心模式，如第十章所述。產品團隊必須負責其構建系統的成本和服務層級協議，承擔此項責任的回報是，團隊可以自由選擇想採用的技術和管理自己的變更。在這個方法中，集中式 IT 釋出的人力和資源，轉為專注在降低系統和基礎設施的複雜性，建立工具鏈和平台實現本書所述的產品開發生命週期。

我們經常把產量和穩定性視為相反的力量 —— 認為提高產量會降低品質和穩定性。然而，如果正確的策略都到位的話，這些目標可以相輔相成。和任何投入改善的力道一樣。首先必須明確闡述我們的目標，確認關鍵的績效指標。然後，使用改善型朝目標邁進。

18　引用自 *http://bit.ly/1v73OC3*。

讀者思考問題：

- IT 認為自己本身是服務提供者、業務單位的合作夥伴，或者是創新的驅動者？組織其他領導者對 IT 的看法為何？

- 是否對所有產品和服務衡量變更交付時間、發佈頻率、恢復服務所需的時間，以及變更失敗率？所有團隊都有看到這些衡量資料嗎？

- 去年淘汰多少項服務？新增多少項服務？想知道管理了幾項產品和服務，要花多久時間？你對自己找到的答案有多大的把握？在你的系統中，供應商不再提供官方支援的服務有幾項？

- 一項變更要求的核准時間要多久？想在生產環境中使用新的開放原始碼元件，其核准時間要多久？

- 多久執行一次生產系統的實際災難復原演練？演練後提出的改善建議，後續採取的流程為何？

- 所有開發人員、開發領導者及架構師都會輪流待命嗎？並且定期支援其所建立的系統嗎？

第十五章

從今開始，從己做起

如果你讓某件事變得美好，那麼你應該繼續讓其他事也變得更棒。而不是執著於此太久，想想下一步要做什麼。

— Steve Jobs
蘋果公司共同創辦人

從現在起的一年後，你會希望自己早已在今天開始。

— Karen Lamb

本書的目的在於啟發各位的靈感，思考大型組織未來發展的各種可能性。組織的未來是把員工、顧客與產品放在策略的核心；未來是擁抱嶄新文化與環境，快速適應瞬息萬變的市場需求。

本書在前面章節裡，分享了許多來自各種組織的故事與經驗，這些組織有其各自的背景與情況，但都在強調一件事，即使在複雜的環境中組織也能成長茁壯，解決最具挑戰性的問題。然而，成功的路徑可能無法隨著我們定義的方向、里程碑以及 KPI 線性發展。組織逐漸適應、帶著不確定性與不充足的資訊繼續前進，同時對組織裡的員工持續進行訓練、調整與發展。

成功改變組織工作方式所面臨的最大阻礙是信念，也就是認為組織太大或太官僚而難以改變，或是認為組織的特殊背景無法採納本書討論的實踐方法。請始終記住一點，就是開始這趟精實旅程的每個人、團

隊與企業,都不確定將踏上怎樣的旅途,以及這趟旅程會如何結束。
唯一可以確定的事實是,如果不採取行動,就會面臨失敗。

組織變革的原則

所有的改變都具有風險,特別是組織變革,其本質上牽涉的範圍是文
化變革 —— 這是所有變革中最難的,因為要挑戰的正是賦予這個組織
本身的權力。我們始終感到驚訝,許多領導者規劃「組織變革」計畫,
並且期望計畫可以在數個月內完成。這樣的方式永遠無法產生顯著或
持續的效果,失敗的原因在於只是把創新或變革轉化成一個事件,而
非深化於組織的日常工作之中。即使組織針對當前的問題、領導變革
或市場趨勢,定期投入資金卻沒有在組織內灌輸實驗文化,就算能帶
來成效,也只是短期、漸進式的變化(請參見圖 15-1)。組織很快就會
重回舊路。相反地,必須在組織內創造持續改善的文化,讓每個人自
發性地、持續不斷地實踐,才能達到組織變革的目的。

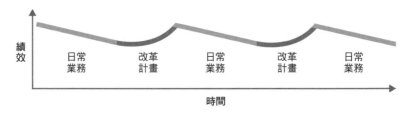

圖 15-1「事件基礎」改革計畫的現實面

如果組織還在等一個事件來激發變革,其實已經陷於困境之中。在目
前競爭激烈的經濟環境裡,組織始終存在著緊迫感。如第十一章所述,
領導組織總是伴隨生存焦慮感。然而,就像 Schein 所指出的,以此作
為組織進行改革的動力,並無法帶來成效。唯一的手段是創造具有持
續改善文化的組織環境,認同員工學習新技能與提升工作品質是有價
值的,同時還要獲得管理層與領導層的支持,才能從而減少學習的焦
慮感。採用第六章所提出的改善型可以建立這樣的文化,進而驅動持
續改善的力量(請參見圖 15-2)。

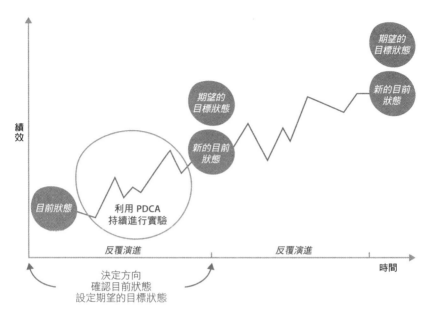

圖 15-2 組織變革的持續演進與適應

為了在組織內推廣改善型，管理者必須學習與部署另一個輔助的實踐方法，稱為教練型（Coaching Kata）[1]。開啟這趟變革旅程，需要一個先行團隊帶頭執行教練型與改善型 —— 團隊中要包含一個管理層的發起人，理想上會希望是執行長。這個團隊的目標在於引導組織內更多的人採用這些方法，所以當務之急是他們要先了解運作方式。

推動教練型與改善型的過程中，請注意下列兩種阻礙：

- 採用改善型需要組織各個層級的人們，在行為上做出相當大的實質改變。教練型則是用於教導人們實踐改善型，但要如何在組織內佈署教練型，顯然是個很大的問題。

- 在組織內進行實驗很難，需要配合高紀律。想要有良好的實驗更需要聰明才智與加入一些巧思。一般人的天性會傾向於直接跳到解決方案，反而不會先商議出可衡量的預期目標（成果），再以快速的工作週期（這裡的週期是指數小時或數天），建立假說、測試並且從實驗結果中學習。然而，在產品開發過程中，要如何

1　改善型與教練型的免費資料，請參見 http://bit.ly/1v73SSg。

設計與進行實驗,這方面的整體知識還在初期發展階段,其必要的技能與技術也尚未廣為人知或是理解。

- 要確保組織有產能可以執行改善型。團隊嘗試安排改善型工作時,面臨最大的阻礙之一,就是經常認為這會影響交付工作的產能。這當然是一種規劃謬誤,所以要盡快且強力提出這一點。在HP 平台 FutureSmart 的研究案例中,其交付工作進展如此緩慢的原因在於非增值性工作佔了成本的 95%。所以主管或副總級的管理層有一項很重要的職責是確認團隊有限制「進行中的工作」(本書第七章所述),進而創造更多的時間進行改善工作。

- 學習所有新的工作方式時,一開始面臨的情況都一樣,可能會歷盡波折。事情變好之前可能會糟到跌落谷底。一般而言,人們學習新技能時會出現抵制的行為,甚至會因為與目前的工作習慣、行為相互衝突,而導致一些人感到受挫。

努力朝策略部署邁進

雖然本書所討論的改善型,主要用於驅動計畫層級的持續改善,但其適用層級很廣,從個別團隊到策略規劃都能採用這個方法。在策略規劃層級應用改善型,首先要在組織目的上達成一致性。自問我們致力為顧客提供的內容是什麼?然後,參與策略規劃分析的人必須定義和認同公司的整體方向 —— 也就是,識別出「正確的方向」。

找出方向後,下一步是瞭解和認清組織目前的情況。策略規劃分析的參與者應該確認哪些問題需要解決,然後蒐集資料,進一步了解每個問題。就算是大型組織通常也是產能有限,不管是任何時間都只能管理少數幾項行動;關鍵是選擇哪些不是重點,並且確認團隊有堅持自己的決策。利用經濟模型架構,例如,延遲成本(請參見第 7 章),有助於促進工作優先序的討論。

一旦決定了需要關注的問題,接著就要定義目標狀態。這些目標狀態應當清楚地揭示成功長什麼樣子;還必須包括 KPI,以便衡量朝向目標的進展如何。傳統的平衡記分卡方法對 KPI 有四個標準的觀點:財務、市場、營運以及人與組織。挪威石油公司 Statoil 借用平衡計分卡

方法的觀念，建立其「行動野心（Ambition to Action）」架構（請參見第十三章），新增了三項觀點：健康、安全與環境（簡稱 HSE）。精實運動訓練我們要專注在降低成本和提升品質、交付、士氣與安全性（這五項「精實指標」有時也縮寫為 QCDSM）。挪威石油公司 Statoil 的績效管理發展副總 Bjarte Bogsnes 建議選擇 10~15 項 KPI，最好是使用輸入與成果之間有連結關係的相對目標（例如，單位成本而非絕對成本），並且基於一項基線進行比較（例如，「我們的投資報酬率比主要競爭對手高出 10%」）[2]。

策略層級所瞄準的目標會構成下一階段組織層級的方向，然後組織層級再執行自己的改善型流程。如圖 15-3 所示，這個層級所瞄準的目標又往下形成另一個組織層級的方向。這樣的流程稱為策略部署（*strategy deployment*），創造組織間的一致性以設定目標、管理資源和績效（這個流程也稱作方針（*Hoshin*）或方針管理（*Hoshin Kanri*），「行動野心」就是策略部署的應用變化）[3]。

在各個層級間創造一致性與共識非常重要。策略部署描述這樣的流程為傳接球（*catchball*），利用這個字凸顯協力合作的作業方式。然而，一個層級的目標狀態不是直接變成下個層級的團隊方向；「傳接球」想表達更多的含意是策略的轉化，也就是「每個層級對於來自上一層的目標，進行闡述與表達」[4]。應該預期團隊的回饋可能回過來導致更高層級的計劃進行調整。不要只是一股腦地把目標從組織上層延續到基層，這就失去了方針原本的制定意義：方針的關鍵是建立一項機制，以協作和回饋循環為基礎，創造各個層級的一致性。

明確定義每個層級的時間範圍，定期安排審視會議，根據下一層級的團隊進展調整所瞄準的目標。想發揮真正的效果，需要跨部門之間的溝通與交流，還有促進業務單位內外的價值流合作。這相當不容易，

2　請見參考書目 [bogsnes]，第 125~126 頁。

3　更多關於「行動野心」的描述，請見參考書目 [bogsnes]，第 114~169 頁。

4　請見參考書目 [bogsnes]，第 124 頁。

因為需要誠實地聽取負責結果的人們所產生的想法與重視的地方 ——
以及根據回饋調整計畫 [5]。

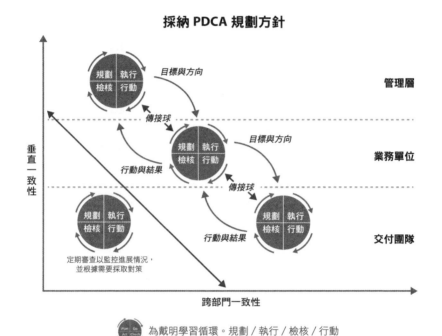

採納 PDCA 規劃方針

圖 15-3 利用傳接球,驅動目標與行動維持策略一致性

組織高層的策略規劃分析在時程上會從六個月到數年不等,取決於業
務所需的時程。每月至少舉行一次審視會議,成員包括該團隊和其他
相關協力團隊的領導者,會議的目的在於監控進展,以及根據發現的
資訊調整目標狀態。層級越低的團隊通常工作時程越短,舉行審視會
議的次數也越頻繁。

策略部署是一項進階工具,取決於組織是否有一致的文化和行為(如
第十一章所述)。主要目標是創造共識與一致性,依循第一章所提出的
任務式命令典範,促使整體組織能擁有自主性。接著來看英國政府的

5　更多關於「策略部署」的資料,請參見 Karen Martin 的著作《傑出組織》(The Outstanding
　Organization),第三章;參考書目 [martin-12]。案例研究請參見 *http://www.lean.org/
　Search/Documents/ 54.pdf*。

例子，瞭解他們如何應用策略部署的方式，從小處著手，採取反覆演進、漸進式發展，讓數位平台成功轉型，提供服務給民眾。

英國政府的數位服務

英國政府和其他許多國家一樣，理解到網際網路的潛力，「有助於提昇和民眾的溝通與互動，而且能明顯有效地節省政府支出」[6]。然而，英國政府過去在涉及軟體開發的政府專案上歷經波折。曾經有幾個大型 IT 專案不僅預算巨幅超支，還無法提供預期的效益，最終在「國家 IT 計劃」完全崩潰。這個專案在 2002 年成立，預估成本為 23 億英鎊，在當時是世界上最大的民眾資訊技術計畫，原本應該提供英國國民健保署一個全新的 IT 基礎設施，和電腦化的患者記錄系統。這個計劃外包給多家私人企業供應商，包括 Accenture、Computer Sciences Corporation、富士通（Fujitsu）和英國電信公司（British Telecom）。儘管英國政府在 2011 年取消了該項計劃，但如果繼續執行，預估最終成本會超過 100 億英鎊。

政府的大型 IT 專案採購流程包含撰寫完整的產品規格書、一些細節說明和數個商業案例，然後提交合約進行投標 —— 這個流程需要在產品開發之前的一到兩年進行。英國內閣辦公室部長 Francis Maude 曾評論說，「幾乎可以肯定到那個時候系統已經過時。而且政府鎖定在一家供應商時，想做任何變更都真的非常昂貴」[7]。

IT 專案外包使得英國政府的每個部門都存在自己獨立的設計和服務網站，再加上每個部門的內部組織，反映出各種使用者經驗。這些複雜的系統讓民眾在使用上非常痛苦，所以寧可選擇更昂貴的服務通路，例如，親自到公家機關辦理，或是選擇電子郵件和電話服務。

2010 年，英國新創公司 *lastminute.com* 的共同創辦人 Martha Lane Fox 接受委託，為英國政府提出公共服務線上系統的策略建議。在她的報告中，建議英國政府成立一個中央團隊，讓這個團隊的公務員負責設

6　請見參考書目 [lane-fox]。

7　引用自 *http://bit.ly/1F7yvbs*。

計和提供政府線上系統的內容,實施開放資料政策,所有政府資料都可以透過公共 API 取得,並且任命一位執行長,「擁有絕對的權力管理橫跨所有政府線上服務(包含網站與 API)的使用者經驗,指導所有政府的線上支出」[8]。由此誕生了英國政府數位服務(Government Digital Service,簡稱 GDS)。Martha Lane Fox 為 GDS 設立的目標,描述如下:「對我來說,最嚴峻的考驗是…是否能賦予權力給民眾,使民眾的生活更簡單,同時又能讓政府關閉其他無用的系統。專注於大幅增加線上交易的範圍與利用,提昇品質,才能帶來最大的影響力:減少民眾和企業的麻煩,提高政府的效率」。

英國政府數位服務案例研究,由 Gareth Rushgrove 提供

英國政府的所有中央服務現在有一個全新且單一的網域名稱 —— GOV.UK。此網站於 2012 年 10 月推出,發佈第一天就替換掉兩個舊有最大的政府網站,推出的數個月後還陸續更換所有中央政府部門的網站。2014 年為止,預計要關閉數千個網站,建立一個更簡單、更清晰、更快,而且包含所有公共事務的單一服務網站,涵蓋範圍從民眾切身相關的福利資訊到申請護照的方式。

GOV.UK 和傳統政府專案的不同之處在於,它幾乎是完全由內部開發,負責設計的公務員在新成立的政府數位服務工作,隸屬於英國內閣辦公室的一部分。此專案以反覆演進、低成本的方式建立,利用的敏捷方法與技術,多與新創事業相關而非大型組織。接著來看它的運作方式。

Alpha 與 Beta 版

2013 年底,GOV.UK 的營運團隊已超過一百人 —— 但一開始並不是這樣的規模。事實上,甚至連第一個版本的名稱也不是 GOV.UK。Alpha 版由 14 個人負責建立,在一棟大型政府建築物裡的小密室工作。目標不是完成一個產品,而是提供簡單的形象,表示單一政府網站可以長這樣,以及提出快速、低成本的建立方式。這個階段的總開發時間為 12 週,開發成本為 26.1 萬英鎊。

Alpha 版的使用者回饋導致了 Beta 版的工作計畫,擴大 Alpha 版的價值主張,讓更多政府單位的人參與進來。Alpha 版上線六個月後,發佈了第一個 Beta 版,這六個月的時間除了開發還包含建立團隊。第一個公開的 Beta 版是一個真正的政府網站,但當時還缺乏取代現有主要政府網站的內容與功能。經過八個

8　請見參考書目 [lane-fox]。

月不斷的反覆演進，團隊規模增加到 140 人，每日新增各項內容與功能，把流量從兩個以往最大的政府網站重新導到新的 GOV.UK。

所有付出的努力終於得到回報。2012 到 2013 的財務年度期間，以 GOV.UK 取代 Directgov 與 BusinessLink 兩個主要政府網站，GDS 為英國政府節省了 4200 萬英鎊的支出。2013 到 2014 準備要再關閉更多網站，合併到單一網域 GOV.UK，預估可以節省 5000 萬英鎊的支出。

多學科團隊

政府數位服務是由各種專家組成，有軟體開發、產品管理、設計、使用者研究、網站營運、內容設計，還有政府政策與其他專門領域。這群專家組成團隊，負責建立和營運 GOV.UK。然而，團隊並不會專注在狹隘的領域裡發展，多數的成員來自多學科的背景，因此能適當地組合技能，完成手邊的任務。

舉個例子，GOV.UK 的 Beta 版階段，初期包含七位開發人員、兩位設計人員、一位產品負責人、兩位交付經理以及五位內容設計師。即使在這些專門學科內，團隊成員本身也存在範圍廣泛的技能。開發人員所具有的技能，從前端工程到系統管理都有。

採用多學科團隊，能把整個產品或個別任務的端到端責任下放給團隊，不再需要大型規模的命令與控制。像這種小型、自給自足的團隊，依賴其他團隊的程度也很低，就能以更快的速度發展。

這種多學科模式也有助於將一些問題最小化，通常是發生在具有功能性壁壘結構的大型組織裡。例如，政府數位服務隨著時間發展，陸續增加了政府資訊安全、採購與 IT 治理方面的專家，以避免產生瓶頸和改善資源的優先序。

持續交付

GOV.UK 成功的一個重要方面是，根據使用者回饋、測試與網路分析資料，不斷地改善系統。GOV.UK 團隊發佈新軟體的頻率是一天六次 —— 各種改善都有，小到錯誤修正，大到全新功能、網站與平台支援。

GOV.UK 的 Beta 版上線後，一位產品經理由於曾在其他組織歷經發佈軟體的夢魘，質疑軟體部署機制是否真的能夠運作。他得到了答案「是」：在那個當下，GDS 已經完成超過一千次以上的發佈，對軟體部署機制存在高度信心。系統所實踐的自動化已臻完美。

大型組織裡現有的流程設計有時會抗拒變更，所以這樣的發佈頻率在大型組織裡並不常見。GOV.UK 的開發團隊進行了大範圍的自動化，而且和擔憂這種快速變更的人們，進行了深入的交談。雙方在討論這個方法時，提到的關鍵名詞就是風險 —— 特別是定期發佈如何管理和最小化變更可能造成的風險。

> 大多數的人都不善於承擔重複性工作，但電腦可以完美地自動完成這些任務。軟體部署就很適合採用自動化流程，特別是如果打算定期執行。隨著 GOV.UK 的發展和營運，團隊更進一步地發展自動化：虛擬機配置、網路設定、防火牆規則和基礎設施配置，全部都自動化了。在程式碼中描述了大部分的系統，開發人員利用工具建立變更的信賴度，像是版本控制、單元測試；開發人員還專注於一套小型、發展成熟的實踐流程，而非為每種類型的變更分別進行一個流程（和必要的專業技能）。
>
> 其他一些技巧也有幫助。不間斷地專注於使用者和組織高層的信賴文化，促使 GDS 從建立與營運 GOV.UK 的過程中獲得大量的學習，再將其用於轉型英國政府的其他部分。

政府的所有部門都採用了 GDS 的方法，為民眾帶來了變革性的結果。舉個例子，英國司法部的數位團隊最近與國家罪犯管理局和 HM 監獄服務局合作，改革了探監預約系統。以前探監者必須先郵寄一份紙本申請表格，然後透過電話預約訪問的日期。但通常會因為想預約的日期沒空而被獄方拒絕，迫使申請人要再重頭跑一次申請流程。現在只要五分鐘就可以完成探監預約，一次最多有三個日期可以選擇[9]。

不過，並不是每個人都對政府提昇 IT 產能的想法感到開心。美國 HealthCare.gov 網站的最大承包商 CGI，曾於 2013 年獲得價值 2.92 億美金的承包合約，雖然之後在 2014 年 1 月被 Accenture 所取代[10]，CGI 的英國區總裁 Tim Gregory 曾評論說，GDS 的方法會讓大型外包供應商在投標政府專案時無利可圖。GDS 執行董事 Mike Bracken 則描述 Tim Gregory 的觀點是「荒謬至極」[11]。

接著說明幾項來自 GDS 案例研究中的觀察。

第一，GDS 從小型、跨部門的團隊開始，再逐漸發展產品能力，同時反覆演進、漸進式地交付價值，在汰換流量大的現有系統時，這樣的方式能有效且大幅降低風險，同時培養組織的高績效文化。不僅更快

9　請參見 *http://bit.ly/1v73X8w*。

10　請參見 Reuters（路透社）報導，〈歐巴馬醫療法案的技術危機上升，承包費也隨之飆漲〉（As Obamacare tech woes mounted, contractor payments soared），原文出處 *http://reut.rs/1v74IoJ*。

11　引用自 *http://bit.ly/1v742ZT*。

獲得投資報酬，還節省了大量的成本，贏得更快樂的員工和使用者。這個案例證實，即使在複雜、高度管制的環境中，例如，政府，這個方式也是可行的。

第二，GDS 以漸進式的方式替換現有系統與流程，而非「大爆炸式」，從最快能交付價值的地方開始逐步推動。還有採用第十章所提出的「絞殺級應用」，影響架構與組織變更。

第三，GDS 追求原則基礎治理。GDS 的領導團隊不會告訴每個人要做什麼，而是提供一套指導原則，讓人們在進行決策時與組織的目標一致。GDS 治理原則說明如下[12]：

1. 不要降低交付速度。

2. 若有需要，在適當的層級進行決策。

3. 由適當的人執行。

4. 親自體驗。

5. 有價值的事才做。

6. 信任與驗證。

信任人們能在其背景之下，做出最佳決策，但相對地他們也要為此負責 —— 為已實現的成果承擔責任，還有知道讓其他人參與的適當時機。

最後，GDS 的案例顯示，要求很高的報酬與私人企業模式並不是建立創新文化的決定性因素。GDS 的員工是公務員，不是矽谷那些有股票選擇權的創業家[13]。利用人們對精通、自主和目的的需求來建立創新文化 —— 並且確定人們會深深致力於組織的目的和他們所服務的使用者。

12　GDS 治理原則，請參見 *http://bit.ly/1v747fT*。

13　事實上，新創事業能成功「退場」的機率相當低，若純粹以財務因素來看，偏好選擇新創事業的工作，遠勝過 Google 這種公司的穩定職務，那一定是瘋了！如同投影片（*http://slidesha.re/1v6ZQZZ*）第 6~15 頁所示。

啟程

請依照下列的原則開始[14]：

確認已清楚定義方向

方向就是以希望達成的可衡量指標，簡潔地表達業務或描述組織成果，即使看起來像是遙不可及的理想。最重要的是，方向應該要能激勵組織中的每個人。想想前面提到的，HP 平台 FutureSmart 的目標是提高 10 倍的生產力。

定義與限制初始範圍

不要嘗試改變整個組織。先選擇組織裡少部分願意共享並且有能力追求願景的人。和 GDS 一樣，從單一、跨部門的計畫開始，也許是單一產品或服務。確定已擁有來自組織所有層級的支持，上到管理層下到基層團隊。建立所要瞄準的目標，但不要過分考慮或規畫實現目標的方式。確保團隊有實驗所需的充足資源，依循改善型，然後反覆演進。

追求持續改善的高績效文化

部署改善型所獲得的成果之中，最重要的或許是建立一個擁有持續改善習慣的組織。

和適當的人一起開始

正如本書第二章開頭所描述的，與其他創新方式一樣，新的工作方式也會經由組織擴散。關鍵是在組織內發現具有成長心態（請參見第十一章）且樂於嘗試新想法的人。一旦實現正面的結果，就能推動到早期採用者，接著是前期多數者。其餘的就相當容易了，因為後期多數者大多不願意成為組織裡少數的反對者。此方法可以應用於第二章所述的三個地平線中的每個階段。

14　這些原則中部分是受到 John Kotter 的八步驟流程（eight-step process）所啟發，請見參考書目 [kotter]：建立危機意識、建立變革領導團隊、發展願景與策略、溝通變革願景、廣泛授權員工參與、創造近程戰果、鞏固戰果並且擴大改革、深植新的改革方法於文化之中。

找出方法，從早期就能交付有價值、可衡量的結果

> 雖然持續變革很花時間，也沒有盡頭，但如 GDS 團隊所做的，快速展示實際結果非常重要。然後，堅持下去才能建立動力與信譽。事實上，改善型的設計正是在於實現這個目標，希望目標能吸引管理高層，因為他們通常必須在有限的預算內，快速且一貫地展示結果。

當你進行實驗和獲取學習時，請分享什麼可行，什麼不可行。執行定期的成果展示，邀請組織中與後續會採納的關鍵利害關係人與會。進行回顧，反映已經實現的結果，據此更新和完善你的願景。始終往前邁進。對未來的恐懼、不確定性與不安是指引你朝向成長的羅盤。現在就從簡單的一頁內容開始，請填寫如圖 15-4 所示的表格（有關目標狀態，更多詳細資訊請參見第十一章）。有關如何創造可持續的變革，特別是在缺乏管理高層支持的情況下，想進一步了解這方面的資訊，推薦閱讀 Mary Lynn Manns 與 Linda Rising 所著的《*Fearless Change: Patterns for Introducing New Ideas*》[15]。

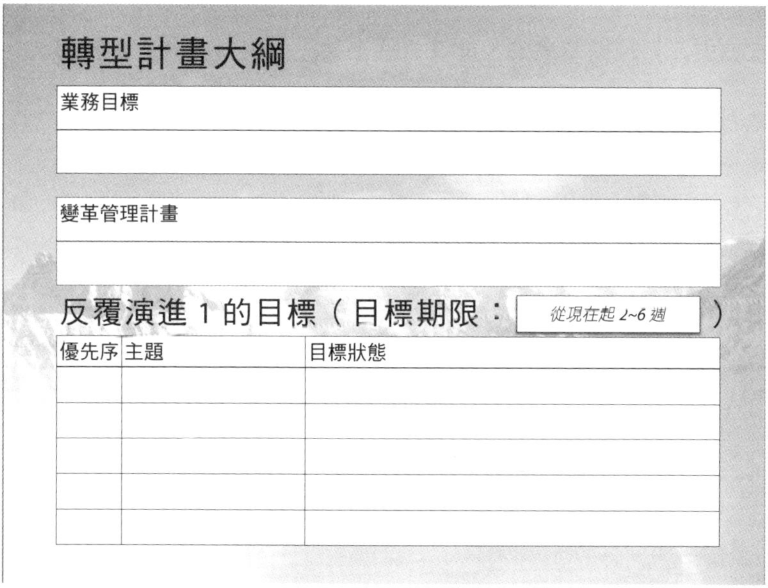

轉型計畫大綱

業務目標

變革管理計畫

反覆演進 1 的目標（目標期限：　從現在起 2~6 週　）

優先序	主題	目標狀態

圖 15-4 轉型計畫大綱

---

15 請見參考書目 [manns]。

結論

創建一個有彈性、精實的企業，還要能快速適應不斷變化的環境，依賴藉由實驗學習的文化。為了讓這種文化茁壯成長，整個組織必須意識到其本身的目的，並且持續努力了解當前的狀態，設定短期目標狀態，促使人們進行實驗來達成它們。然後重新評估目前的狀態，根據所獲得的學習更新目標狀態，並且堅持下去。必須讓這種行為變成習慣而且普及。也就是如何創造持續改善的心態，專注於以更低的成本提供更高水準的顧客服務與品質。

以上這些原則是聯繫所有科學模式的脈絡。不論是想透過精實創業學習循環，尋求可重複的商業模式，或是經由使用者研究和持續交付努力改善產品，還是利用改善型 PDCA 循環，驅動流程創新與組織變革 —— 這所有的一切都是在不確定性條件下，有紀律、嚴格地追求創新。同樣的原則也是精實產品開發與有效流程的核心，文化變革來自於本書作者對過去經驗的頓悟，但也許不應感到驚訝 —— 我們在這兩種情況下面臨不確定性，都必須處理一個複雜的自適應系統，其對變化的反應是不可預測的。這兩種情況也都需要利用科學的方法，透過人類的創造力，實現反覆演進、漸進式的發展。

組織必須不斷重新審視這個問題：「我們的目的是什麼？我們要如何建立組織，才能提高自己本身、顧客與員工的長期潛力？」領導者最重要的工作是追求本書所描述的高績效文化。藉由這樣的方式，才能在設計與技術不斷進步的環境中，在更廣泛的社會與經濟變化的環境中，鴻圖大展。

參考書目

- [adzic] Adzic, G. 著，2012，《*Impact Mapping: Making a Big Impact with Software Products and Projects*》，Provoking Thoughts。

- [anderson] Anderson, D. 著，2010，《*Kanban: Successful Evolutionary Change for Your Technology Business*》，Blue Hole Press。

- [argyris] Argyris, C.、Schön, D. 合著，1978，《*Organizational Learning: A Theory of Action Perspective*》，Addison Wesley。

- [arnold] Arnold, J.、Yüce, Ö. 合著，2013，《*Black Swan Farming Using Cost of Delay: Discover, Nurture and Speed Up Delivery of Value*》，Agile Conference，101~116 頁。

- [baghai] Baghai, M.、Coley, S.、White, D. 合著，1999，《*The Alchemy of Growth*》，Texere。

- [bell] Bell, S. C.、Orzen, M. A. 合著，2011，《*Lean IT*》，Productivity Press。

- [bertrand] Bertrand, M.、Mullainathan, S. 合著，2004，《*Are Emily and Greg More Employable Than Lakisha and Jamal? A Field Experiment on Labor Market Discrimination?*》，American Economic Review，第 94 卷第 4 期，991~1013 頁。

- [betz] Betz, C. 著，2006，《*Architecture and Patterns for IT Service Management, Resource Planning, and Governance: Making Shoes for the Cobbler's Children*》，Morgan Kaufmann。

- [blank] Blank, S. 著，2005，《*The Four Steps to the Epiphany: Successful Strategies for Products That Win*》，K&S Ranch Press。

- [bodek] Bodek, N. 著，2004，《*Kaikaku: The Power and Magic of Lean*》，PCS Press。

- [bogsnes] Bogsnes, B. 著，2009，《*Implementing Beyond Budgeting*》，John Wiley & Sons。

- [bossavit] Bossavit, L. 著，2013，《*The Leprechauns of Software Engineering: How Folklore Turns into Fact, and What to Do About It*》 Leanpub。電子書 2013-11-20 版本：https://leanpub.com/leprechauns。

- [bungay] Bungay, S. 著，2010，《*The Art of Action: How Leaders Close the Gaps Between Plans, Actions, and Results*》，Nicholas Brealey Publishing。

- [cagan] Cagan, M. 著，2008，《*Inspired: How to Create Products Customers Love*》，SVPG Press。

- [ceci] Ceci, S. J.、Williams, W. M. 合著，2010，《*Gender Differences in Math-Intensive Fields*》，Current Directions in Psychological Science，第 19 卷，275~279 頁。

- [cediey] Cédiey, E.、Foroni, F.、Garner, H. 合著，2008，《*Discrimination à l'embauche fondée sur l'origine à l'encontre des jeunes français(e)s peu qualifié(e)s*》，Premières Infos Premières Synthèses，06.3。

- [creveld] Creveld, M. van、Brower, K.、Canby, S. 合著，1994，《*Air Power and Maneuver Warfare*》，Air University Press。電子書下載網頁：https:// archive.org/details/airpowermaneuver00mart。

- [crispin] Crispin, L.、Gregory, J. 合著，2009，《*Agile Testing: A Practical Guide for Testers and Agile Teams*》，Addison-Wesley。

- [croll] Croll, A.、Yoskovitz, B. 合著，2012，《*Lean Analytics: Use Data to Build a Better Startup Faster*》，O'Reilly。

- [dekker] Dekker, S.、Hollnagel, E.、Woods, D.、Cook, R. 合著，2008，《*Resilience Engineering: New Directions for Measuring and Maintaining Safety in Complex Systems*》，Lund University School of Aviation。

- [deming] Deming, W. E. 著，2000，《*Out of the Crisis*》，MIT Press。

- [CIMA] Edwards, S. 著，2008，《*Activity Based Costing: Topic Gateway Series No 1*》，CIMA。

- [farris] Farris, P. W.、Bendle, N. T.、Pfeifer, P. E.、Reibstein, D. J. 合著，2010，《*Marketing Metrics: The Definitive Guide to Measuring Marketing Performance*》第二版，Pearson。

- [forrester] Forrester Consulting，2013，《*Continuous Delivery: A Maturity Assessment Model*》。電子檔下載網頁：http://thght.works/1zkLGlz。

- [forsgren] Forsgren, N.、Kim, G.、Kersten, N.、Humble, J. 合著，2014，《*2014 State of DevOps Report*》，PuppetLabs。

- [freeman] Freeman, S.、Price N. 合著，2009，《*Growing Object-Oriented Software, Guided by Tests*》，Addison-Wesley。

- [gilb-88] Gilb, T. 著，1988，《*Principles of Software Engineering Management*》，Addison-Wesley。

- [gilb-05] Gilb, T. 著，2005，《*Competitive Engineering: A Handbook for Systems Engineering, Requirements Engineering, and Software Engineering Using Planguage*》，Butterworth-Heinemann。

- [goldin] Goldin C.、Rouse C. 合著，2000，《*Orchestrating Impartiality: The Impact of 'Blind' Auditions on Female Musicians*》，American Economic Review，第 90 卷第 4 期，715~741 頁。

- [gothelf] Gothelf, J. 、Seiden, J. 合著，2013，《*Lean UX: Applying Lean Principles to Improve User Experience*》，O'Reilly。

- [gray] Gray, D.,、Brown, S.、Macanufo, J. 合著，2010，《*Gamestorming*》，O'Reilly。

- [groysberg] Groysberg, B. 著，2010，《*Chasing Stars: The Myth of Talent and the Portability of Performance*》，Princeton University Press。

- [gruver] Gruver, G. 著，2012，《*A Practical Approach to Large-Scale Agile Development: How HP Transformed LaserJet FutureSmart Firmware*》，Addison-Wesley。

- [hope] Hope, J. 、 Fraser, R. 合著，2003，《*Beyond Budgeting: How Managers Can Break Free from the Annual Performance Trap*》，Harvard Business School Press。

- [hubbard] Hubbard, D. 著，2010，《*How to Measure Anything: Finding the Value of "Intangibles" in Business*》第二版，Wiley。

- [humble] Humble, J. 、 Farley, D. 合著，2010，《*Continuous Delivery: Reliable Software Releases through Build, Test and Deployment Automation*》，Addison-Wesley。

- [isaac] Isaac, C., Lee, B., and Carnes, M. 合著，2009，《*Interventions That Affect Gender Bias in Hiring: A Systematic Review*》，Academic Medicine，第 84 卷 1440~1446 頁。

- [COBIT5] ISACA，2012，《*COBIT 5 Framework*》，ISACA and ITGI。

- [kahneman] Kahneman, D. 著，2011，《*Thinking, Fast and Slow*》，Farrar, Straus and Giroux。

- [kane] Kane, S. 著，2014，《*Your Startup Is Broken: Inside the Toxic Heart of Tech Culture*》，Model, View, Culture。

- [kerth] Kerth, N. 著，2001，《*Project Retrospectives: A Handbook for Team Reviews*》，Dorset House。

- [kim] Kim, G. 、 Behr, K. 、 Spafford, G. 合著，2013，《*The Phoenix Project: A Novel about IT, DevOps, and Helping Your Business Win*》，IT Revolution Press。

- [klein] Klein, F. K. 著，2007，《*Giving Notice: Why the Best and Brightest Are Leaving the Workplace and How You Can Help Them Stay*》，Jossey-Bass。

- [kohavi] Kohavi, R. 著，2009，《*Online Experimentation at Microsoft*》。電子檔下載網頁：http://stanford.io/130uW6X。

- [kotter] Kotter, J. 著，2012，《*Leading Change*》，Harvard Business Review Press。

- [lane-fox] Lane-Fox, M. 著，2010，《*DirectGov 2010 and Beyond: Revolution Not Evolution*》，Letter to Francis Maude。電子檔下載網頁：http://bit.ly/11iByi9。

- [lapouchnian] Lapouchnian, A. 著，2005，《*Goal-Oriented Requirements Engineering: An Overview of the Current Research*》，University of Toronto Department of Computer Science。

- [liker] Liker, J. 著，2003，《*The Toyota Way: 14 Management Principles from the World's Greatest Manufacturer*》，McGraw-Hill。

- [limoncelli] Limoncelli, T. A.、Chalup, S. R.、Hogan, C. J. 合著，2014，《*The Practice of Cloud System Administration: Designing and Operating Large Distributed Systems, vol. 2*》，Addison-Wesley。

- [manns] Manns, M. L.、Rising, L. 合著，2004，《*Fearless Change: Patterns for Introducing New Ideas*》，Addison-Wesley。

- [march] March, J. 著，1991，《*Exploration and Exploitation in Organizational Learning*》，Organizational Science，第二卷，71~87 頁。

- [martin-12] Martin, K. 著，2012，《*The Outstanding Organization: Generate Business Results by Eliminating Chaos and Building the Foundation for Everyday Excellence*》，McGraw-Hill。

- [martin] Martin, K.、Osterling, M. 合著，2014，《*Value Stream Mapping: How to Visualize Work and Align Leadership for Organizational Transformation*》，McGraw-Hill。

- [mcgregor] McGregor, D. 著，1985，《*The Human Side Of Enterprise: 25th Anniversary Printing*》，McGraw-Hill。

- [michaels] Michaels, E.、Handfield-Jones, H.、Axelrod, B. 合著，2001，《*The War for Talent*》，Harvard Business School Press。

- [moore] Moore, G. A. 著，2011，《*Escape Velocity: Free Your Company's Future from the Pull of the Past*》，HarperCollins。

- [moss-racusin] Moss-Racusin, C. A.、Dovidio, J. F.、Brescoll, V. L.、Graham, M. J.、Handelsman, J. 合著，2012，《*Science Faculty's Subtle Gender Biases Favor Male Students*》，Proceedings of the National

Academy of Sciences of the United States of America，第 109 卷第 41 期，
16474~16479 頁。

- [OCG] OCG 著，2007，《*ITIL V3, Service Design*》，TSO。

- [ohno12] Ohno, T. 著，2012，《*Taiichi Ohnos Workplace Management: Special 100th Birthday Edition*》，McGraw-Hill Professional。

- [osterwalder] Osterwalder, A.、Pigneur, Y.、Smith, A. 與來自全球 45 個國家的從業人士合著，2010，《*Business Model Generation: A Handbook for Visionaries, Game Changers, and Challengers*》，Wiley。

- [parnas] Parnas, D. L. 著，1972，《*On the Criteria to Be Used in Decomposing Systems into Modules*》，Communications of the ACM，第 15 卷第 12 期，1053~1058 頁。

- [patton] Patton, J. 著，2014，《*User Story Mapping: Discover the Whole Story, Build the Right Product*》，O'Reilly。

- [pink] Pink, D. H. 著，2009，《*Drive: The Surprising Truth About What Motivates Us*》，Penguin Group。

- [poppendieck-06] Poppendieck, M.、Poppendieck, T. 合著，2006，《*Implementing Lean Software Development: From Concept to Cash*》，Addison- Wesley。

- [poppendieck-09] Poppendieck, M.、Poppendieck, T. 合著，2009，《*Leading Lean Software Development: Results Are Not the Point*》，Addison-Wesley。

- [poppendieck-14] Poppendieck, M.、Poppendieck, T. 合著，2014，《*The Lean Mindset: Ask the Right Questions*》，Addison-Wesley。

- [raynor] Raynor, M.、Ahmed, M. 合著，2013，《*The Three Rules: How Exceptional Companies Think*》，Portfolio。

- [reinertsen] Reinertsen, D. 著，2009，《*The Principles of Product Development Flow: Second Generation Lean Product Development*》，Celeritas。

- [rogers] Rogers, E. 著，2003，《*Diffusion of Innovations, 5th Edition*》，Free Press。

- [rother-2010] Rother, M. 著，2010，《*Toyota Kata: Managing People for Improvement, Adaptiveness, and Superior Results*》，McGraw-Hill。

- [rother] Rother, M. 著，2014，《*Improvement Kata Handbook*》。電子檔下載網頁：http://bit.ly/11iBzlY。

- [rother-2009] Rother, M.、Shook, J. 合著，2009，《*Learning to See: Value-Stream Mapping to Create Value and Eliminate Muda*》，Lean Enterprise Institute。

- [sackman] Sackman, H.、Erikson W. J.、Grant E. E. 合著，1968，*Exploratory Experimental Studies Comparing Online and Offline Programming Performance*》，Communications of the ACM，第 11 卷第一期，3-11 頁。

- [schein] Schein, E. H. 著，2009，《*The Corporate Culture Survival Guide: New and Revised Edition*》，Jossey-Bass。

- [schpilberg] Schpilberg, D.、Berez, S.、Puryear, R.、Shah, S. 合著，2007，《*Avoiding the Alignment Trap in Information Technology*》，MIT Sloan Management Review Fall 2007。

- [seddon] Seddon, J. 著，1992，《*I Want You to Cheat!: The Unreasonable Guide to Service and Quality in Organisations*》，Vanguard Consulting。

- [semler] Semler, R. 著，1995，《*Maverick: The Success Story Behind the World's Most Unusual Workplace*》，Grand Central Publishing。

- [senge] Senge, P. 著，2010，《*The Fifth Discipline: The Art & Practice of the Learning Organization*》，Doubleday。

- [sobek] Sobek, D. K., II、Smalley, A. 合著，2008，《*Understanding A3 Thinking: A Critical Component of Toyota's PDCA Management System*》，Productivity Press。

- [stanovich] Stanovich, K.、West, R. 合著，2000，《*Individual Differences in Reasoning: Implications for the Rationality Debate?*》，Behavioral and Brain Sciences）第 23 卷，645~726 頁。

- [stewart] Stewart, P.、Murphy, K.、Danford, A.、Richardson, T.、Richardson, M.、Wass, V. 合著，2009，《*We Sell Our Time No More:*

Workers' Struggles Against Lean Production in the British Car Industry》，
Pluto Press。

- [taleb] Taleb, N. N. 著，2012，《*Antifragile: Things That Gain From Disorder*》，Random House。

- [westrum] Westrum, R. 著，2004，《*A Typology of Organizational Cultures*》，Quality & Safety in Health Care，第 13 卷，ii22~ii27 頁。

- [westrum-2014] Westrum, R. 著，2014，《*The Study of Information Flow: A Personal Journey*》，Safety Science，第 67 卷，58~63 頁。

- [widener] Widener, S. K. 著，2007，《*An Empirical Analysis of the Levers of Control Framework*》，Accounting, Organizations and Society，第 32 卷第 7、8 期，757~788 頁。

- [williams] Williams, B.、Chuvakin, A. 合著，2012，《*PCI Compliance, Third Edition: Understand and Implement Effective PCI Data Security Standard Compliance*》，Syngress。

- [womack] Womack, J. P.、Jones, D. T. 合著，2010，《*Lean Thinking: Banish Waste and Create Wealth in Your Corporation*》第二版，Simon and Schuster。

- [yu] Yu, E.、Giorgini, P.、Maiden, N.、Mylopoulos, J. 合著，2010，《*Social Modeling for Requirements Engineering*》，MIT Press。

索引

※ 提醒您：由於翻譯書排版的關係，部份索引名詞的對應頁碼會和實際頁碼有一頁之差。

T

精實企業｜高績效組織如何達成創新規模化

作　　　者：Jez Humble 等
譯　　　者：黃詩涵
企劃編輯：蔡彤孟
文字編輯：江雅鈴
設計裝幀：陶相騰
發　行　人：廖文良

發　行　所：碁峰資訊股份有限公司
地　　　址：台北市南港區三重路 66 號 7 樓之 6
電　　　話：(02)2788-2408
傳　　　真：(02)8192-4433
網　　　站：www.gotop.com.tw
書　　　號：A502
版　　　次：2016 年 12 月初版
建議售價：NT$450

國家圖書館出版品預行編目資料

精實企業：高績效組織如何達成創新規模化 / Jez
Humble, Joanne Molesky, Barry O'Reilly 原著；黃
詩涵譯. -- 初版. -- 臺北市：碁峰資訊, 2016.12
　面；　公分
譯自：Lean Enterprise
ISBN 978-986-476-268-2(平裝)
1.企業管理
494.1　　　　　　　　　　　　105022283

讀者服務

● 感謝您購買碁峰圖書，如果您
對本書的內容或表達上有不清
楚的地方或其他建議，請至碁
峰網站：「聯絡我們」\「圖書問
題」留下您所購買之書籍及問
題。(請註明購買書籍之書號及
書名，以及問題頁數，以便能
儘快為您處理)
http://www.gotop.com.tw

● 售後服務僅限書籍本身內容，
若是軟、硬體問題，請您直接
與軟體廠商聯絡。

● 若於購買書籍後發現有破損、
缺頁、裝訂錯誤之問題，請直
接將書寄回更換，並註明您的
姓名、連絡電話及地址，將有
專人與您連絡補寄商品。

● 歡迎至碁峰購物網
http://shopping.gotop.com.tw
選購所需產品。